Maria Helena S. Sahão Bizelli
Sidineia Barrozo

INFORMÁTICA PASSO A PASSO:

PARA TERCEIRA IDADE E INICIANTES

CB040378

EDITORA
CIÊNCIA MODERNA

Informática Passo a Passo: Para Terceira Idade e Iniciantes

Editor: Paulo André P. Marques
Supervisão Editorial: Aline Vieira Marques
Copidesque: Nancy Juozapavicius
Capa: Paulo Vermelho
Diagramação: Abreu's System
Assistente Editorial: Laura Souza

FICHA CATALOGRÁFICA

Bizelli, Maria Helena S. Sahão. BARROZO, Sidineia.
Informática Passo a Passo: Para Terceira Idade e Iniciantes
Rio de Janeiro: Editora Ciência Moderna Ltda., 2011

1. Informática.
I — Título

ISBN: 978-85-399-0123-4   CDD 001.642

Editora Ciência Moderna Ltda.
R. Alice Figueiredo, 46 – Riachuelo
Rio de Janeiro, RJ – Brasil   CEP: 20.950-150
Tel: (21) 2201-6662 / Fax: (21) 2201-6896
LCM@LCM.COM.BR
WWW.LCM.COM.BR   10/11

Apresentação

Caro leitor,

Este material foi cuidadosamente preparado com o objetivo de servir de apoio ao Curso de Informática Básica para a Terceira Idade, um Curso de Extensão vinculado a UNATI (Universidade Aberta à Terceira Idade – UNESP), e que vem sendo oferecido desde 2003 no Instituto de Química da Unesp de Araraquara - SP.

Considerando que tanto o manuseio do computador quanto a utilização de seus recursos, e até mesmo a linguagem comumente utilizada nesta área, são geralmente novos para a maioria das pessoas da Terceira Idade, este material apresenta características peculiares, tais como linguagem informal e acessível, muitas figuras ilustrativas, tamanho de letras e espaçamentos maiores que o convencional e muitas dicas que certamente ajudarão neste novo aprendizado. Os esforços despendidos para tornar a leitura fácil e agradável não minimizaram o rigor necessário ao conteúdo, garantindo ao usuário o aprendizado correto, tanto da terminologia quanto da utilização dos recursos disponíveis em cada tópico. Esperamos com isso, encorajar os principiantes em informática a perder o receio do computador e mergulhar com segurança e prazer nesse "mundo" ainda novo, porém fascinante e que pode ser bem mais fácil do que se imagina.

O trabalho foi todo desenvolvido sobre a plataforma Windows pelo fato de ser a mais usada pela pessoa comum, ser de fácil acesso e simples utilização.

Sua interface amigável facilita o aprendizado de iniciantes. As ilustrações utilizadas nesse material são do **Windows Vista**, **Windows 7** e do **Office 2007**.

Seguindo uma sequência que acreditamos ser natural no encadeamento dos conteúdos, a apostila está dividida em três capítulos, do seguinte modo:

O primeiro capítulo destina-se inicialmente à estrutura básica do computador, como disco rígido, teclado, monitor, CD, disquete, *pen drive*, impressora, etc. Em seguida, vem a utilização do Programa Windows, através da manipulação de arquivos, pastas, janelas, área de trabalho e programas.

O segundo capítulo é dedicado ao programa Word 2007, o processador de texto mais utilizado no Brasil e provavelmente no mundo. É trabalhada a elaboração de textos, explorando as várias possibilidades de edição e formatação.

No terceiro capítulo o leitor aprenderá a "navegar" pela Internet, explorando inicialmente os recursos da Web através de visitas a *sites*, realização de pesquisas e *downloads*, passando a seguir para os serviços de comunicação individual, como e-mail e MSN. Outros recursos de comunicação instantânea, como o SKYPE, também estão contemplados neste material.

Esperamos que este livro contribua para que os primeiros passos no aprendizado de informática sejam sólidos e agradáveis e que seja sempre utilizado como fonte de consulta quando alguma dúvida surgir.

Maria Helena S. S. Bizelli
Sidineia Barrozo

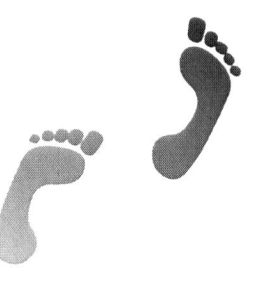

Sumário

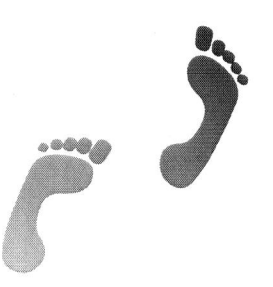

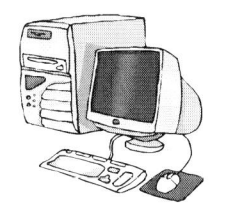

Curso Básico de Windows

Computador ... que "coisa" é essa?

Quem nunca usou um computador deve ficar imaginando o que as pessoas tanto fazem na frente dessa máquina, ou quais serão todas as suas utilidades, ou ainda, por que aprender a utilizá-lo, se viveu até agora sem ele? Para que tenhamos uma ideia sobre isso, vamos falar um pouco a respeito do **computador**.

O **computador** é uma máquina eletrônica (ferramenta) que trabalha com dados e informações e que pode executar vários tipos de tarefas e cálculos. Ao contrário do que pensávamos no início do seu surgimento, quando acreditávamos que o computador só seria utilizado para realizar cálculos muito sofisticados, como o de lançamento de foguetes, ou a estrutura de grandes obras de engenharia, por exemplo, hoje podemos observar que o computador está presente em quase todos os lugares que freqüentamos. A tabela abaixo mostra alguns exemplos:

Lugar	Tipo de computador	Tarefas que executa
Banco	Caixa eletrônico	Permite acesso às contas correntes para fazer saques, consultas, transferências, resgates e várias outras operações.
Supermercado	Scanner/caixa registradora	O scanner lê códigos de barra e exibe o preço e a caixa registradora calcula o valor total da compra.

Lugar	Tipo de computador	Tarefas que executa
Vídeo-locadora	Scanner de código de barras	Lê títulos de filmes.
Fliperama	Vídeo game	Propõe jogos (entre duas pessoas ou mais ou entre o usuário e o próprio computador).
Escola	Computador pessoal	Organiza os cadastros escolares; ajuda na preparação e na apresentação das aulas.

Como já foi dito anteriormente, o computador trabalha com **dados** (números, palavras ou figuras) e informações que fornecemos a ele. Esses dados e informações são processados através de programas (*softwares*) previamente instalados que, durante o processamento, são armazenados temporariamente em uma parte do computador denominada **memória**. Portanto, quanto maior for a memória de um computador, mais rápido ele executará as tarefas solicitadas e mais tarefas ele conseguirá fazer ao mesmo tempo. Esses dados e informações, após processados, são armazenados de modo permanente na forma de **arquivos**, que podem ser organizados em **pastas**. Essas pastas ficam "guardadas" em um local apropriado no computador, chamado **disco rígido** (**HD** – *hard disc* em inglês).

Para entender melhor, vejamos inicialmente a estrutura básica de um computador.

Partes do Computador

O computador é formado basicamente por quatro partes:

Monitor

Semelhante a um aparelho de televisão, é a tela onde são exibidos os dados ou informações solicitadas pelo usuário.

Monitor LCD

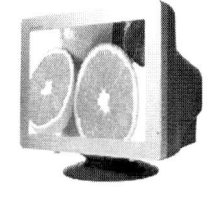

Monitor CRT

Teclado

Serve para entrar com os dados através da digitação. O teclado é dividido em três partes: **teclado alfanumérico** (semelhante ao de uma máquina de escrever), **teclado numérico** (semelhante a uma calculadora) e **teclado de controle** (formado por um grupo de teclas, que isoladamente ou em conjunto com outras teclas, executam comandos ou funções específicas, como as teclas <Shift>, <Ctrl>, <Alt>, entre outras...). A maioria dos teclados apresenta o formato indicado a seguir:

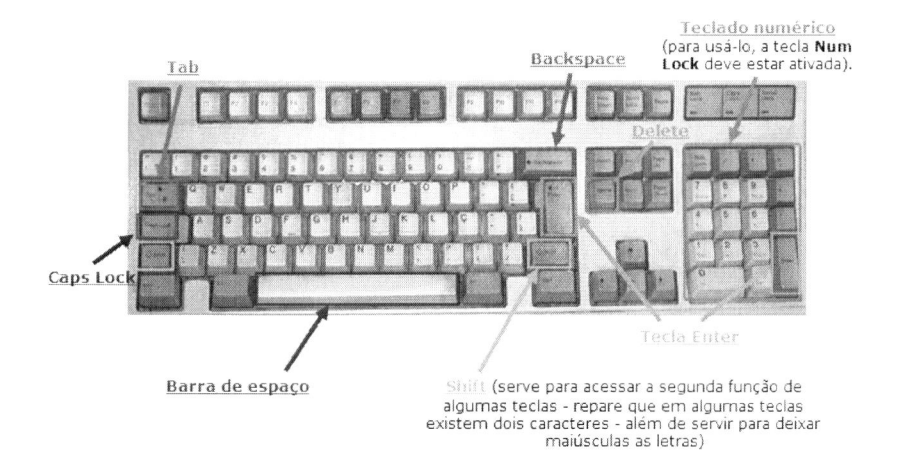

Mouse

O mouse é um dispositivo que funciona como uma extensão de sua mão. Ele serve para apontar, selecionar e interagir com qualquer objeto da tela. Existem diversos tipos de mouse, mas o modelo mais comum tem o formato de um ratinho, por isso o nome em inglês: "mouse".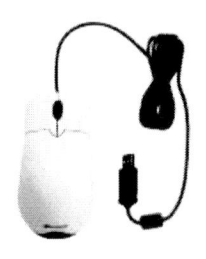

À medida que movemos o mouse com a mão, um ponteiro na tela se move na mesma direção. Lembre-se de que é possível levantar o mouse para reposicioná-lo, se necessário.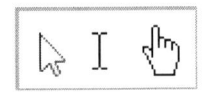

A aparência do ponteiro pode mudar, dependendo da sua posição na tela.

Portanto, apontar e clicar é tudo o que você precisa saber para utilizar o mouse.

Para usar o *mouse*, é necessário tomar alguns cuidados:

1) Deixe a mão bem relaxada e apoiada sobre o *mouse*;

2) Apoie levemente os dedos sobre os botões do mouse, de maneira que o dedo indicador fique sobre o botão esquerdo e o dedo médio fique sobre o botão direito.

3) Apoie o pulso e o antebraço sobre a mesa, para que você tenha melhor exatidão nos movimentos e para evitar sobrecarga de peso no ombro.

CPU (Central Processing Unit)

Em português, Unidade Central de Processamento. É a parte principal do computador, onde se processam os dados. É na CPU que fica o disco rígido, a memória, os programas que executam as tarefas que solicitamos, o processador, que possibilita o funcionamento adequado dos programas, dentre outras. A CPU é montada dentro de um gabinete, como esses que estão apresentados nas figuras ao lado.

Aqui gostaríamos de abrir um parêntese para comentar que é no gabinete que fica o botão para ligar o computador, porém cada tipo de gabinete traz este botão em um local diferente e com formatos diferentes. Além disso, a maioria dos computadores está acoplada a um estabilizador de energia, que deve ser ligado antes de ligarmos o computador. Portanto, para aqueles usuários principiantes, recomendamos que peça ajuda sempre que for ligar uma máquina pela primeira vez.

Windows... o que é isso?

Quando ligamos um computador, um programa[1] é automaticamente ativado. Esse programa é conhecido como sistema operacional **Windows**, que é a base para o funcionamento de todos os outros programas que são instalados. Ele possibilita a criação e manutenção de arquivos, execução de programas e a utilização de periféricos, tais como: **teclado**, **vídeo**, unidades de **CD/DVD** e **pen drive**, **impressora, etc**. O sistema operacional é, portanto, um intermediador entre os programas (*softwares*) e o computador.

---

1   Um **programa de computador** é uma coleção de instruções que descrevem uma tarefa a ser realizada por um computador.

O **Windows** e todos os programas que são feitos para serem executados com ele, possuem uma forma padronizada. Assim, respeitando as particularidades de cada programa, se aprendermos a trabalhar com um programa qualquer, certamente entenderemos outro com muita facilidade.

Gostaríamos de observar que este material foi desenvolvido com a instalação do **Windows Vista e do Windows 7 Home Premium**; porém, além dessas, existem outras versões de **Windows Vista** e **Windows 7** disponíveis no mercado: *Starter*, *Home Basic*, *Ultimate*, *Business*, e *Enterprise*. Cada uma das versões adapta-se melhor a um determinado tipo de atividade. Por exemplo, para quem utiliza o computador apenas para tarefas de estudo, escritório ou domésticas, a *Home Basic* ou *Home Premium* são as mais indicadas, sendo que a Business é mais recomendada para empresas.

Considerando que uma nova versão do **Windows** já se encontra disponível no mercado, conhecida como **Windows 7**, sempre que necessário faremos observações referentes a cada uma delas.

Tela principal do Windows Vista

Assim que ligamos o computador é exibida uma tela parecida com a ilustração da figura abaixo.

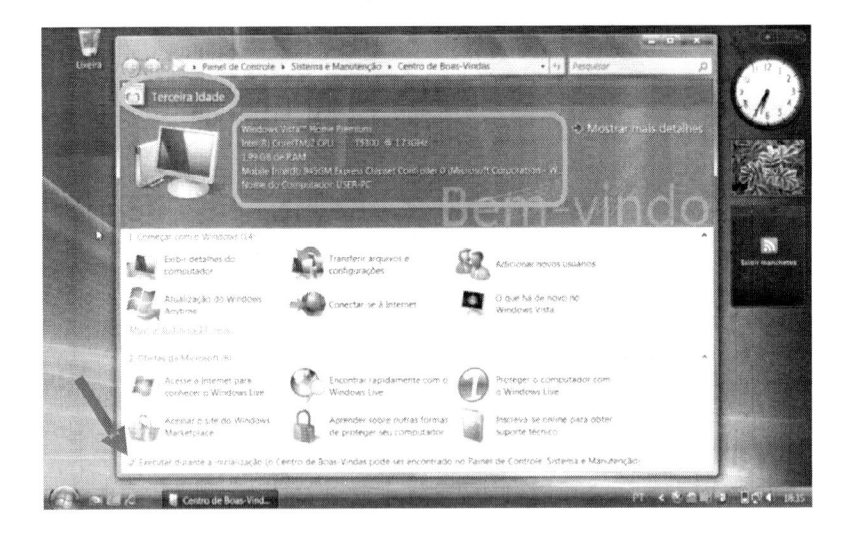

A janela que aparece na tela é denominada de *Centro de Boas-Vindas*, e apresenta no alto (à esquerda) o nome do usuário do computador. Logo abaixo, aparece a versão do Windows Vista instalada e a configuração do computador. Se quiser evitar que essa janela apareça a cada inicialização do Windows Vista, basta dar um clique, com o botão esquerdo do *mouse*, na caixa de seleção "***Executar durante a inicialização...***" , que está na parte inferior da janela, para desativá-la.

Os cliques nos botões do mouse devem ser sempre rápidos e leves. Observe que o mouse tem dois botões, o da esquerda e o da direita. Daqui por diante, os termos "clicar ou clique" estarão se referindo ao botão esquerdo do mouse e a um único clique. Quando tiver que clicar duas vezes ou com o botão direito, será explicitado.

Agora clique no botão *Fechar* ( ) para encerrar a janela do *Centro de Boas-Vindas* e conhecer a tela principal (**Área de trabalho** ou **Desktop**) do **Windows Vista**. Você irá visualizar uma tela parecida com a da ilustração a seguir.

Como existem várias versões do Windows Vista e, além disso, é possível alterar algumas características da tela, o que você vê no seu monitor pode ser diferente do que está aparecendo na figura acima.

Tela principal do Windows 7

Se estiver utilizando o **Windows 7**, assim que ligar o computador será exibida uma tela parecida com a ilustração da figura abaixo.

No **Windows 7**, para aumentar o tamanho das letras e figuras, que aparecem na tela do computador, faça o seguinte:

Passo 1: Clique (com o botão direito do mouse) em uma região vazia da área de trabalho, para abrir um menu de contexto e, em seguida, clique sobre a opção Personalizar.

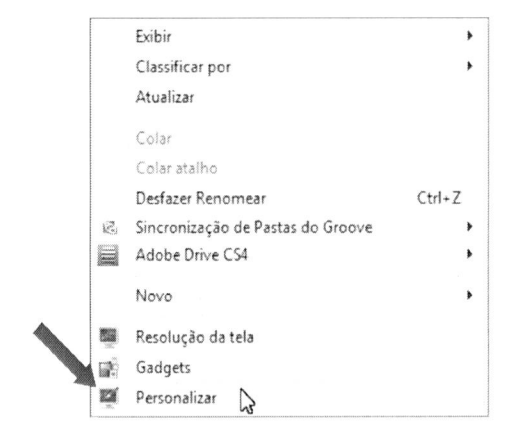

Passo 2: Na janela que se abre, clique em uma das opções Médio ou Maior (de acordo com sua necessidade) e, em seguida, clique no botão [Aplicar] .

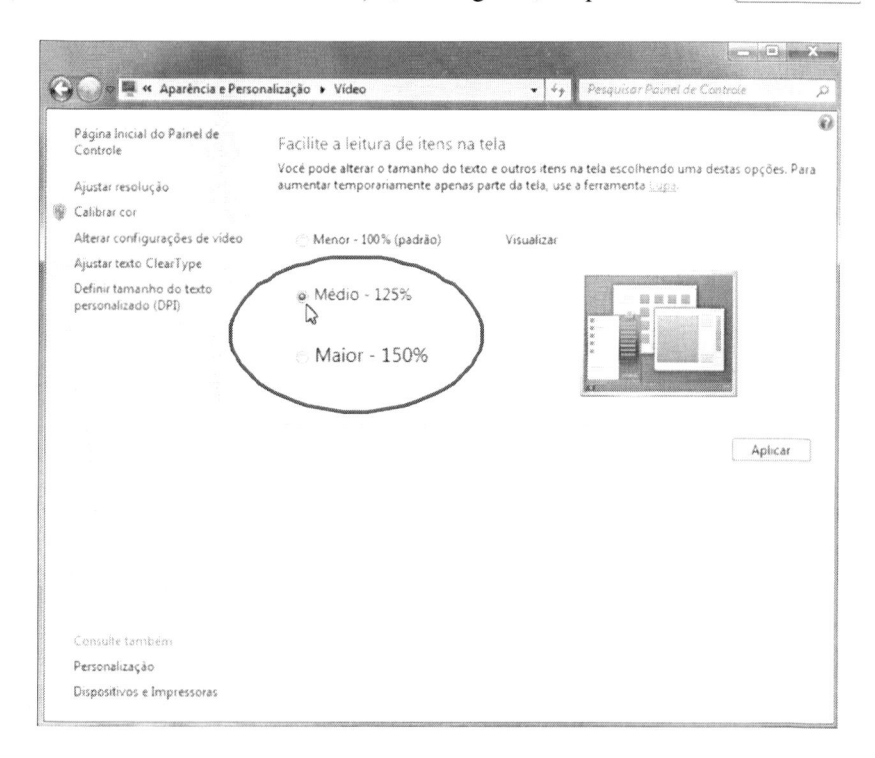

Se aparecer uma janela pedindo para fazer **logoff**, clique sobre o botão [Fazer logoff agora] e aguarde o computador reiniciar.

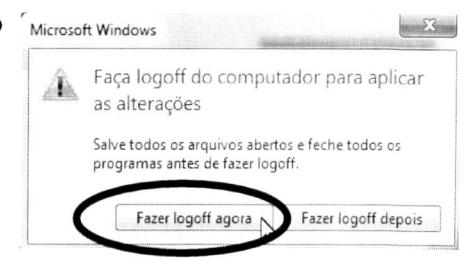

Vejamos a seguir, como se chama e qual a função dos principais elementos que aparecem na área de trabalho do **Windows**.

Elementos da Área de Trabalho

Ícones

São figuras que estão associadas a programas, arquivos e pastas existentes no computador. Posicionando o ponteiro do *mouse* sobre um ícone, e clicando duas vezes sobre ele, abrimos o programa, o arquivo ou a pasta que estiver representada por ele. **Exemplos de ícones:**

Barra de Tarefas

É a barra posicionada na parte inferior da tela, que mostra os arquivos, as pastas e os programas com os quais estamos trabalhando.

Na ilustração a seguir podemos observar a figura de uma barra de tarefas com uma pasta (chamada **Documentos**) e três programas (**Word, PicView** e o **Excel**), que foram abertos pela pessoa que está usando o computador nesse momento.

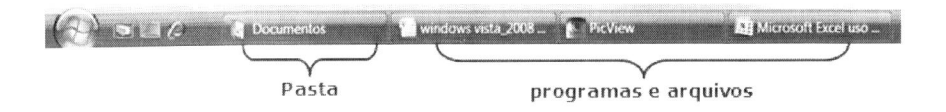

Barra Lateral

Windows Vista

A ***barra lateral*** é uma novidade do **Windows Vista** e se constitui em uma barra longa, vertical, localizada no lado direito da área de trabalho (ver ilustração ao lado). Ela contém miniprogramas denominados *gadgets*, que proporcionam informações rápidas e acesso fácil a ferramentas utilizadas frequentemente.

Ao iniciar o Windows Vista pela primeira vez, a barra lateral mostra inicialmente os recursos de **relógio**, **apresentação de slides** (*exibe uma apresentação de slides contínua das imagens no computador*) e **manchetes do feed** (*exibe títulos atualizados frequentemente de um site*).

Para acrescentar um *gadget* à barra lateral, clique no sinal de adição (+), para abrir a **Galeria de Gadgets**, escolha um *gadget* e, em seguida, dê dois cliques sobre ele para adicioná-lo. Se quiser saber informações sobre um dos *gadgets*, clique sobre ele e, em seguida, clique no botão ⊙ Mostrar detalhes .

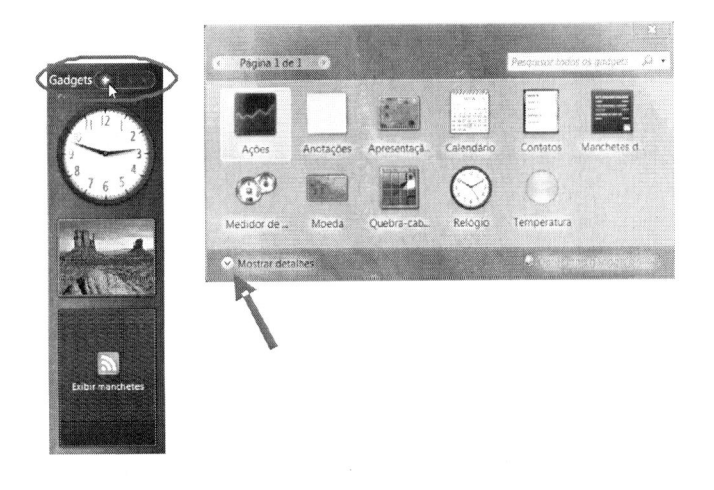

Para remover um gadget da barra lateral, clique com o botão direito do *mouse* sobre ele e, em seguida, clique no comando **Fechar Gadget** (veja ilustração abaixo).

Windows 7

No ***Windows 7***, para acrescentar um *gadget* à barra lateral, clique (com o botão direito do mouse) em uma região vazia da área de trabalho (*desktop*), para abrir um menu de contexto, e, em seguida, clique na opção ***Gadgets*** para abrir a **Galeria de Gadgets**.

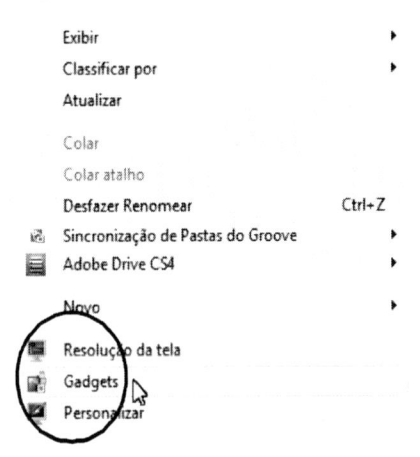

Escolha um *gadget* e, em seguida, dê dois cliques rápidos sobre ele para adicioná-lo.

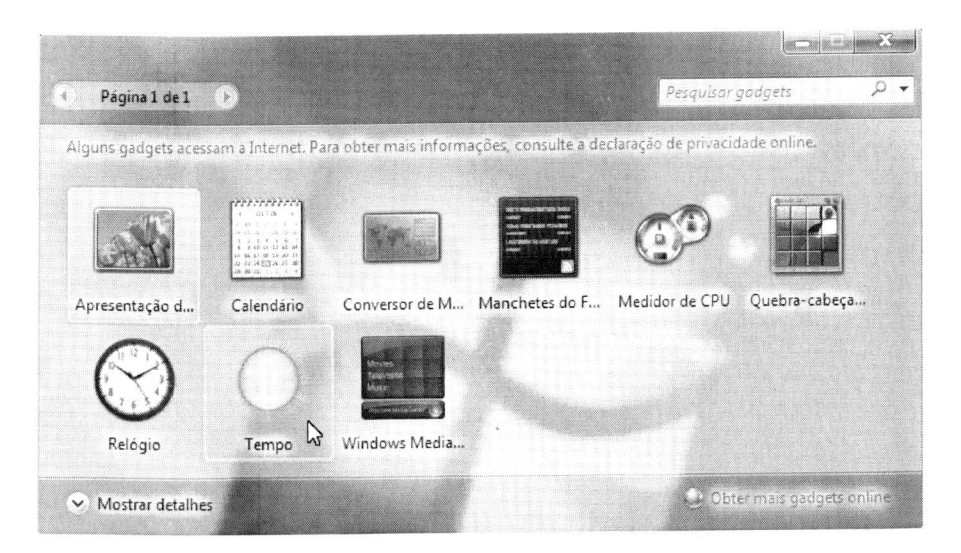

Para remover um *gadget* da barra lateral, **no Windows 7**, passe o *mouse* sobre ele e, em seguida, clique no botão **Fechar**  (veja ilustração ao lado).

Botão Iniciar

No canto inferior esquerdo da barra de tarefas encontra-se o botão **Iniciar** 🔘, que permite acessar todos os programas e os diversos recursos do computador. Para ativar o botão **Iniciar** basta clicar uma vez sobre ele e um *menu* abrirá com suas várias opções (como mostra a ilustração abaixo).

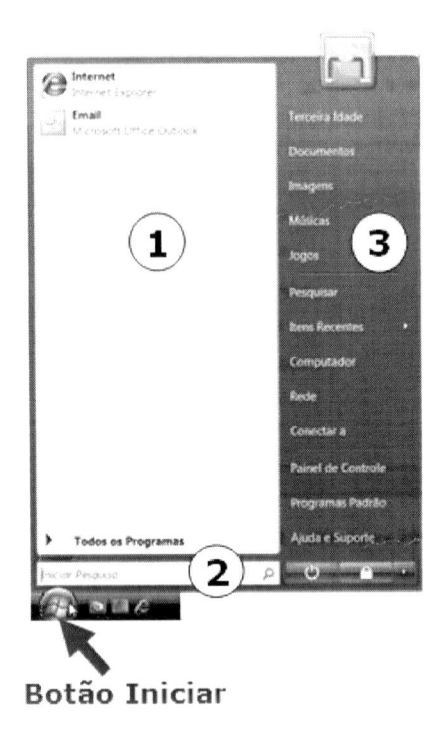

Botão Iniciar

Vamos agora conhecer melhor as partes que compõem o *menu* Iniciar:

1) O painel esquerdo do menu exibe uma lista resumida dos programas instalados no computador (geralmente os últimos que foram utilizados).

2) No canto inferior esquerdo fica a caixa de pesquisa, que permite procurar arquivos e programas existentes no computador digitando palavras relacionadas aos termos a serem pesquisados.

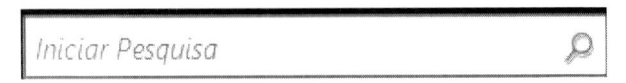

3) O painel direito dá acesso a pastas, arquivos, configurações e recursos mais utilizados. Para acessar qualquer um deles, dê um clique sobre a palavra correspondente ao que deseja acessar. Assim, clicando sobre a palavra Documentos, por exemplo, a pasta chamada Documentos, que existe dentro do computador, se abrirá (aparecerá na tela, na forma de uma janela).

Outra função importante do painel direito, é a opção para *desligar* o computador. Não desligue o computador sem seguir o procedimento descrito a seguir, pois o Windows precisa "**preparar**" o computador para ser desligado.

Assim, para desligar o computador, no **Windows Vista**, execute o procedimento descrito a seguir.

Instrução: Clique no botão Iniciar e, em seguida, clique no ícone que fica no canto direito do menu *Iniciar*. Agora, basta clicar sobre a opção **Desligar**.

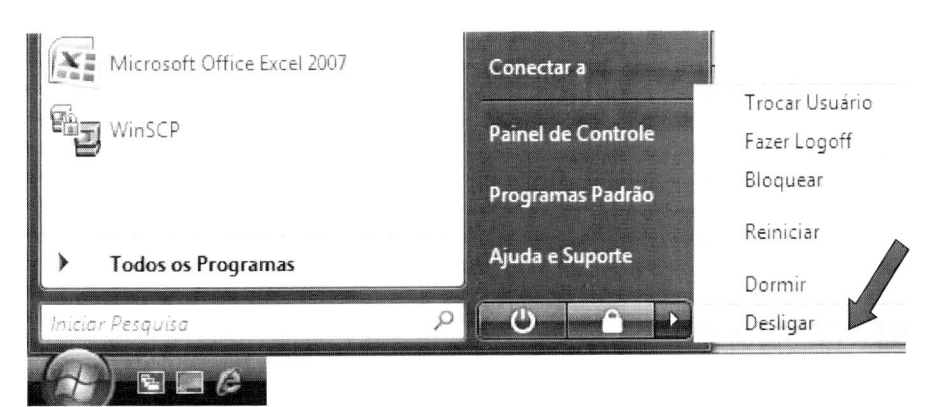

Agora, para desligar o computador, no **Windows 7**, execute o procedimento descrito a seguir.

Instrução: Clique no botão Iniciar e, em seguida, clique no botão **Desligar**.

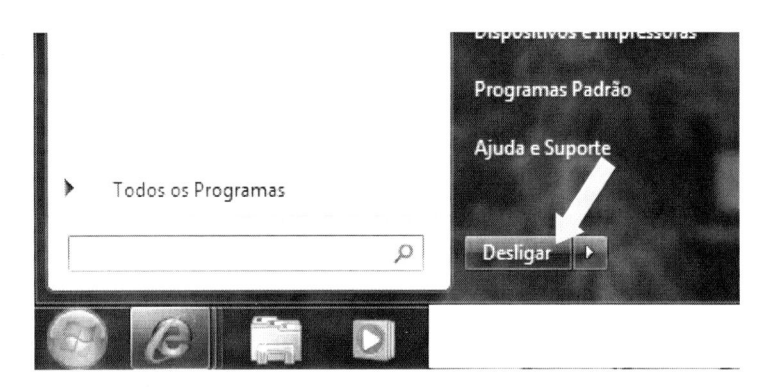

Pronto!! O computador desligará sozinho. **NÃO** precisa apertar mais nenhum botão!

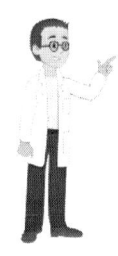

NUNCA desligue o computador apertando o botão que utilizou para ligá-lo. Execute sempre o procedimento descrito acima. Esse procedimento faz com que o computador se prepare internamente para ser desligado. E uma vez feito isso, pode ficar tranquilo, o computador desligará sozinho.

Continuando nossa exploração, deslizando o *mouse* (sem clicar) até o item **Todos os Programas** ou clicando sobre ele, será exibida uma lista completa de programas e pastas existentes no computador.

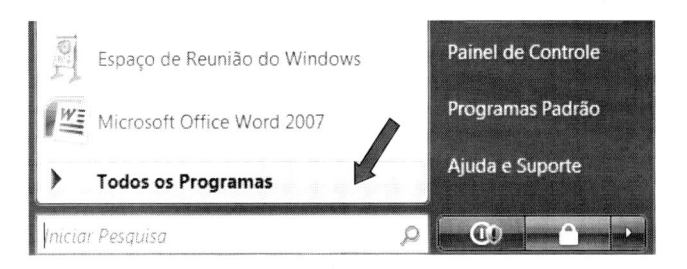

Observe que a lista está em ordem alfabética e, em primeiro lugar, são exibidos os programas e depois as pastas.

Para visualizar o conteúdo de uma pasta, clique sobre o nome dela para que o conteúdo seja exibido logo abaixo do nome. Por exemplo, clicando na pasta **Acessórios**, o conteúdo exibido deverá ser parecido com o da ilustração abaixo.

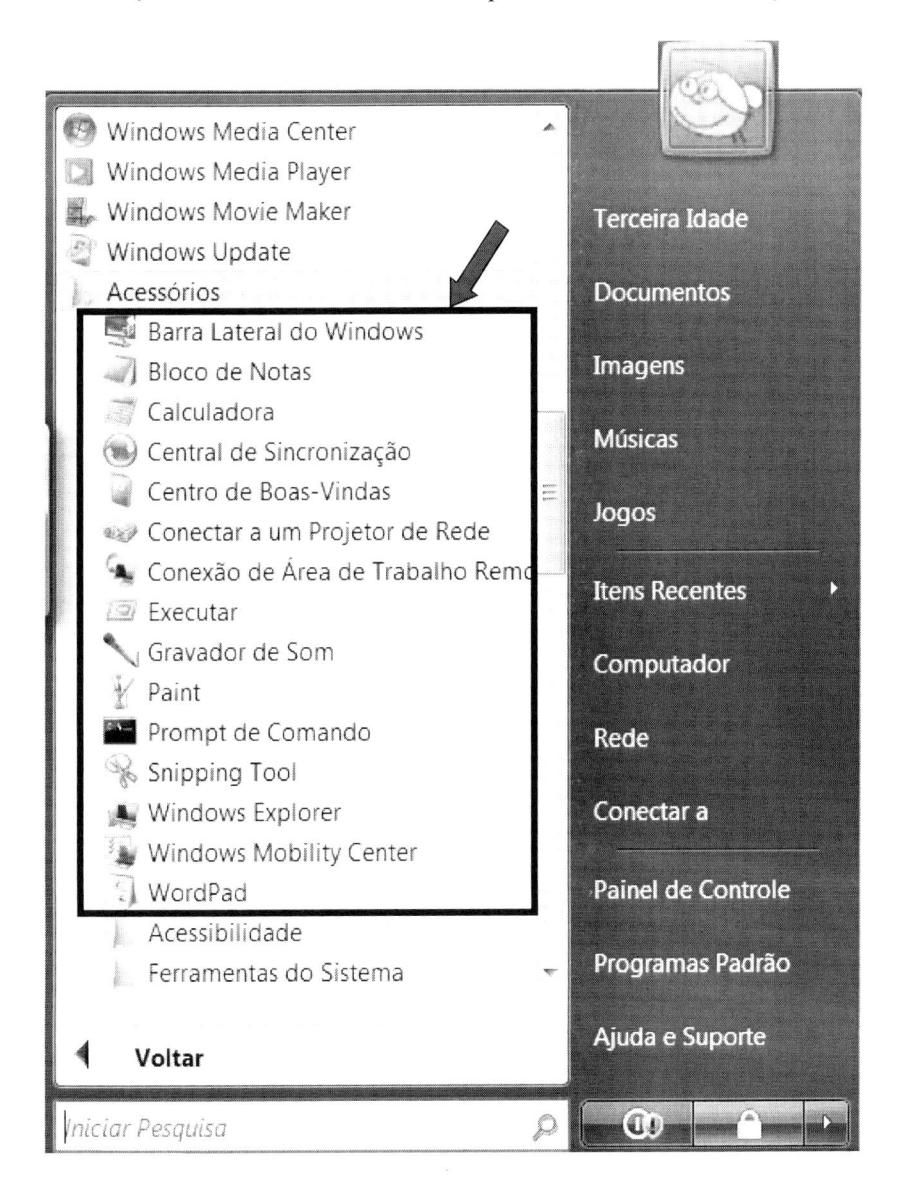

No **Windows 7**, existe um ícone na barra de tarefas, que fica do lado direito do botão **Iniciar** (parecido com uma pasta amarela), que dá acesso direto a todos os locais do computador.

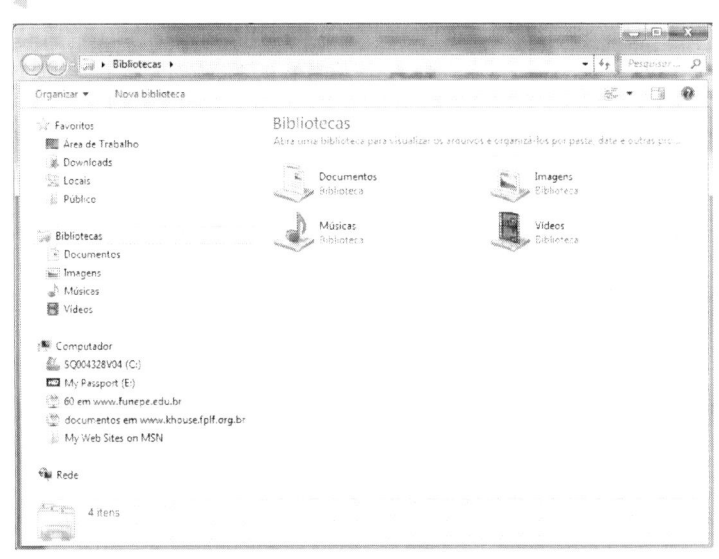

 Se quiser mudar o estilo de *menu* do **Windows Vista** para versões anteriores do **Windows**, siga os passos descritos a seguir:

Passo 1: No **Windows Vista**, clique com o botão direito do mouse sobre o botão **Iniciar**, deslize o mouse até a opção **Propriedades** e dê um clique.

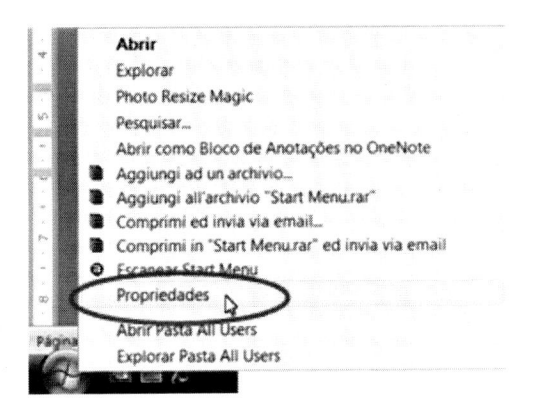

Passo 2: Na janela que se abre, clique sobre a opção

Ⓞ Menu Iniciar Clássico

e, em seguida, clique sobre o botão [OK] .

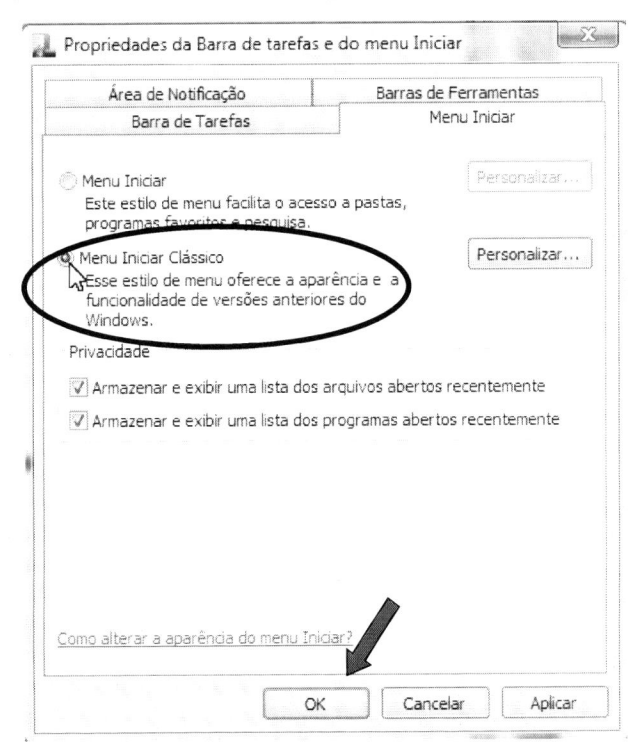

Abrindo (iniciando) programas[2]

Abrir um programa é tarefa semelhante a pegar alguns livros na estante e deixá-los sobre a mesa para que possam ser consultados. Assim como os livros, os programas não podem ser usados enquanto estiverem "guardados na estante". Para ilustrar melhor esse procedimento, vamos abrir um programa de jogos, por exemplo, o jogo **PACIÊNCIA**, que provavelmente já está instalado no seu computador. Caso não esteja, escolha algum outro jogo. O procedimento é o mesmo.

Para **Abrir** o programa **Paciência**, faça o seguinte:

1) Clique no botão Iniciar.

2) Deslize o *mouse* até a pasta **Jogos** e dê um clique.

3) Espere abrir a janela e dê dois cliques sobre o jogo **PACIÊNCIA** (como mostra a figura a seguir).

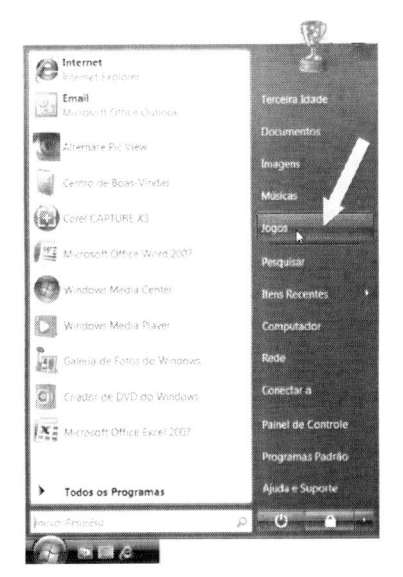
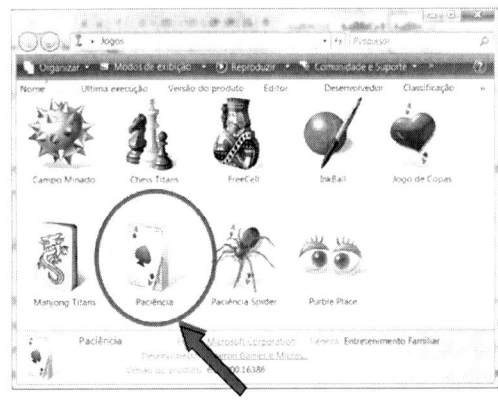

---

2 Programas – ou Softwares – são conjuntos de instruções que permitem ao computador executar tarefas.

Logo após clicar sobre o jogo, ele será aberto (na janela do Windows) e estará pronto para ser usado.

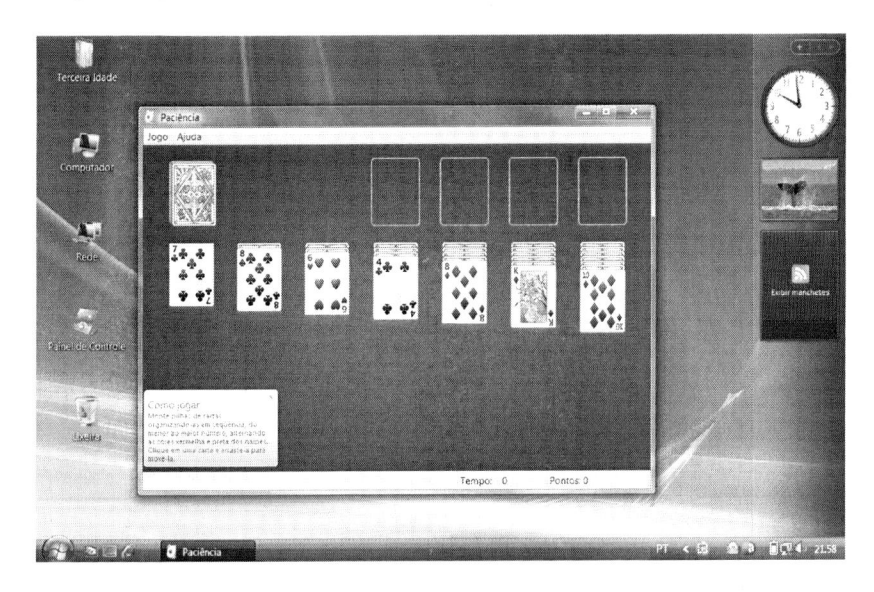

Vamos aproveitar a janela aberta do jogo para aprender um pouco mais sobre o Windows.

Se não houver a opção Jogos, na barra escura à direita, procure-a na forma de uma pasta, na parte branca, à esquerda. Dê um clique sobre a pasta.

e uma lista de opções de jogos aparecerá logo abaixo. Em seguida, dê um clique sobre a palavra Paciência.

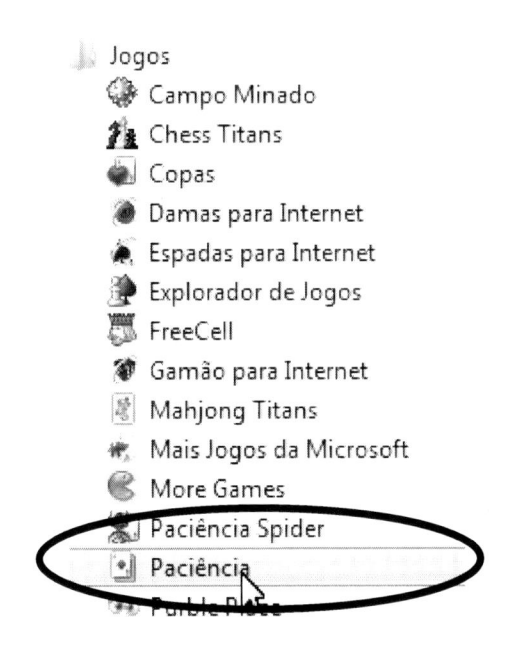

Janelas

As **janelas** são os elementos básicos do *Windows* (observe que o jogo aberto no item anterior está contido em uma janela). As janelas são áreas retangulares onde os programas e/ou arquivos são abertos. Elas possuem características comuns, com a mesma função. Uma vez compreendidas essas funções, um grande passo no aprendizado já foi dado, pois praticamente tudo no **Windows** funciona em janelas (daí o nome: *Windows* é janela em inglês).

Trabalhando com as Janelas

Observe que o jogo foi aberto em uma janela no meio da área de trabalho da tela do Windows. Apesar disso, podemos aumentá-la, a fim de que ela ocupe a tela toda. Essa operação denomina-se **maximizar uma janela**. Existem ainda outras operações, relacionadas com as janelas no Windows, que iremos aprender a seguir.

Observe a janela do jogo que foi aberto anteriormente. No canto superior direito de toda janela aberta, sempre irão existir três botões, cada um deles com uma função diferente.

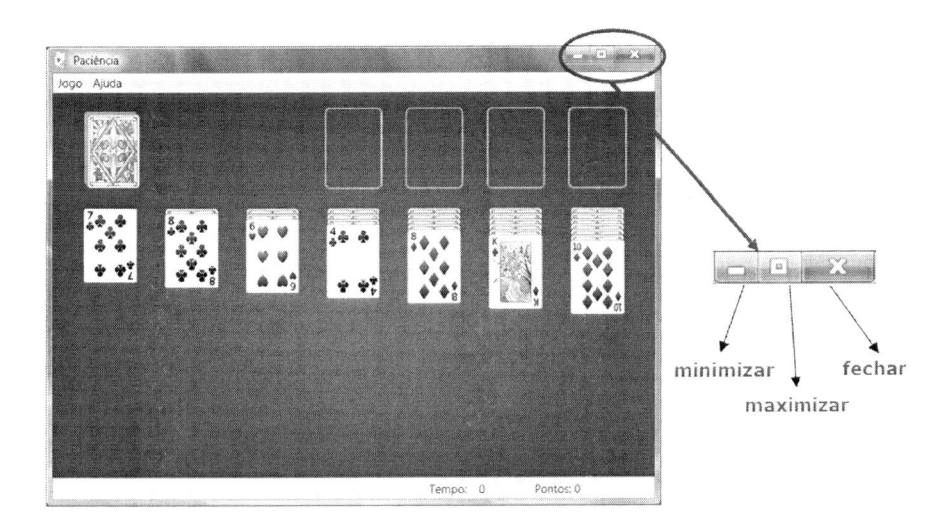

Maximizar

Quando abrimos uma janela de um programa ou aplicativo, pode ocorrer de ela não estar ocupando toda a tela do monitor. Assim, caso desejemos trabalhar com a janela ocupando a tela toda, o que é aconselhável, podemos *maximizá-la* para que ela fique do tamanho da tela do monitor. Para fazer isso basta clicar sobre o botão do meio

 Observe que quando a janela está maximizada, o botão maximizar se transforma em botão restaurar .

Restaurar

Restaurar uma janela nada mais é do que fazê-la voltar ao tamanho que estava antes de ser maximizada. Para fazer isso é só clicar sobre o símbolo .

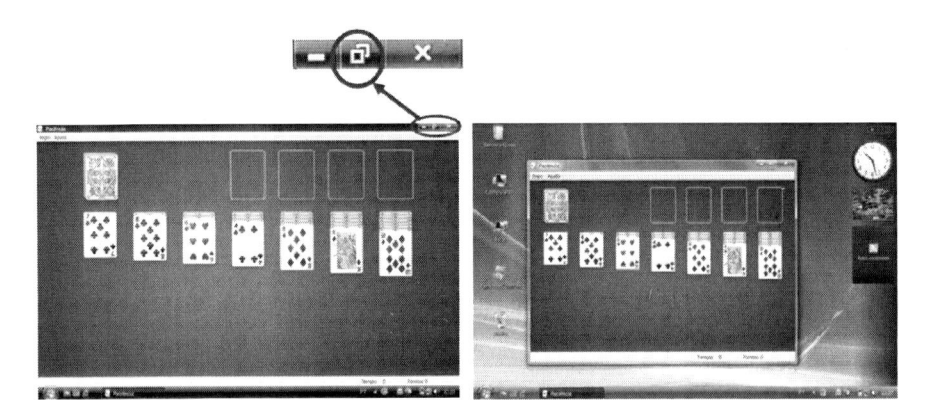

Minimizar

Minimizar uma janela é fazer com que ela desapareça da tela sem que o programa seja fechado (**a janela do programa vira um botão na barra de tarefas**). Esse procedimento é análogo a abrirmos dois ou mais livros que precisamos utilizar em uma pesquisa, por exemplo. Embora consigamos ler apenas um de cada vez, é aconselhável deixar ou outros abertos e à disposição, enquanto estivermos estudando. Aqui no computador, para minimizar uma janela (*deixar um livro de lado, porém ainda aberto*) é só clicar sobre o botão . Se quisermos abrir a janela novamente, depois de minimizada, basta clicar no botão referente ao programa, que aparece na barra de tarefas.

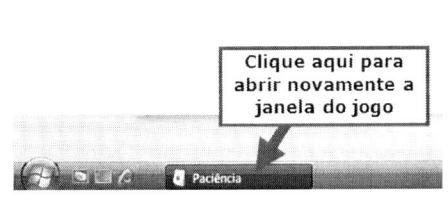

Clique aqui para
abrir novamente a
janela do jogo

Fechar

Fechar uma janela é como guardar um livro de volta na estante, depois de utilizá-lo. No caso aqui, iremos fazer com que o Windows encerre o programa. Para isso é só clicar no botão *Fechar* (X).

Caso tenha achado difícil associar esses botões às suas respectivas funções, não se preocupe... Apenas guarde bem o significado de cada termo (maximizar, minimizar, restaurar e fechar), pois se deixar o ponteiro do mouse alguns segundos sobre cada um desses botões, aparecerá uma mensagem embaixo dizendo o que cada um deles faz.

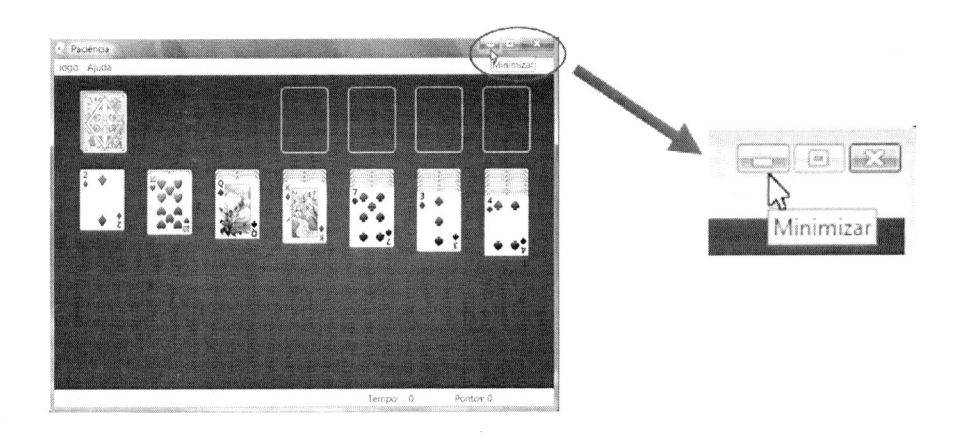

Movendo e Alterando o tamanho das janelas

Para **movermos** uma janela, basta clicarmos sobre a **barra de título** (a barra na parte superior da janela que contém o nome do programa aberto e os botões de restaurar, minimizar, fechar e maximizar) e, com o botão do *mouse* pressionado, arrastar a janela para onde quisermos. Não se esqueça de soltar o botão do *mouse* quando a janela estiver na posição desejada. Certifique-se antes que a janela não esteja maximizada, pois não podemos mover algo que ocupe a tela toda.

Não é sempre que uma janela se apresenta em um tamanho adequado e, por isso, pode ser necessário modificá-lo. Para alterar o **tamanho** de uma janela é só passar a seta do *mouse* sobre a sua borda e, quando a seta mudar para uma **setinha** apontando para dois lados opostos, clicar e arrastar a setinha para um dos lados, com o botão do *mouse* pressionado, até a janela ficar do tamanho que se deseja.

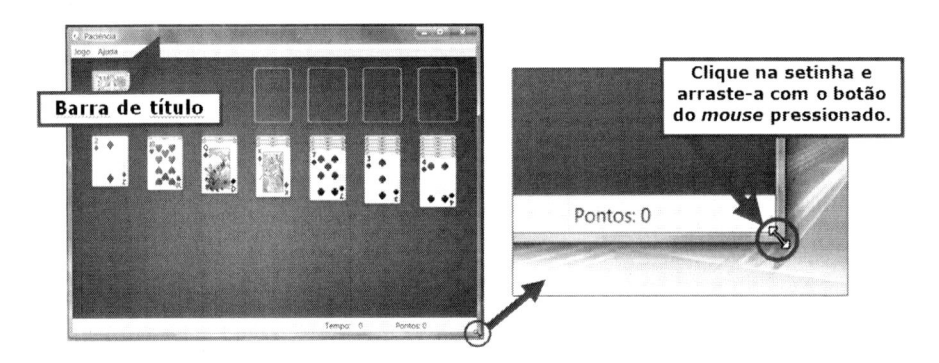

Trabalhando com várias janelas

Vamos aprender agora como trabalhar com várias janelas ao mesmo tempo. Para isso, utilizaremos alguns programas que estão instalados na maioria dos computadores. Para ver como isso funciona, siga os passos descritos a seguir, acompanhando o exemplo.

1) Abra o **Paint (programa para fazer desenhos)** – seguindo o caminho abaixo (em cada etapa do caminho, dê um clique sobre a palavra):

Iniciar → Todos os Programas → Acessórios → Paint

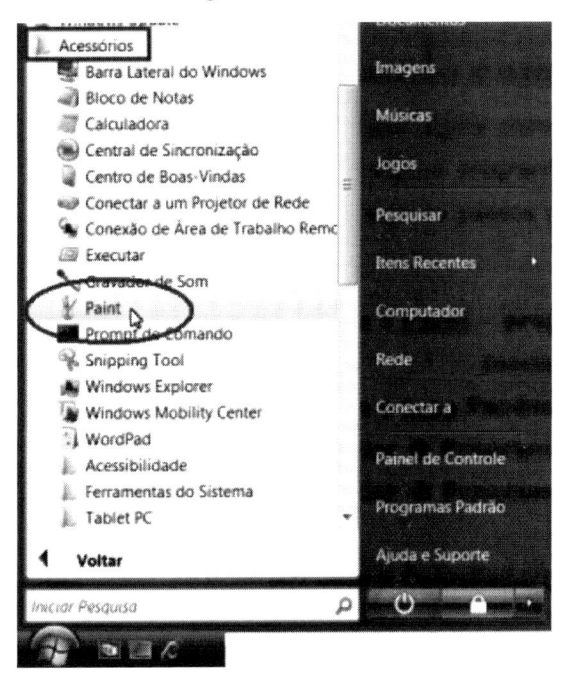

2) Abra o **jogo** Paciência, seguindo agora este caminho:

Iniciar → Todos os Programas → Jogos → Paciência

3) Abra a **Calculadora**, utilizando os comandos abaixo (caminho):
Iniciar → Todos os Programas → Acessórios → Calculadora

Depois de realizadas essas tarefas, a área de trabalho deverá estar com três janelas abertas, conforme mostrado na figura abaixo:

Observe que o último programa que foi aberto é o que aparece com botão em cor diferente na **barra de tarefas**. Isso significa que esta janela é a **janela ativa (aquela em que estamos trabalhando no momento)**, nesse caso, a calculadora.

Observe ainda que, por estarem sobrepostas, as janelas não ficam totalmente aparentes. Para deixar um programa em primeiro plano, clique em qualquer parte visível da janela desse programa ou clique no botão correspondente ao programa na barra de tarefas.

Para entender melhor como isso funciona, vamos voltar ao exemplo dos livros. Suponha que tenhamos vários livros abertos sobre uma escrivaninha.

Uma "**janela ativa**" seria aquele livro que está sendo lido no momento e "**janela inativa**", seriam todos os demais livros que estão abertos, porém não sendo utilizados nesse momento.

Suponhamos que agora desejamos fazer um desenho, ou seja, vamos deixar de lado a calculadora e usar o programa **Paint**. Podemos ativá-lo **clicando no botão correspondente a ele na barra de tarefas**. Em seguida, maximizamos a janela do programa **Paint** para que ele ocupe toda a tela e facilite o trabalho.

Observe que agora as demais janelas não estão mais visíveis (pois a janela do Paint está maximizada e em primeiro plano). Se quiser ativar o jogo, poderá restaurá-lo clicando sobre o botão, com o nome dele, na barra de tarefas.

Clique aqui para abrir a janela do jogo que você não está vendo.

Quando movemos o ponteiro do mouse para um botão da barra de tarefas (sem clicar), uma pequena imagem aparece mostrando uma miniatura da janela. Essa visualização é útil principalmente quando não conseguimos identificar uma janela apenas pelo título. Além disso, se uma das janelas tiver execução de vídeo ou animação, poderemos vê-la na visualização.

Nota: As visualizações da janela da barra de tarefas só funcionarão se o computador estiver executando o *Windows Aero*, que não está disponível no *Windows Vista Starter* nem no *Windows Vista Home Basic*.

Exercício 1.1 – Trabalhando com Janelas

1) **Abra** a **Calculadora**, seguindo o caminho abaixo, ou seja, clicando uma vez em cada local da sequência.
   Iniciar → **Todos os Programas** → **Acessórios** → **Calculadora**

2) Agora, **clique** sobre a barra azul (barra de títulos) na parte de cima da janela da **Calculadora** e, com o botão do mouse pressionado, **arraste** a Calculadora para o canto superior direito da tela.

3) Agora **abra** o jogo da **Paciência**, seguindo o caminho abaixo, ou seja, clicando uma vez em cada local da sequência.

Iniciar → Todos os Programas → Jogos → Paciência

4) **Clique** em um dos cantos da janela do jogo da **Paciência** e, com o botão do mouse pressionado, **arraste** a setinha para dentro da janela, a fim de deixá-la com um tamanho menor.

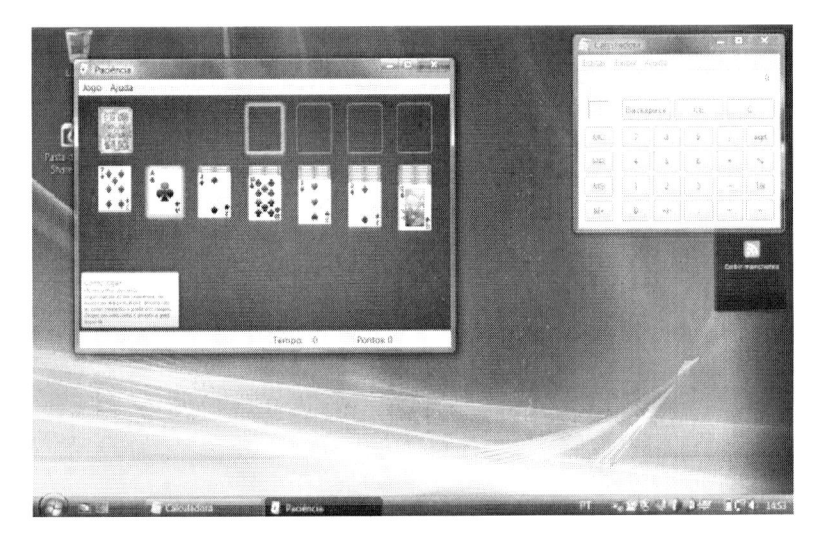

5) Agora, **mova** a janela do jogo para o canto inferior esquerdo. Veja a ilustração abaixo.

SE VOCÊ CONSEGUIU CHEGAR A UMA TELA PARECIDA COM A DA ILUSTRAÇÃO ACIMA....PARABÉNS!!!!!

CASO CONTRÁRIO, NÃO DESANIME!!! TENTE OUTRA VEZ....

6) Continuando.... Agora **mova** a janela do jogo da **Paciência** para o centro da tela.

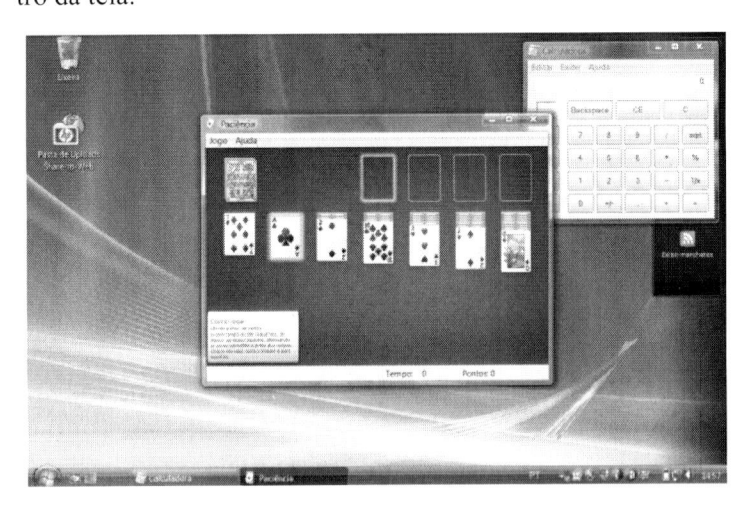

7) **Clique** sobre o botão **Maximizar** da janela do jogo da **Paciência** para que ela ocupe a tela toda (*ver ilustração abaixo*).

OBSERVE QUE VOCÊ NÃO VÊ MAIS A JANELA DA CALCULADORA, POIS ELA FICOU ATRÁS DA JANELA DO JOGO.

8) Agora, **clique** sobre o botão **Restaurar** da janela do jogo da **Paciência**, para que ela volte ao tamanho anterior.

OBSERVE QUE QUANDO RESTAURAMOS UMA JANELA, ELA VOLTA A FICAR DO TAMANHO E NA POSIÇÃO QUE ESTAVA ANTES DE SER MAXIMIZADA.

9) **Clique** sobre o botão **Minimizar** da janela do jogo da **Paciência** e faça o mesmo para a janela da **Calculadora** (*ver ilustração abaixo*).

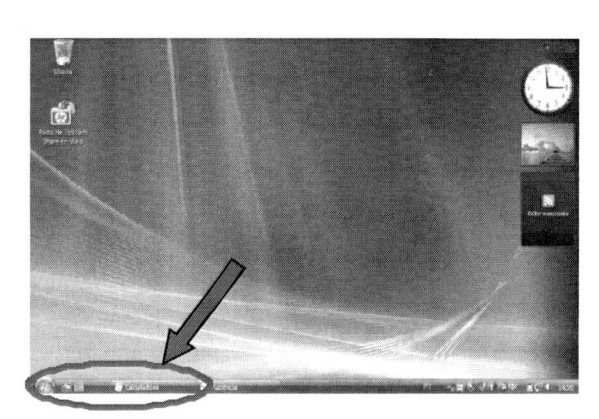

10) Agora, **clique** sobre o botão do jogo da **Paciência**, que se encontra na barra de tarefas (*na parte inferior da tela*), para ativar novamente a janela do jogo.

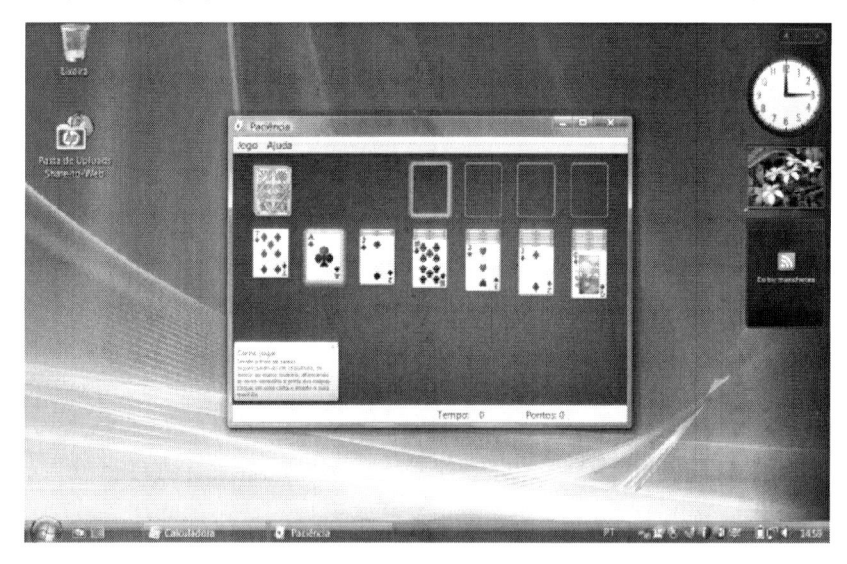

11) Agora, faça o mesmo para a janela da **Calculadora**.

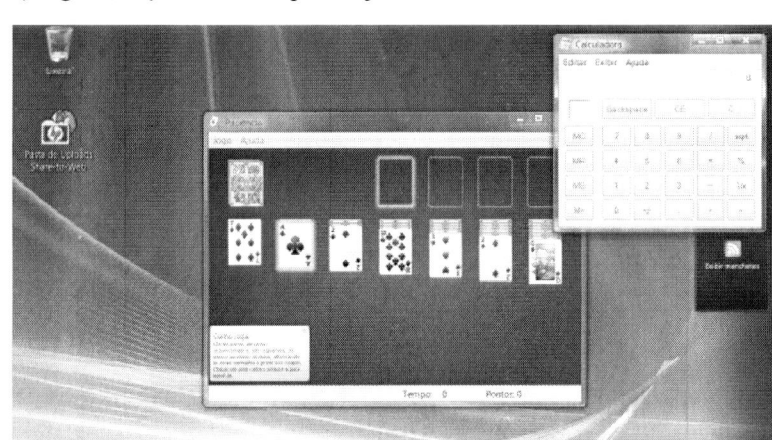

OBSERVE QUE A ÚLTIMA JANELA ATIVADA FICA SOBRE TODAS
AS OUTRAS JANELAS ABERTAS.

12) **Clique** sobre a barra azul (barra de títulos) na parte de cima da janela
da **Calculadora** e, com o botão do mouse pressionado, **arraste** a Calculadora para o centro da tela.

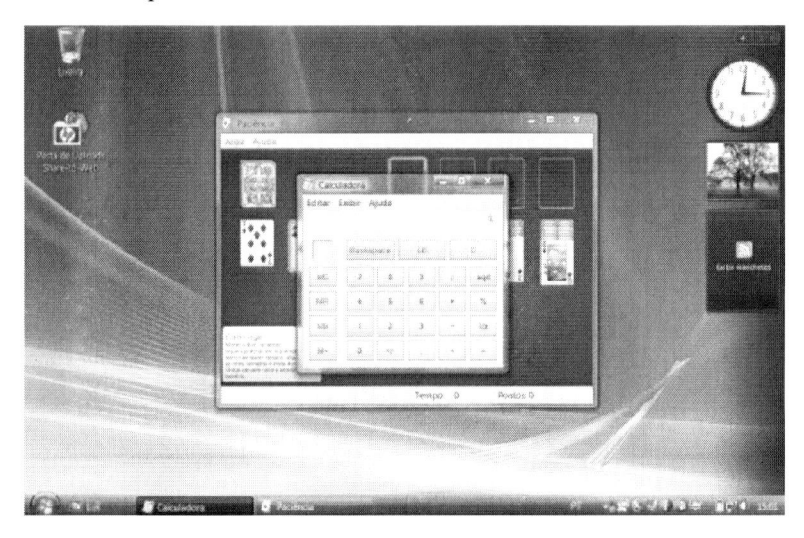

13) Para finalizar, **clique** sobre o botão **Fechar** da janela da **Calculadora** e, em seguida, **clique** sobre o botão **Fechar** da janela do jogo da **Paciência**.

14) Se não for mais utilizar o computador nesse momento, **desligue-o** utilizando o procedimento correto para isso.

Explorando o Computador

Podemos ver tudo o que existe no computador através da janela **Computador** que se encontra representada na área de trabalho do Windows Vista pelo ícone apresentado na ilustração ao lado.

Posicionando o ponteiro do *mouse* sobre esse ícone e dando um duplo clique, com o botão esquerdo do *mouse*, será aberta a janela **Computador** que é semelhante à da ilustração a seguir.

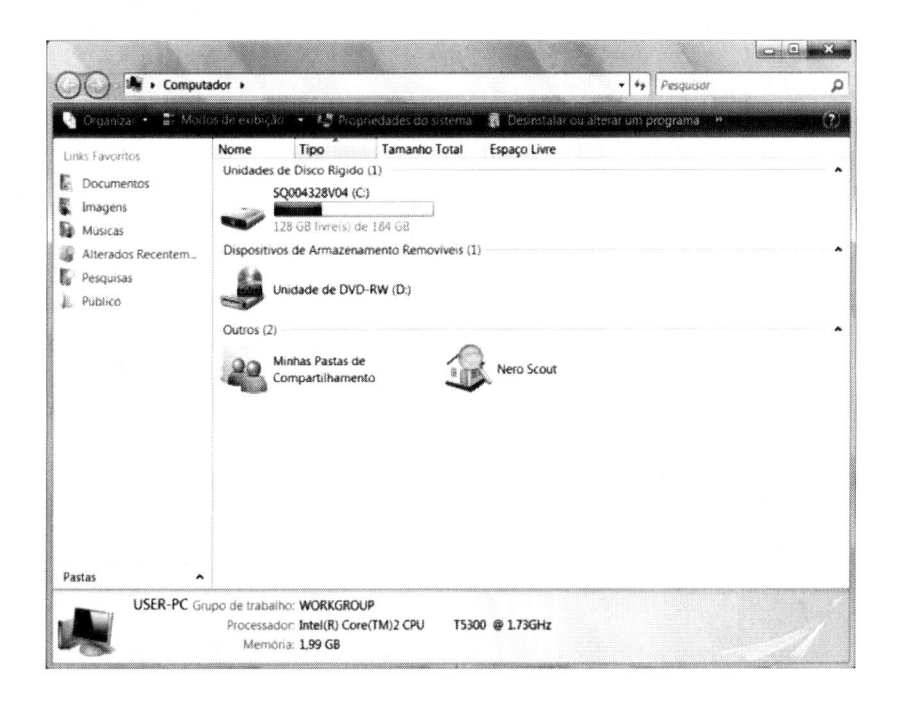

Como existem várias versões do Windows e, além disso, é possível alterar algumas características da tela, o que você vê no seu monitor pode ser diferente do que está aparecendo na ilustração.

Caso o ícone não esteja na área de trabalho, dê um clique sobre o botão **Iniciar** . Deslize o *mouse* sobre o *menu* que se abre e, quando o ponteiro do *mouse* estiver sobre o botão Computador , na lateral direita do menu, dê um clique sobre ele. A mesma janela se abrirá.

Se você estiver usando o **Windows 7**, siga os mesmos passos anteriores, ou clique na pasta amarela da barra de tarefas

e, na janela que se abre, clique em Computador .

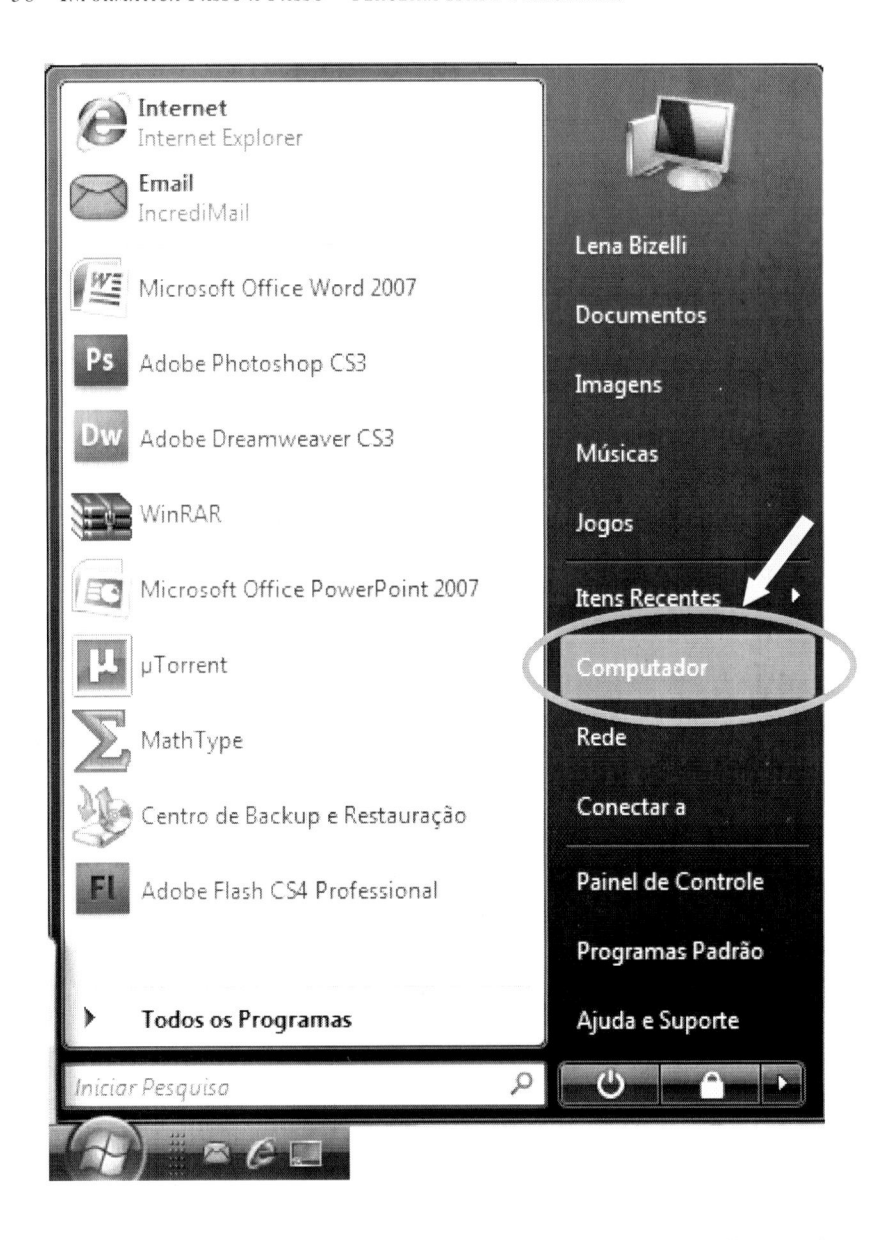

Cada um dos ícones da janela **Computador** permite a visualização de uma área específica do computador. Podemos escolher entre visualizar o conteúdo do **disco rígido** , de um **disco removível** , do **CD** ou **DVD**

, clicando duas vezes nos respectivos ícones. Dessa forma, através da

janela **Computador,** podemos familiarizar-nos com o que existe no computador.

Os computadores mais novos já não apresentam drives de disquetes, a não ser que peçamos para que ele seja instalado. Assim, para transportar nossos dados, outra opção é utilizar um ***CD***, um ***DVD*** ou um ***Pen Drive*** (*Memória USB Flash Drive*).

O ***pen drive*** é um dispositivo de armazenamento e transporte de dados bem melhor que os ***CDs*** e os ***disquetes***, pois além de armazenar uma quantidade enorme de informações, é muito fácil de ser utilizado. Normalmente possui uma aparência semelhante à de um isqueiro ou chaveiro e uma ligação **USB** que permite a sua conexão ao computador, através do que chamamos de **porta USB**.

Uma **porta USB** simplifica a instalação e configuração de periféricos, eliminando a necessidade de se instalar placas de expansão. Ela pode ficar na frente ou na parte traseira do seu computador.

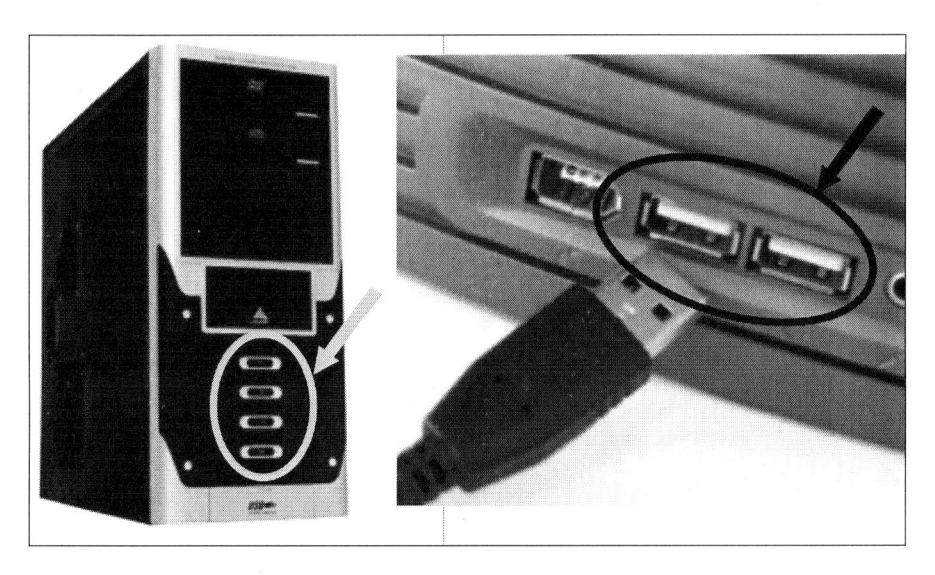

Veja alguns exemplos de *pen drive*:

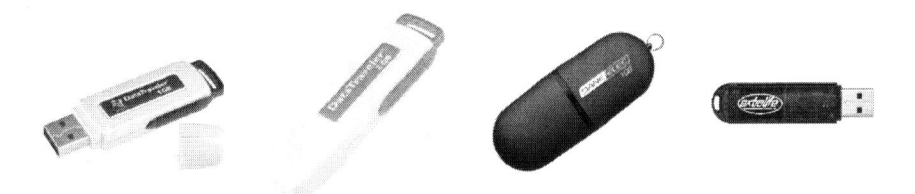

Este dispositivo ficou conhecido como "*pen drive*" porque alguns dos primeiros modelos, um pouco maiores que os atuais, assemelhavam-se a uma caneta e dispunham de um clipe para prendê--los no bolso.

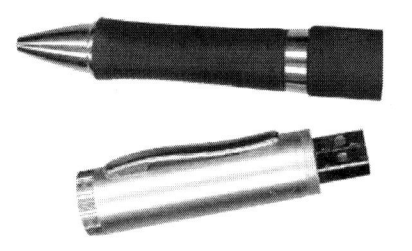

As capacidades atuais de armazenamento são, na sua maioria, acima de 2 GB. Em condições ideais, os *pen drives* podem armazenar informações durante 10 anos.

Uma vez encaixado na porta **USB**, na maioria das vezes, uma janela se abre com título ⌐ Reprodução Automática , conforme a figura abaixo. Quando isso ocorrer, clique na opção **Abrir pasta para exibir arquivos**.

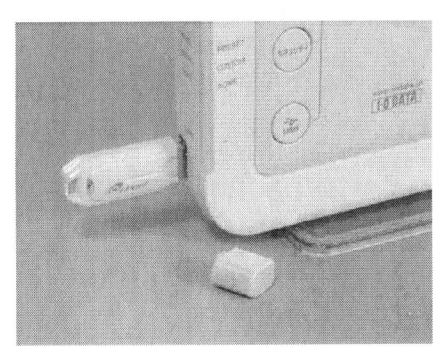

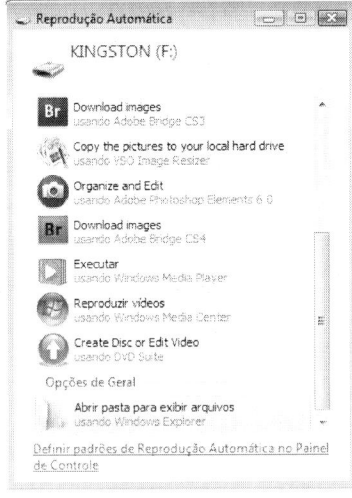

Ao executar esse comando, uma janela se abrirá mostrando o conteúdo do *pen drive*, ou seja, o que está guardado dentro dele.

Outra maneira de acessar o conteúdo do *pen drive* é através do seguinte comando (sempre dando um clique em cada etapa):

Botão Iniciar 🔘 → **Computador**

Ao fazer isso, uma janela se abrirá mostrando várias possibilidades de locais que podemos acessar em nosso computador, sendo que o p*en drive* aparece como um disco removível, similar a um CD, DVD ou disquete. Para acessar o conteúdo do *pen drive*, dê dois cliques sobre ele.

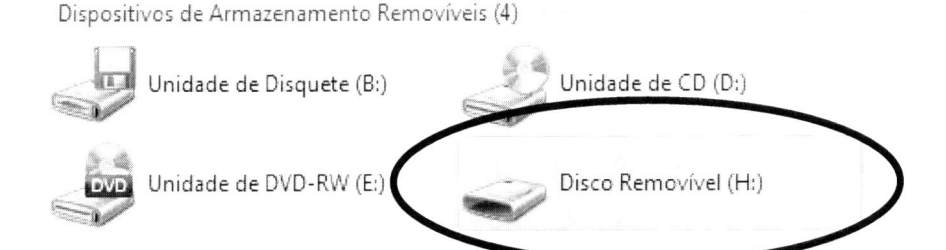

Em computadores com sistema operacional *Windows XP*, *Windows Vista* ou *Windows 7*, os *pen drives* são reconhecidos automaticamente como dispositivos de armazenamento removível.

Alguns modelos de *pen drive* podem reproduzir música MP3 e sintonizar FM. Caso você pretenda guardar e/ou transportar informações importantes no seu "*pen drive*", sugerimos que escolha um modelo que se proponha apenas a armazenar dados.

Diferentemente de um **CD** ou de um **disquete**, temos que ter um cuidado especial ao desconectar um **pen drive** de um computador. Assim, para remover um **pen drive** com segurança, faça o seguinte:

Passo 1: Vá até a barra de tarefas e dê um clique sobre o ícone Remover hardware com segurança 🖼 (ver ilustração abaixo).

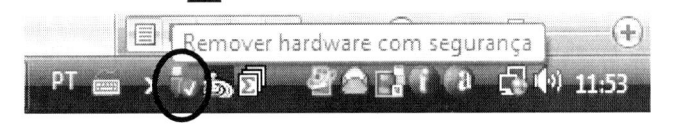

Passo 2: Dê um clique sobre a mensagem Remover USB Mass Storage Device que aparece logo acima do ícone.

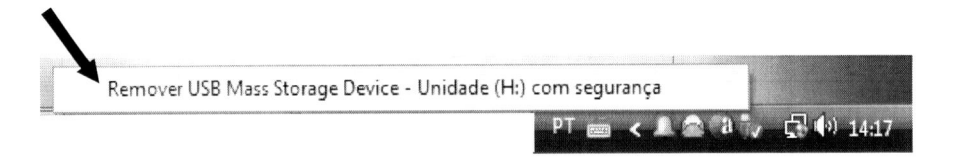

Passo 3: Se tudo estiver correto, o Windows exibe a mensagem que o dispositivo pode ser removido com segurança:

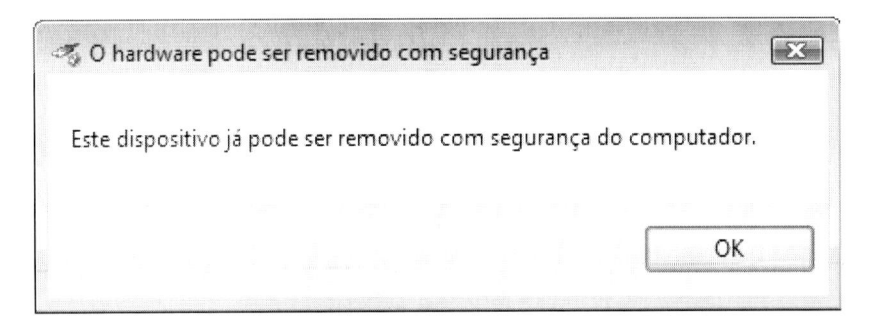

Dê um clique sobre o botão [OK] e retire o *pen drive* do computador.

Caso contrário, o *Windows* irá emitir uma mensagem de erro.

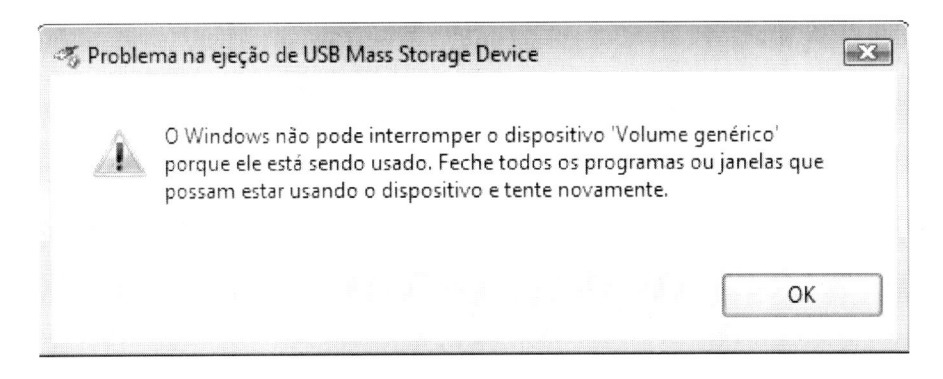

Nesse caso, clique em <OK>, faça o que o programa sugere (ou seja, *feche todos os programas ou janelas que podem estar utilizando o dispositivo*) e volte ao **Passo 1**.

NÃO SE ESQUEÇA!! Esse procedimento é essencial para não correr o risco de estragar seu pen drive.

1) Caso o ícone Remover hardware com segurança  não esteja disponível na barra de tarefas, clique na setinha branca que está na barra de tarefas, e o ícone aparecerá.

2) No Windows 7, para remover o pen drive, clique primeiramente na setinha branca que fica na barra de tarefas (canto inferior direito).

Uma janelinha se abrirá, com a opção .

Dê um clique sobre o ícone  e, na janelinha que aparecer, clique em Ejetar... (ver ilustração abaixo).

Abrir Dispositivos e Impressoras

Ejetar Mass Storage Device
- Disco removível (E:)

Organizando o computador

Frequentemente organizamos nossas coisas, em casa ou no trabalho, para que possamos encontrá-las sempre que precisarmos delas. Isso também deve ser feito com os arquivos existentes no nosso computador, a fim de que possamos localizá-los com facilidade. Antes de aprendermos a gerenciar **arquivos**[3] e **pastas**[4], bem como instalar programas (softwares) novos em nosso computador, vamos conhecer melhor alguns conceitos de organização e gerenciamento.

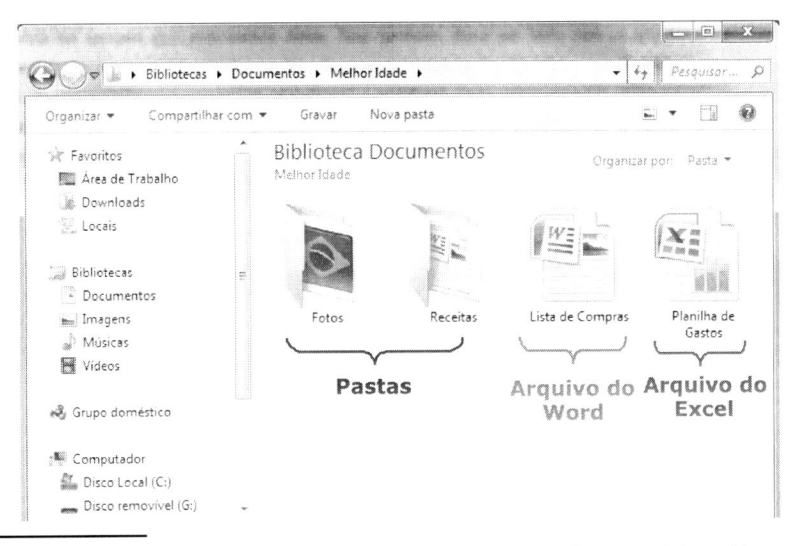

---

[3] Um arquivo é qualquer informação (texto, imagem ou figura, som, vídeo, etc.) que é armazenada (gravada) no computador em um formato que ele possa compreender. Os arquivos são identificados por um nome, juntamente com o ícone correspondente ao programa pelo qual ele foi criado (por exemplo, - arquivo de texto criado pelo programa Word).

[4] Pastas são locais no disco rígido (HD) de seu computador onde são armazenados arquivos de um mesmo assunto. São representadas por ícones com formato de uma pequena pasta amarela

Uma informação qualquer (texto, figura, som, vídeo, etc.) é armazenada no computador na forma de **arquivos**. Para conseguir uma melhor organização dos arquivos gravados no computador, eles devem ser guardados em **pastas**, da mesma maneira como fazemos com documentos que temos em casa ou no trabalho. Assim, podemos armazenar **arquivos** referentes a um mesmo assunto dentro de uma mesma **pasta**, para que fique mais fácil e rápido localizá-los quando necessário.

Por exemplo, podemos criar uma pasta com o nosso nome para guardar "coisas" de nosso interesse e, dentro dessa pasta, podemos criar uma pasta chamada **Fotos**, para armazenar arquivos de fotos, e outra pasta denominada **Receitas**, para armazenar arquivos de receitas de culinária, e assim por diante.

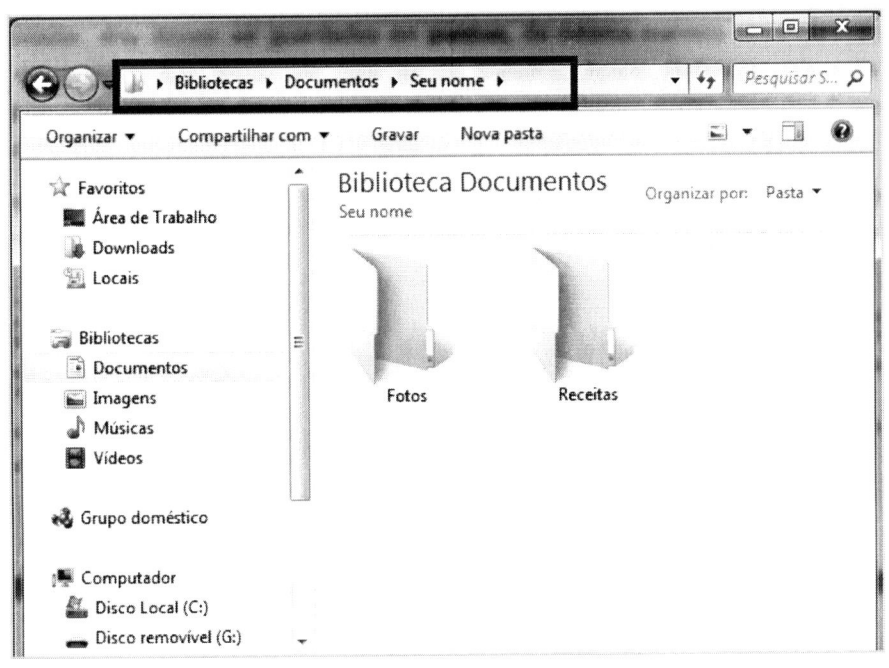

Janela da pasta Documentos no Windows 7

Observe que a janela utilizada para gerenciar pastas e arquivos é dividida em duas partes: no lado direito da janela é exibido o conteúdo da última pasta aberta, cujo nome e caminho percorrido para chegar até ela encontram-se na linha superior da janela *(veja ilustração acima)*. No lado esquerdo podemos ver ícones de todos os locais, no computador, onde podemos armazenar nossos dados. Veremos isso com mais detalhes ao longo do capítulo.

É importante observar que, além do modo de visualização do conteúdo de pastas e locais do computador, que acabamos de conhecer, existem vários outros.

No **Windows Vista**, podemos acessá-los através do botão [Modos de exibição], clicando no ícone [▼], à direita do botão, e escolhendo uma forma de exibição mais adequada para visualizar esse conteúdo (veja ilustração a seguir).

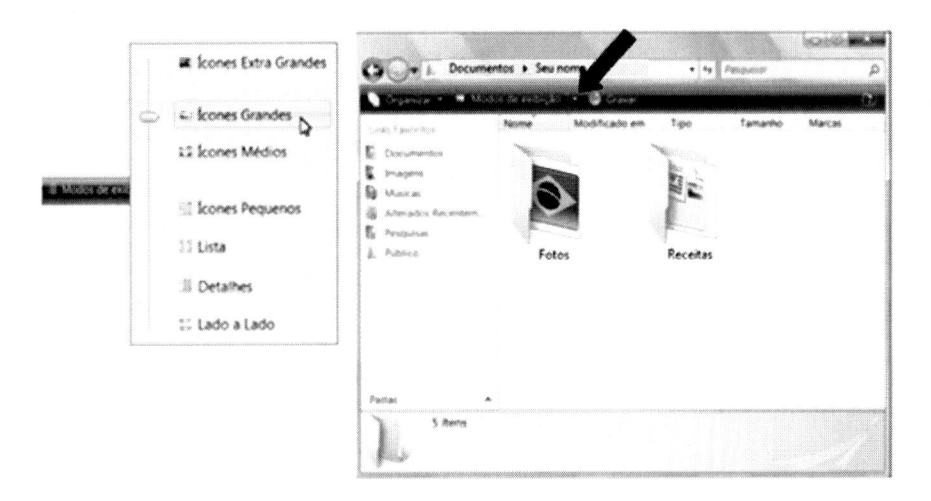

Já no **Windows 7**, acessamos os diversos modos de visualização, clicando na setinha à direita do botão [▼] e escolhendo uma das formas de exibição disponíveis.

Por exemplo, se clicarmos na opção Ícones Grandes, iremos observar que os ícones são mais detalhados e possuem desenhos relacionados ao contexto (veja ilustração a seguir).

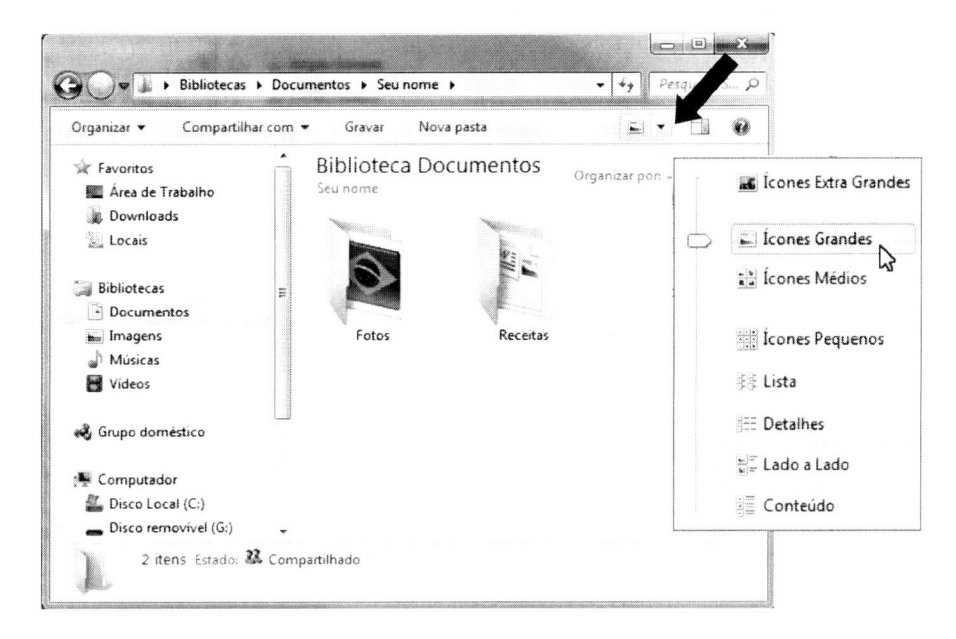

A opção mais utilizada para visualizar o conteúdo de uma pasta é a opção *Detalhes*, pois oferece o maior número de informações em uma tela (nome da pasta ou arquivo, data e hora da última modificação, tipo e tamanho do arquivo).

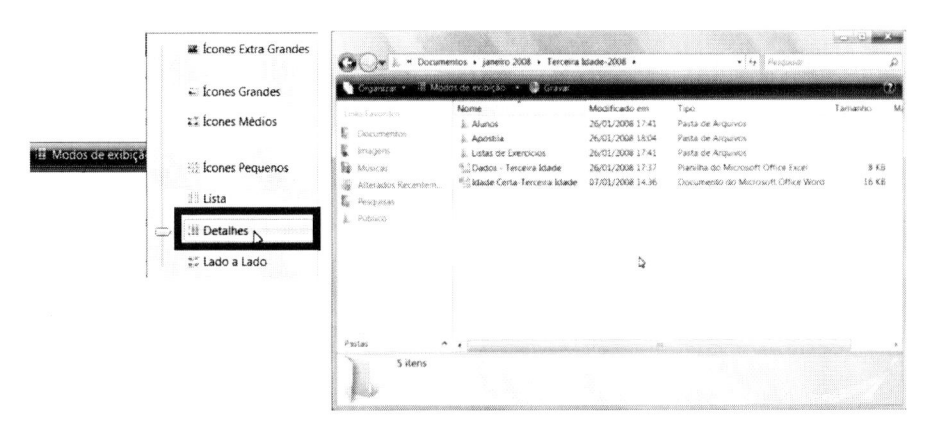

Agora você pode experimentar as outras opções disponíveis de modos de visualização e escolher a mais adequada aos seus arquivos.

Para facilitar a organização e a localização de arquivos, além do antigo **Windows Explorer**, que você acessa através do botão 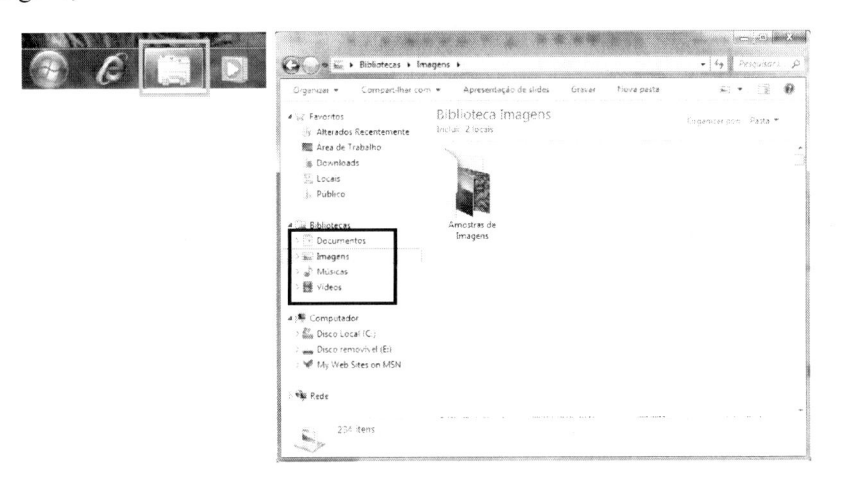, que fica do lado direito do botão **Iniciar** (veja ilustração abaixo), o **Windows 7** apresenta o recurso de **Bibliotecas**, que agrupa conteúdos semelhantes, como documentos, imagens, vídeos e músicas.

Observe também que, no lado esquerdo da janela do **Windows Explorer**, logo abaixo do recurso **Bibliotecas**, você tem acesso a todos os locais do computador (CD/DVD, Disco removível (*pen drive*), HD – Disco Local, etc.).

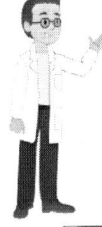 No Windows 7, se tiver mais de uma pasta ou local do computador aberto, e quiser ter acesso a um deles, você deve clicar na pasta amarela , que se encontra no lado direito do botão Iniciar e, em seguida, clicar sobre uma das janelas que queira ver.

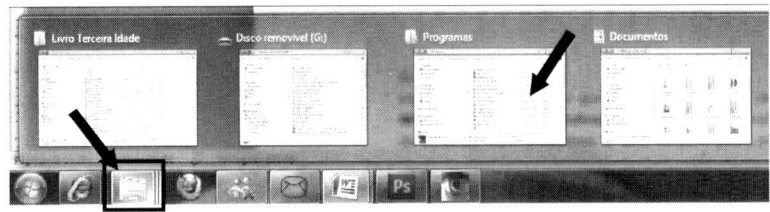

Barra de Menus: Você deve ter observado que a *barra de menus*, nas janelas do **Windows Vista** e do **Windows 7**, é diferente das versões anteriores do *Windows*, como o Windows XP ou o *Windows 2000*, por exemplo.

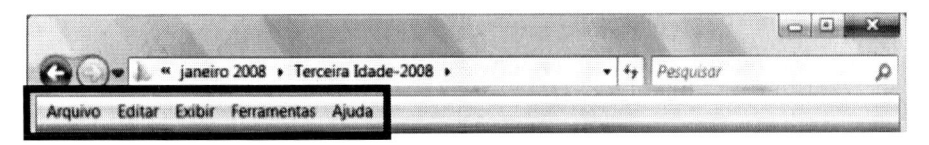

Windows XP

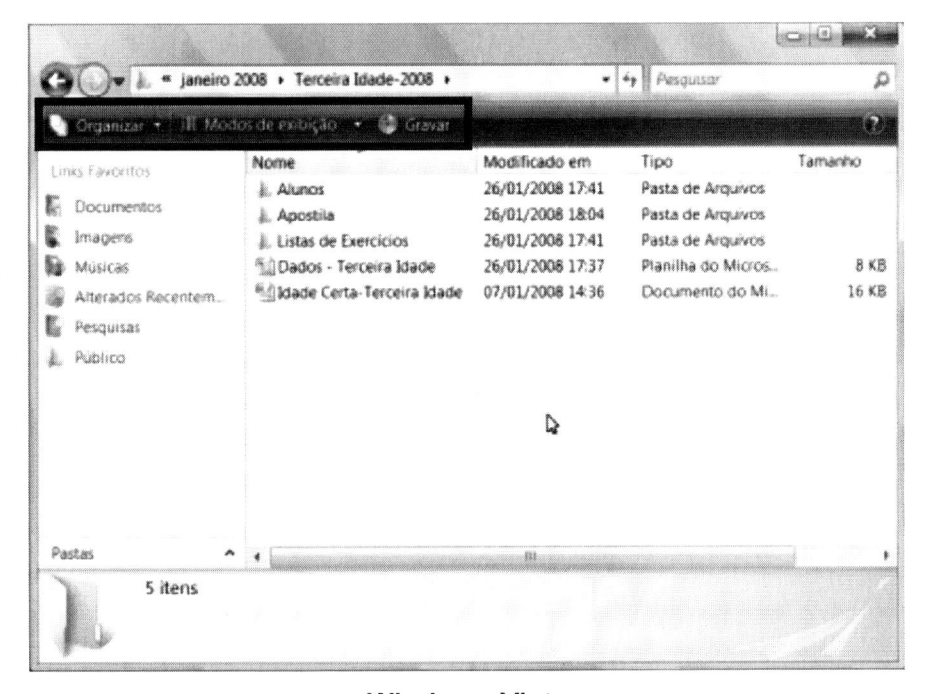

Windows Vista

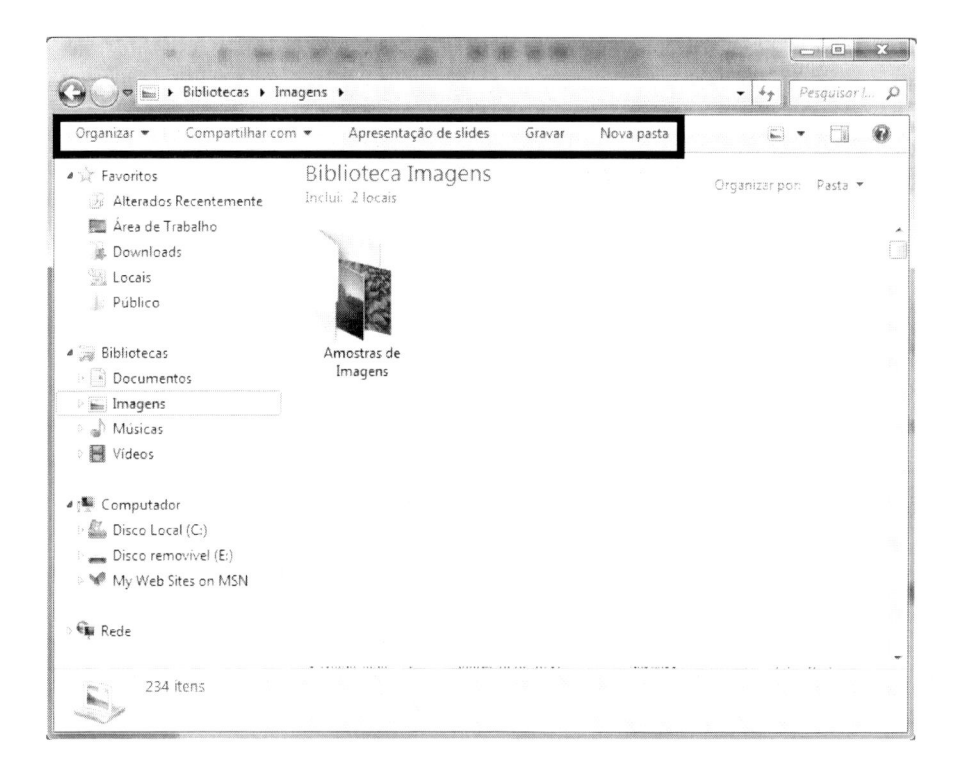

Windows 7

Se quiser exibir a ***barra de menus***, das versões anteriores, clique no botão ***Organizar***, depois clique em ***Layout*** e, em seguida, clique em ***Barra de Menus***, que ela aparecerá em cima da *barra de ferramentas* (veja ilustração a seguir).

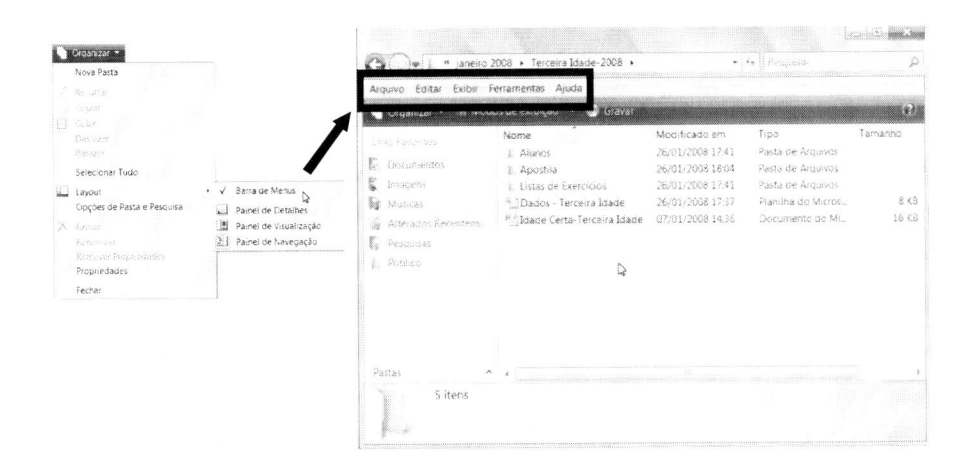

Bem, agora que já sabemos que a melhor forma de organizar as informações em nosso computador é através de pastas, contendo arquivos de um mesmo assunto, vamos aprender como se faz para *criar, nomear e renomear* uma pasta, *copiar*, *excluir* e *organizar* arquivos e realizar quaisquer outras tarefas que estiverem relacionadas com o gerenciamento de arquivos e pastas no computador. Antes, porém, precisamos ter clareza de como acessar cada local existente em nosso computador, a fim de sabermos como procurar uma pasta já existente ou como chegar a um local onde queremos criar uma nova pasta. Para simplificar essa tarefa, comecemos sempre pela área denominada **Computador**.

Como acessar uma área do computador

Clique duas vezes sobre o ícone ⬛ que se encontra na área de trabalho (*para acessar a área de trabalho, minimize todas as janelas que estiverem abertas*). Outra maneira de acessar uma área do **Computador** é executar o comando indicado a seguir:

Botão Iniciar ⬛ → Computador

Ao fazer isso, uma janela parecida com a da ilustração abaixo se abrirá:

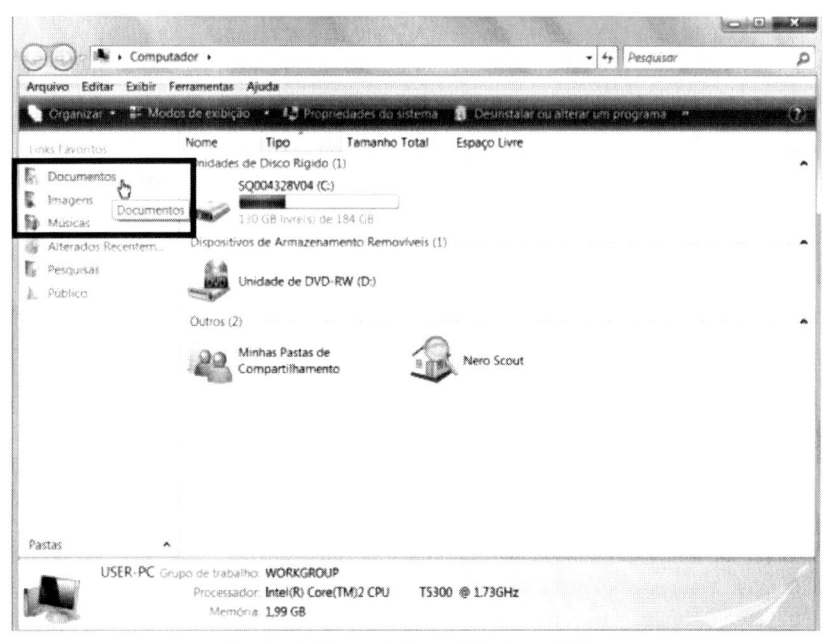

Janela do Computador no Windows Vista

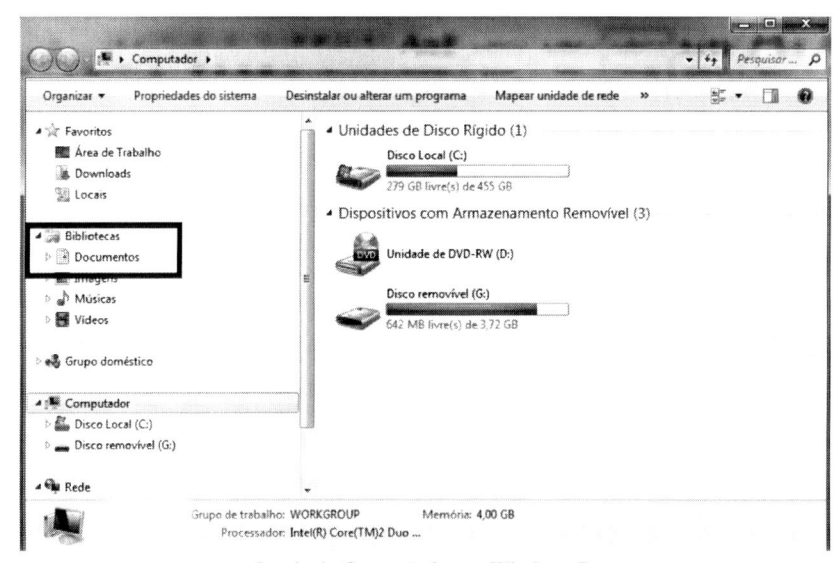

Janela do Computador no Windows 7

Como já foi mencionado anteriormente, através desta janela visualizamos todas as áreas do computador e, consequentemente, para entrar em cada uma delas, basta clicar sobre seu respectivo botão. Nessa janela, se o ponteiro do *mouse* se apresentar na **forma de uma seta** (o que acontece na parte do lado direito da janela), **dê dois cliques**. Se ele se apresentar na **forma de uma mãozinha** (o que acontece na parte do lado esquerdo da janela), **dê apenas um clique**.

Neste momento, temos duas boas dicas para quem está iniciando:

1) Sempre que estiver em dúvida entre **dar um ou dois cliques** para abrir uma área, pasta ou arquivo, **dê um clique**. Se não abrir, **dê dois cliques**.
   Caso esteja com dificuldade para dar os dois cliques, dê um clique e, logo em seguida, pressione a tecla **<Enter>** do teclado. Isso funcionará como se tivesse dado os dois cliques.

2) Guarde (Salve) tudo o que fizer na pasta **Documentos** (a que aparece marcada nas janelas acima). Isso facilita a busca, quando precisar.

Criando novas pastas

A finalidade dessa seção é fazer com que você aprenda a **criar pastas**, para que possa guardar seus arquivos de maneira organizada.

Para criar uma pasta no **Windows Vista**, siga os seguintes passos:

Passo 1: Clique no local onde você quer criar uma pasta (no nosso caso, na pasta ⬝ Documentos, indicada na figura abaixo).

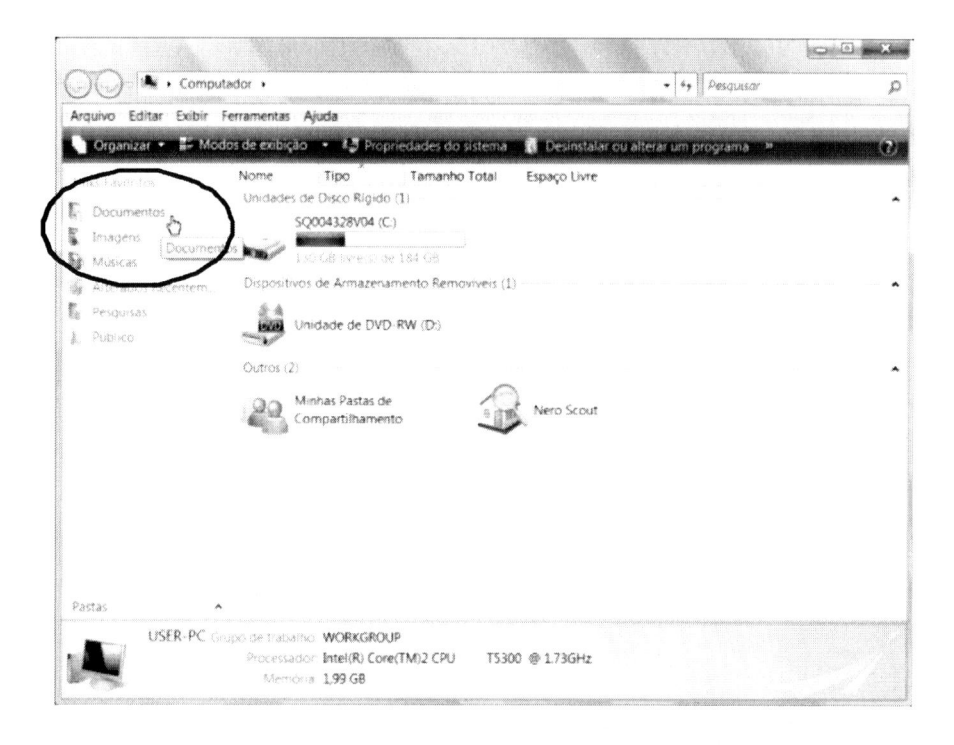

Passo 2: Estando no local onde deseja criar a pasta (no nosso caso, a pasta Documentos), clique sobre a palavra Organizar e, em seguida, clique sobre Nova Pasta, conforme o esquema abaixo:

Organizar → Nova Pasta

e uma nova pasta será criada dentro da pasta documentos.

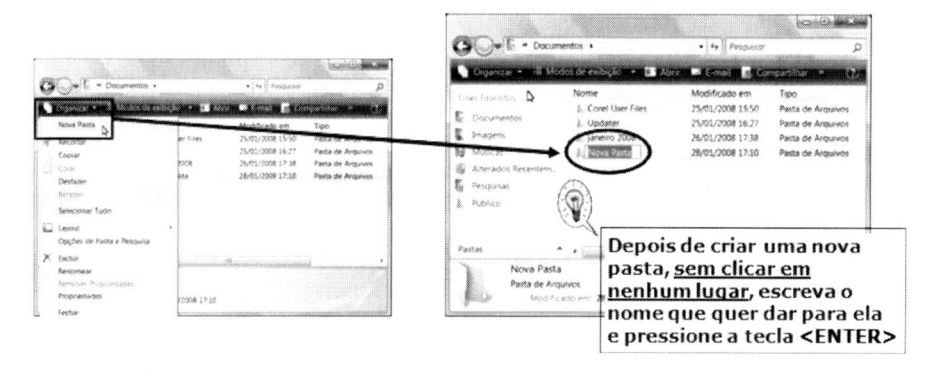

Depois de criar uma nova pasta, <u>sem clicar em nenhum lugar</u>, escreva o nome que quer dar para ela e pressione a tecla <ENTER>

Passo 3: Sem clicar em nenhum lugar, digite o nome (por exemplo, **Teste**) para a pasta que acabou de criar e pressione a tecla <**ENTER**>, do seu teclado, para concluir a ação (veja ilustração abaixo).

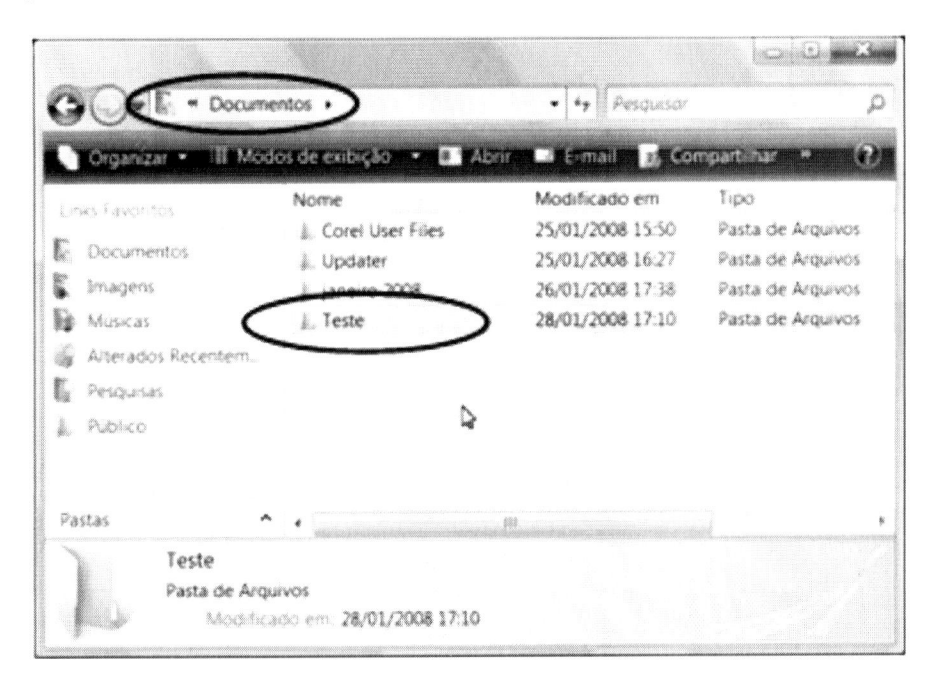

Pronto!!!! Foi criada uma pasta com o nome **Teste** dentro da pasta *Documentos*.

Para criar uma pasta no **Windows 7**, o procedimento é bem mais simples.

Passo 1: Clique no local onde você quer criar uma pasta (no nosso caso, na pasta ⊞ Documentos , indicada na figura abaixo).

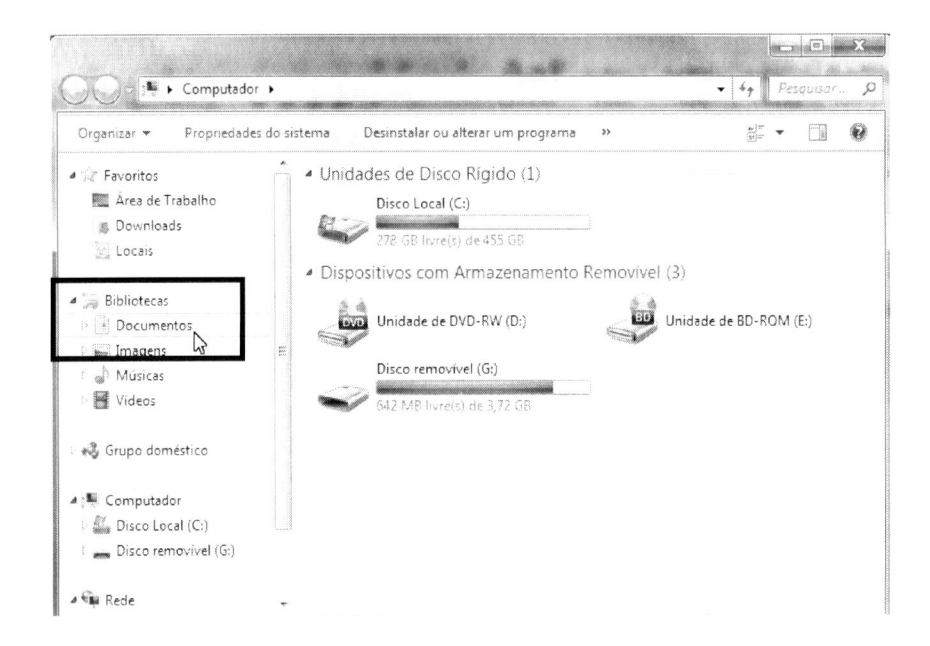

Passo 2: Estando no local onde deseja criar a pasta (no nosso caso, a pasta Documentos), clique sobre o botão Nova pasta e uma nova pasta será criada dentro da pasta Documentos.

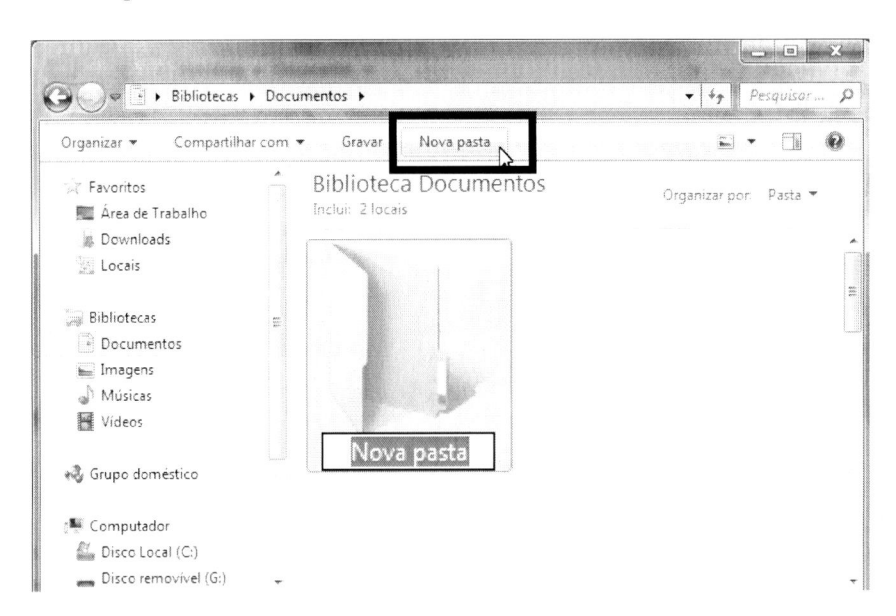

Passo 3: Sem clicar em nenhum lugar, digite o nome (por exemplo, **Teste**) para a pasta que acabou de criar e pressione a tecla <**ENTER**>, do seu teclado, para concluir a ação (ver ilustração abaixo).

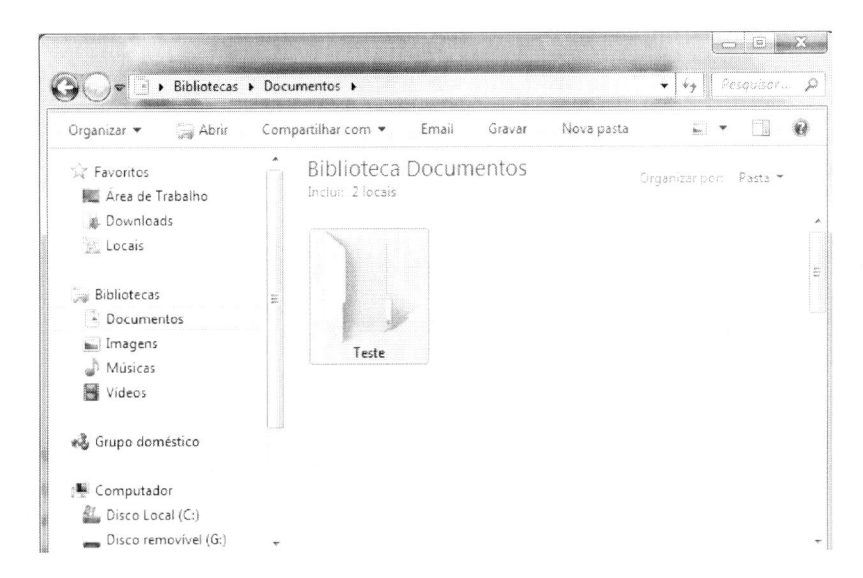

Pronto!!!! Foi criada uma pasta com o nome **Teste** dentro da pasta *Documentos* do seu computador.

Você também pode **Criar uma Nova Pasta** clicando, com o botão direito do mouse, no local onde quer criar a pasta e, no menu que se abre, clicar (agora com o botão esquerdo do mouse) em **Novo** e depois em **Pasta**.

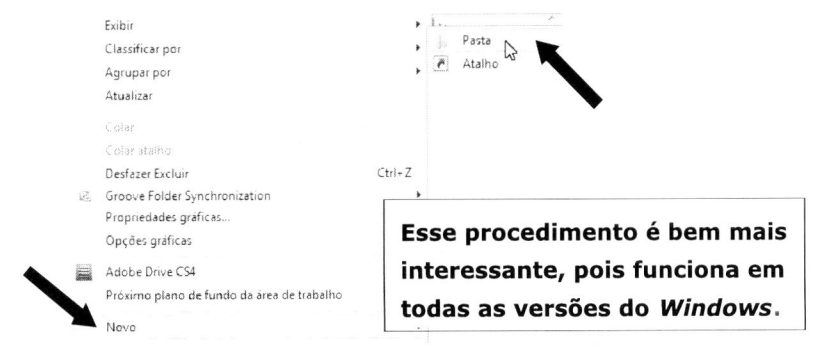

Esse procedimento é bem mais interessante, pois funciona em todas as versões do *Windows*.

Renomear uma pasta

Se quiser mudar o nome de uma pasta, sem alterar o seu conteúdo, faça o seguinte:

Passo 1: Localize a pasta que você quer **Renomear** (no nosso caso, a pasta **Teste** criada anteriormente, dentro da pasta **Documentos**).

Passo 2: <u>Clique uma vez</u> sobre ela, para selecioná-la.

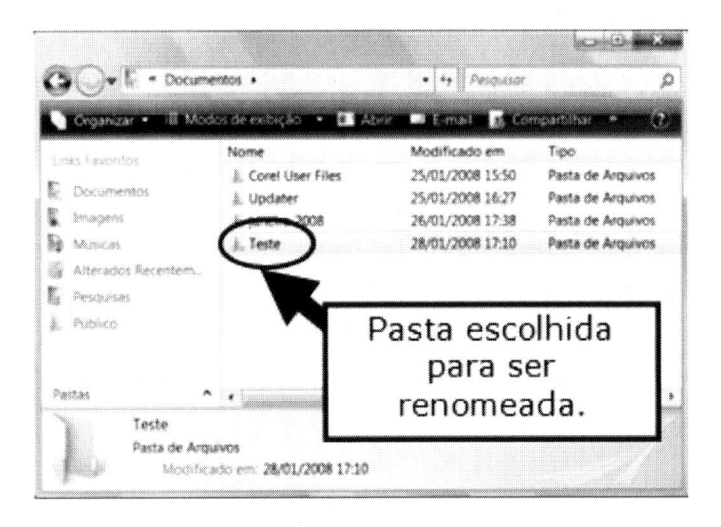

Passo 3: Clique no botão **Organizar** e, em seguida, clique sobre o comando **Renomear**.

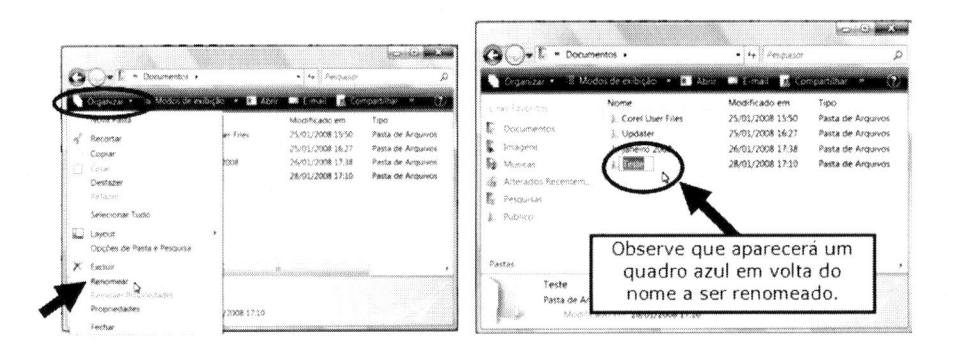

Passo 4: Solte o mouse, digite o nome que você quer dar para a pasta (no nosso caso o nome é **Terceira Idade**) e, em seguida, pressione a tecla <**ENTER**> do seu teclado.

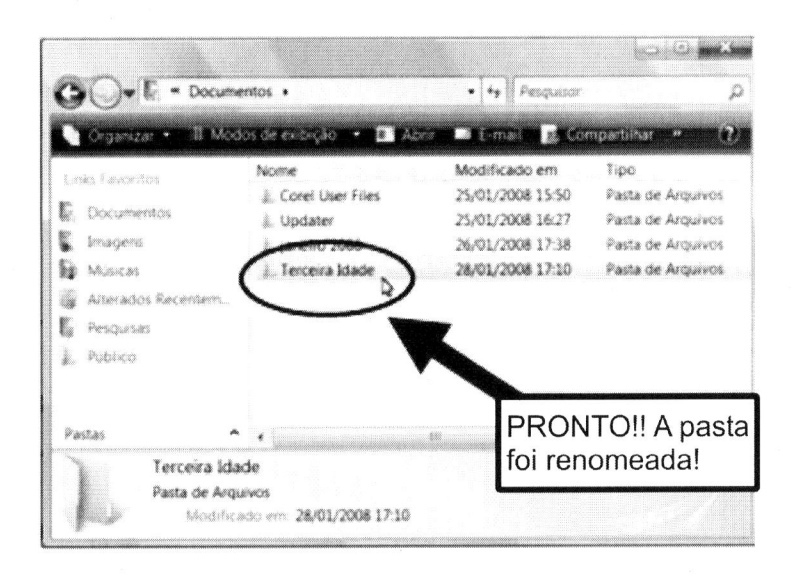

Para renomear seus arquivos, você deve aplicar o mesmo procedimento utilizado para renomear pastas.

Você também pode **Renomear** uma pasta ou um arquivo, selecionando-o e pressionando a tecla <**F2**> do seu teclado, ou clicar, com o botão direito do mouse, sobre o arquivo e, no menu que se abre, clicar (agora com o botão esquerdo do mouse) sobre a palavra **Renomear**.

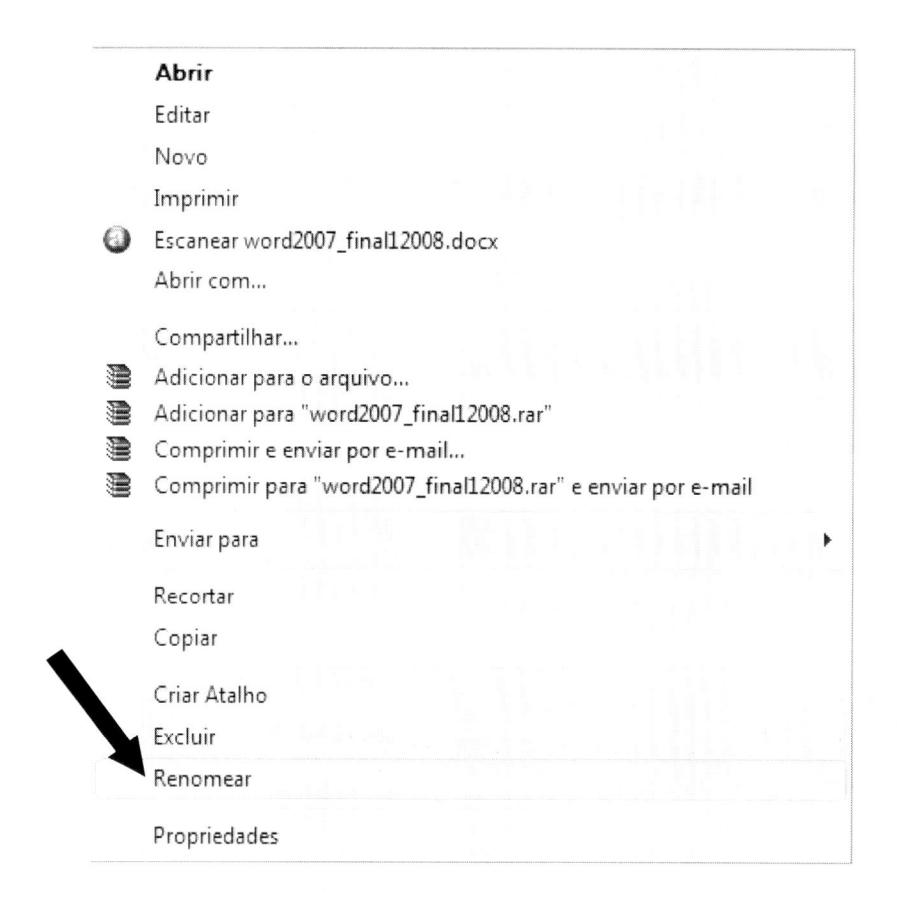

A partir daí, é só repetir o procedimento já visto para renomear uma pasta ou um arquivo.

Excluir (deletar) pastas

Os arquivos e pastas que não serão mais utilizados podem e devem ser excluídos do **disco rígido (HD)** ou de um *pen drive*, liberando mais espaço para armazenar outras coisas. Para ver como excluir uma **pasta**, siga a instrução dada a seguir, para excluir a pasta **Terceira Idade**, que se encontra na pasta **Documentos**.

Passo 1: Localize a pasta que deseja excluir (deletar) e clique apenas uma vez sobre ela (para selecioná-la).

Passo 2: Pressione a tecla <**Delete**> ou <**Del**> do teclado (em geral, fica na parte direita do teclado).

Surgirá uma mensagem pedindo a confirmação de exclusão do arquivo. Leia a mensagem com atenção antes de confirmar a eliminação da pasta.

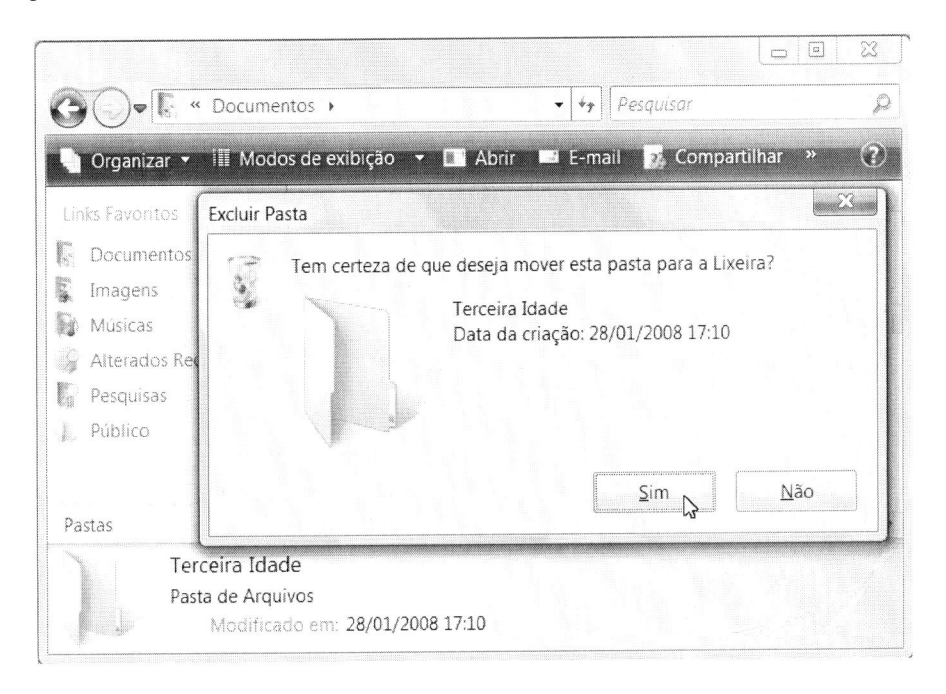

Se clicar no botão **Não**, o processo de exclusão será cancelado. Agora, se clicar no botão **Sim**, a pasta será enviada para a **Lixeira** (caso seja uma pasta do disco rígido) ou excluída definitivamente (caso seja uma pasta do *pen drive*).

Para excluir um arquivo, você deve aplicar o mesmo procedimento utilizado para excluir uma pasta.

Lembre-se que sua interação com o *Windows* se dá, na maioria das vezes, através de cliques nos botões que representam as ações que você deseja executar.

Se excluirmos um arquivo ou uma pasta do disco rígido **(HD)**, por engano, ou se arrependermos por tê-lo apagado, ainda poderemos recuperá-lo. Todavia, se excluirmos um arquivo de um *pen drive*, não poderemos recuperá-lo mais; é definitivo. Vejamos então, como recuperar um arquivo ou uma pasta que tenha sido excluído do disco rígido do seu computador.

Recuperar (Restaurar) pastas e arquivos

Para **recuperar** (**restaurar**) um arquivo ou uma pasta que você tenha apagado (deletado) sem querer, siga os seguintes passos:

Passo 1: Minimize todas as janelas que estiverem abertas, para ver o ícone da **Lixeira** na área de trabalho do *Windows*.

Passo 2: Dê dois cliques sobre o ícone lixeira ![ícone] (ou um clique e pressione a tecla <**ENTER**> do seu teclado).

Passo 3: Na janela da lixeira dê um clique sobre a pasta ou arquivo que deseja recuperar (restaurar) – no nosso caso, a pasta **Terceira Idade** - e, em seguida, clique sobre a opção ![Restaurar este item] (veja ilustração a seguir).

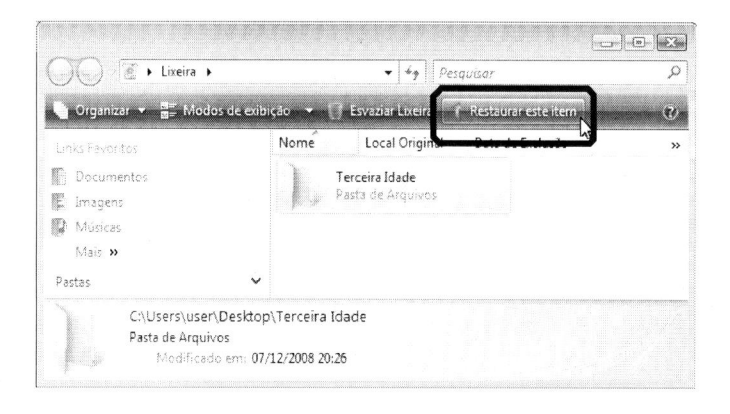

PRONTO!!! O arquivo voltará para o local em que estava antes de ser excluído.

 Se quiser selecionar mais de um arquivo ao mesmo tempo, clique sobre os arquivos e/ou pastas com a tecla <CTRL> do teclado pressionada.

Exercícios 1.2 – Trabalhando com Pastas

Exercício 1

1) **Abra** a pasta **Documentos** clicando em **Iniciar** e, em seguida, em **Documentos**. **Crie** uma nova pasta com o nome **Exercicio1** clicando em **Organizar** (no Windows vista) e, em seguida, em **Nova Pasta** (você também pode utilizar o botão direito do mouse, para criar uma Nova Pasta, em qualquer versão do Windows).

2) **Renomeie** a pasta **Exercicio1** e dê a ela o nome **Fotos**.

3) **Delete** (exclua) a pasta **Fotos**.

4) **Minimize** todas as janelas, que estiverem abertas, para ver o ícone da **Lixeira** na área de trabalho do *Windows*.

5) **Abra** a **Lixeira** e observe que a pasta deletada (excluída) agora está lá (*isso porque você excluiu uma pasta do disco rígido*).

6) Em seguida, **dê um clique** na pasta **Fotos**, que está na lixeira, para selecioná-la e, em seguida, clique em **Restaurar este item** Restaurar este item .

7) Agora **volte** para a pasta **Documentos** (via **Barra de Tarefas** no *Windows Vista* ou **Pasta Bibliotecas** no *Windows 7*) e verifique que, de fato, a pasta **Fotos** voltou para lá, ou seja, ela foi **restaurada**.

8) **Feche** a janela da pasta **Documentos**.

9) Feche a janela da Lixeira.

Exercício 2

1) **Coloque** o *Pen Drive* na entrada USB do computador.
Caso abra a janela de Reprodução Automática, feche-a.

2) **Clique** em **Iniciar** e, em seguida, em **Computador**. Em seguida, clique duas vezes sobre o ícone (figura) que representa o *Pen Drive*.

3) **Crie** uma pasta no *PenDrive* com o nome **Exercicio2**, clicando em **Organizar** e, em seguida, em **Nova Pasta**.

4) **Renomeie** a pasta **Exercicio2** e dê a ela o nome **Figuras** *(Os passos para essa ação estão na página 51)*.

5) **Delete** (exclua) a pasta **Figuras** do seu *Pen Drive*, clicando sobre ela e, em seguida, pressionando a tecla **Delete** do seu teclado.

6) **Minimize** todas as janelas, que estiverem abertas, para ver o ícone da **Lixeira** na área de trabalho do *Windows*.

7) **Dê dois cliques** no ícone da **Lixeira** para abri-la e ver seu conteúdo.

8) **Observe** que a pasta deletada (excluída) não está lá *(isso porque a lixeira só armazena pastas excluídas do disco rígido)*.

9) **Feche** a janela da **Lixeira** e faça o procedimento seguro para **retirar o** *Pen Drive*.

10) **Retire** o *Pen Drive*.

Mover e Copiar arquivos

No nosso dia-a-dia, é bastante frequente precisarmos "transportar" arquivos ou pastas, existentes no nosso computador, para que possam ser utilizados em outro computador ou simplesmente retirá-los de um local e colocá-los em outro para organizá-los. Arquivos ou pastas podem ser copiados e movimentados de uma pasta para outra ou de um disco para outro.

Copiar arquivos

Copiar um arquivo significa *duplicá-lo*, ou seja, deixar o arquivo original no seu lugar e fazer uma cópia dele em outro local. Para copiar um arquivo siga os seguintes passos:

Passo 1: Localize o arquivo ou pasta que você deseja copiar.

Passo 2: Dê **um clique** sobre ele para selecioná-lo.

Passo 3: Clique sobre as palavras **Organizar** (que se encontra no lado esquerdo superior da janela) e, em seguida, clique em **Copiar**. Neste momento, aparentemente nada acontece. É assim mesmo.

Passo 4: Localize a pasta onde deseja colocar a cópia do arquivo.

Passo 5: Clique novamente em **Organizar** e, em seguida, clique na palavra **Colar**.

Pronto!! O arquivo é "colado" no local desejado. Ou seja, é feita uma cópia desse arquivo em outro local do computador.

Para que possamos entender melhor como esse processo funciona, apresentamos, a seguir, dois exemplos.

Exemplo 1: Vamos fazer uma cópia de um arquivo que se encontra na pasta **Imagens** (do disco rígido) para a pasta **Terceira Idade,** que criamos dentro da pasta **Documentos** (do disco rígido). Para isso, siga os seguintes passos:

Passo 1: Clique no botão **Iniciar** e, em seguida, clique no botão correspondente a pasta Imagens (veja ilustração).

No lado direito da janela que se abre, aparecerá o conteúdo da pasta *Imagens* – no nosso caso, essa pasta contém outra pasta dentro dela, chamada *Amostra de Imagens*. Queremos abrir essa pasta para escolher uma figura que se encontra dentro dela. Para isso, seguimos o próximo passo:

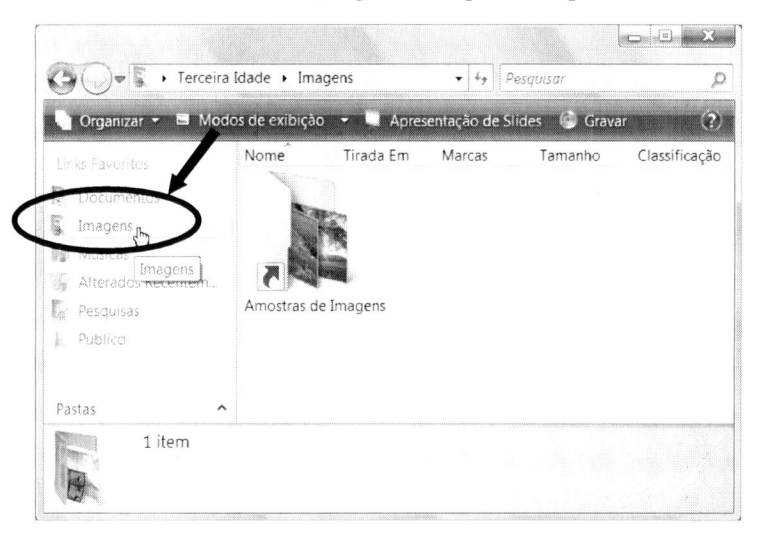

Passo 2: Dê **dois cliques** sobre a pasta **Amostras de Imagens** para exibir seu conteúdo no lado direito da janela.

Passo 3: Selecione o arquivo (figura ou imagem) que deseja copiar, **clicando uma vez** sobre ele.

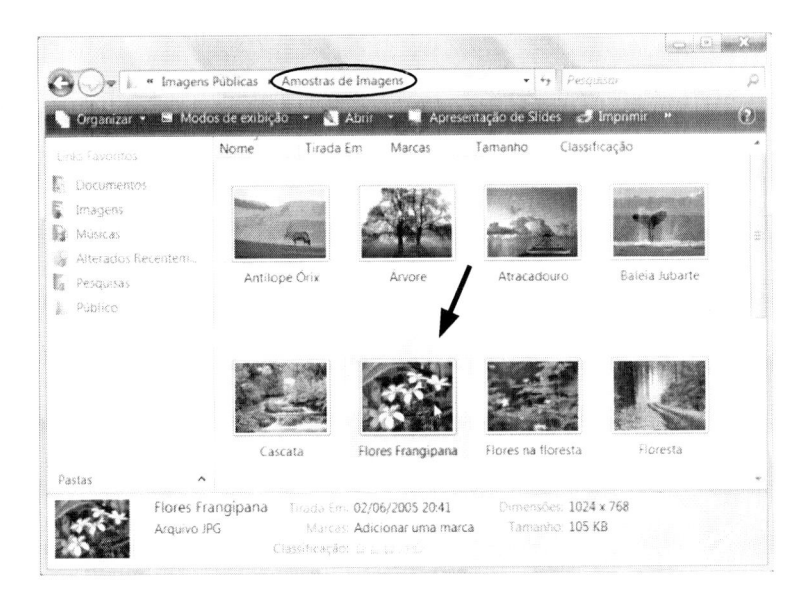

Passo 4: Clique no botão

Organizar → Copiar.

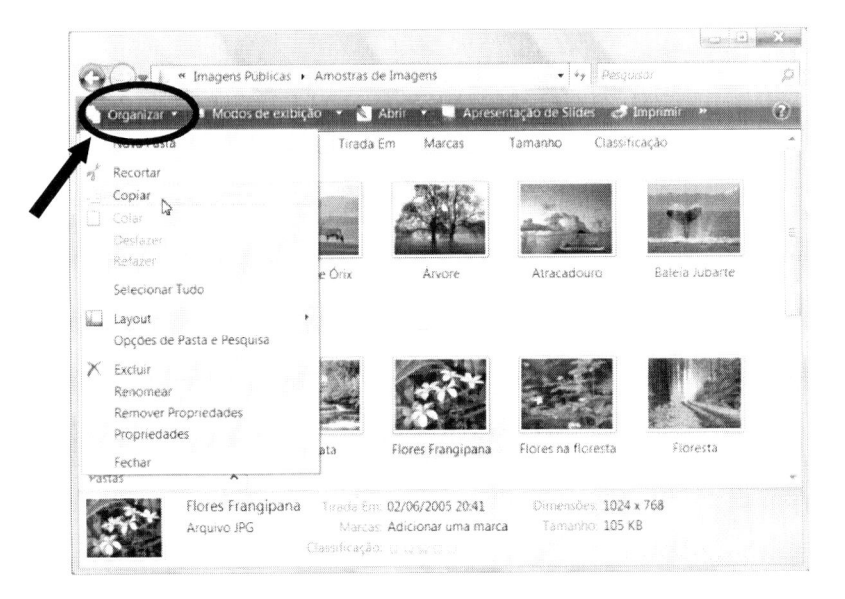

Passo 5: Clique em ▯ Documentos , no lado esquerdo da janela, para acessar o local (no nosso caso, a pasta Terceira Idade) onde irá colocar uma cópia do arquivo.

Passo 6: Dê **<u>dois cliques</u>** sobre a pasta **Terceira Idade**, para abri-la.

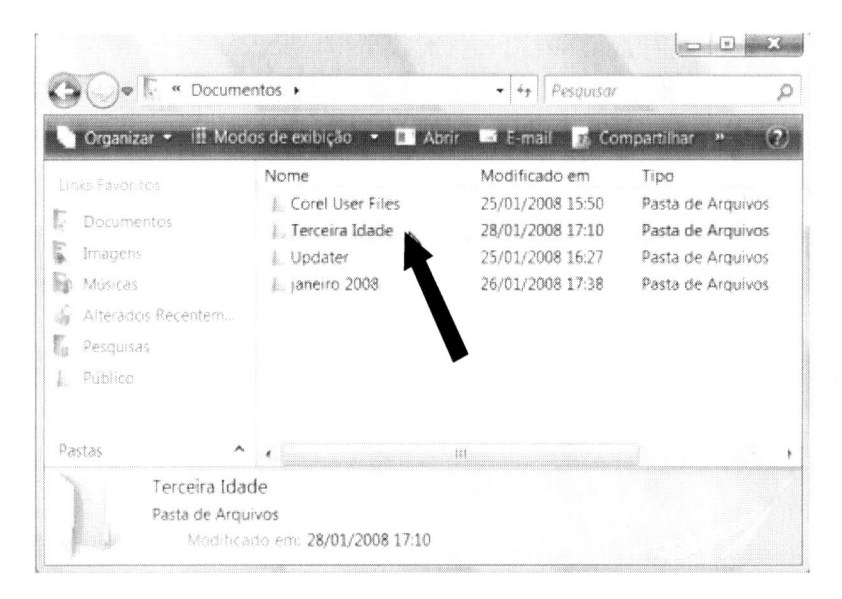

Passo 7: Clique no botão **Organizar** → **Colar**.

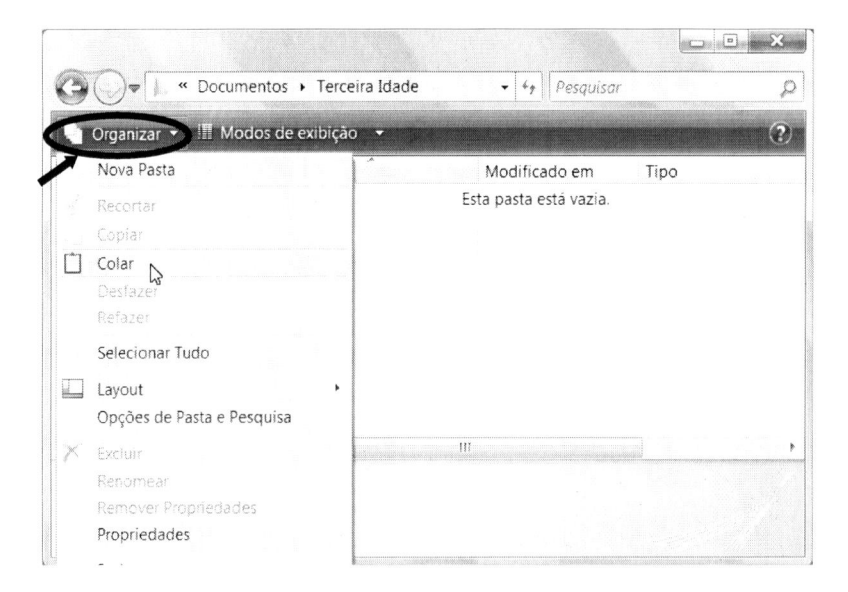

Pronto!!!! Agora a pasta **Terceira Idade** contém uma cópia de um arquivo da pasta **Amostra de Imagens**.

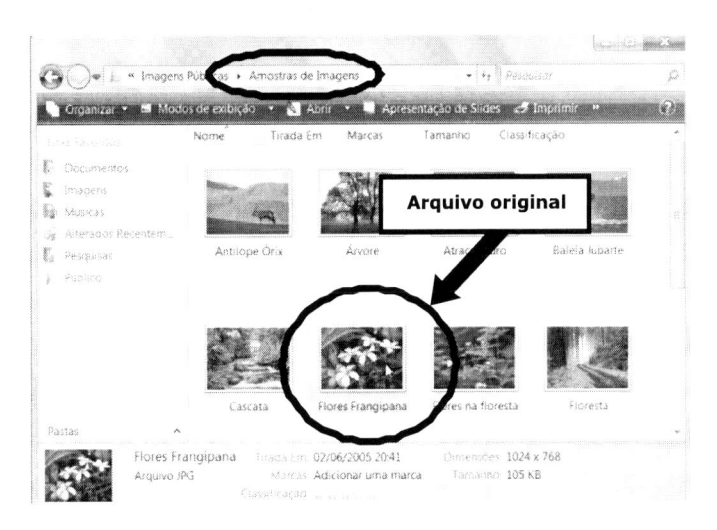

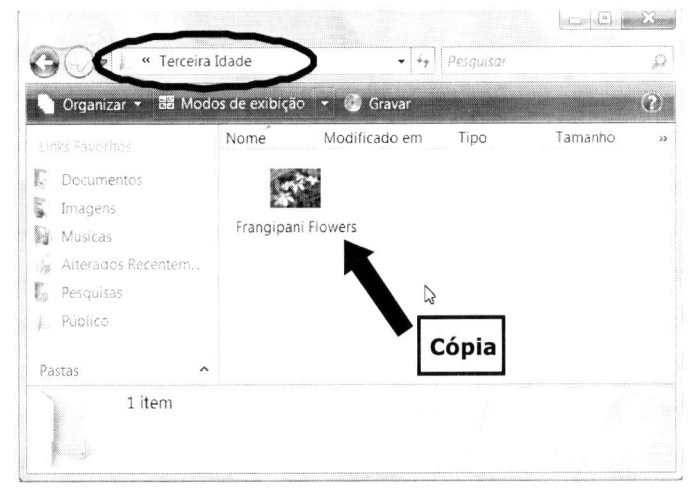

 Depois da cópia feita é sempre bom conferir se realmente deu tudo certo, ou seja, abra a pasta onde você colou e verifique se realmente o arquivo colado está lá. Se estiver é porque a cópia foi bem sucedida, caso contrário terá que executar novamente o processo de cópia!!!

 Se por acaso você cometer algum erro durante a cópia de um arquivo, pressione as teclas **<CTRL>+<Z>** para que a última ação seja desfeita.

Exemplo 2: Existe outra maneira para fazer uma cópia de um arquivo. Para ilustrar, vamos copiar outra imagem da pasta **Amostra de Imagens** e colar na pasta **Terceira Idade**. Não se esqueça que o ponto de partida é sempre o local onde se encontra o arquivo que queremos copiar, nesse caso, a pasta **Amostra de Imagens**.

Passo 1: Estando com a pasta **Amostra de Imagens** aberta, escolha uma imagem e **clique com o botão direito do mouse** sobre ela.

Passo 2: No menu que se abre, clique sobre a opção **Copiar**.

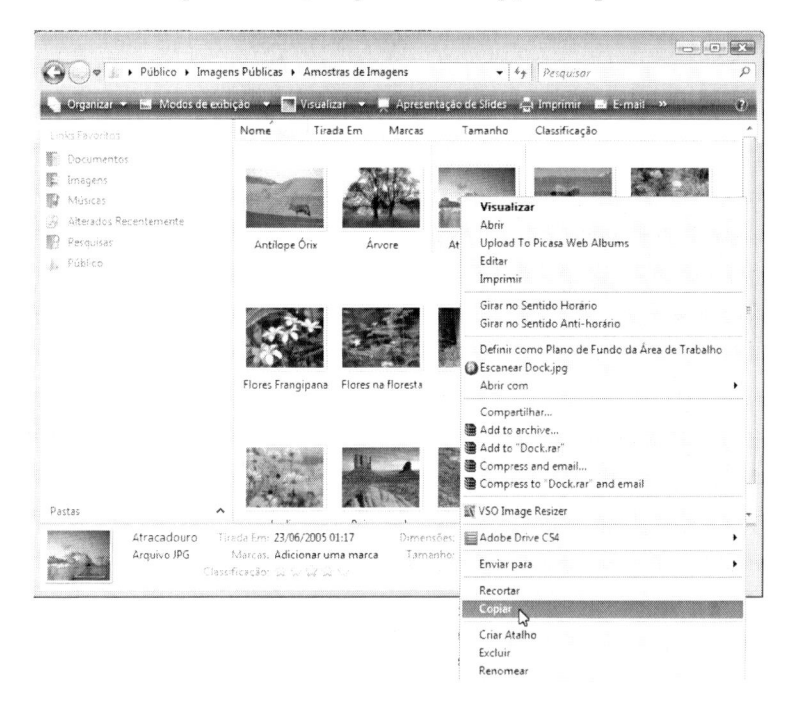

Passo 3: Abra a pasta onde deseja colar essa imagem que, neste caso, é a pasta **Terceira Idade**, que se encontra dentro da pasta **Documentos**. Para isso, dê um clique sobre a palavra **Documentos**, que se encontra na lateral esquerda da janela e, em seguida, dê dois cliques sobre a pasta **Terceira Idade**.

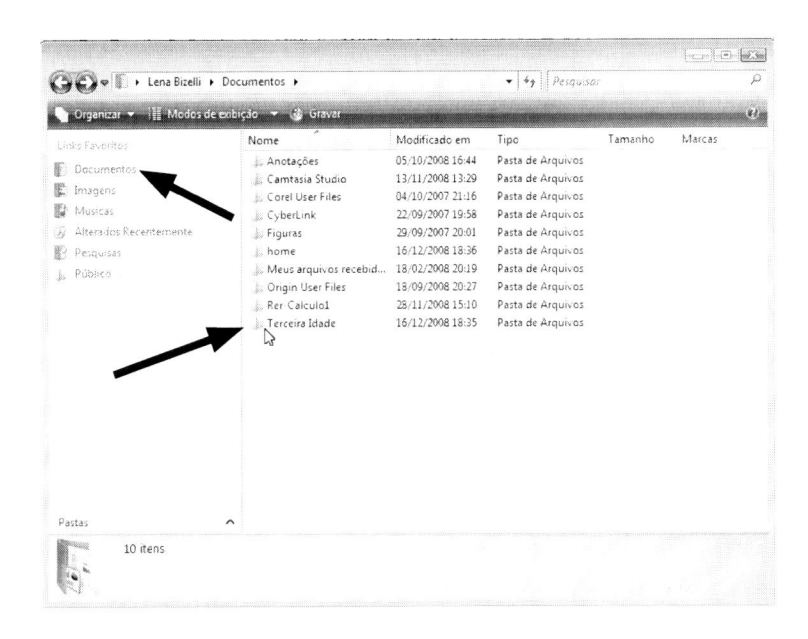

Passo 4: Agora, em uma área vazia desta janela, **clique com o botão direito do mouse** e, no menu que se abre, clique sobre a opção **Colar**.

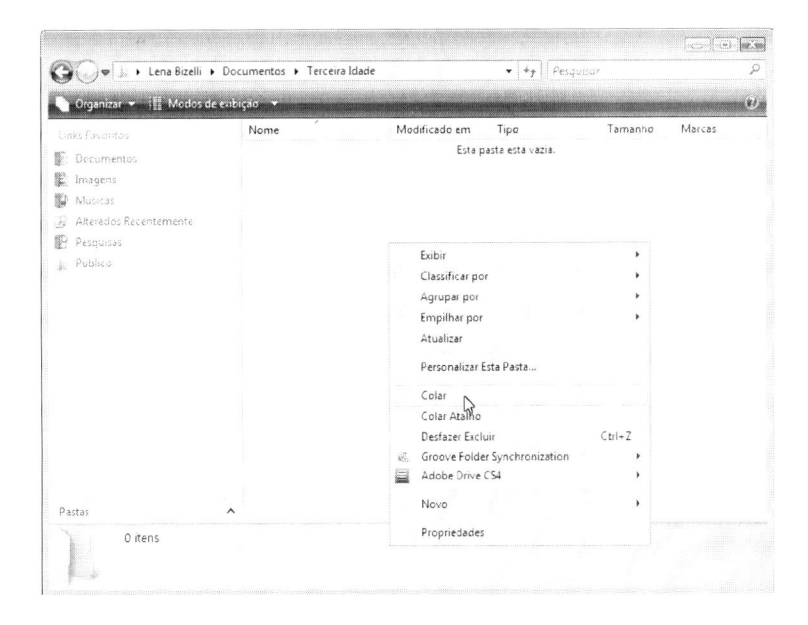

Nos exemplos vistos anteriormente, aprendemos a fazer uma cópia de um arquivo que se encontrava em uma pasta do "local" **Imagens**, e colocar esta cópia em uma pasta existente no "local" **Documentos**. Observe que esses dois "locais" aparecem na barra lateral esquerda da janela aberta e fazem parte do disco rígido do computador.

Todavia, se quisermos copiar um arquivo que se encontra no disco rígido e colocá-lo em um *pen drive*, por exemplo, a fim de poder transportá-lo para outro lugar, precisamos acessar o *pen drive*, o que é feito via **Computador**.

Se estiver utilizando o **Windows Vista**, esse local não aparece na barra lateral esquerda da janela **Documentos** ou **Imagens**, como acontece no **Windows 7**. Portanto, nesse caso, quando quiser copiar um arquivo do disco rígido para um *pen drive*, siga os passos seguintes:

Passo 1: Coloque um *pen drive* em uma das entradas **USB** do seu computador. Se abrir a janela **Reprodução Automática**, feche-a.

Passo 2: Clique no botão Iniciar e, em seguida, clique em Imagens. Dê **dois cliques** na pasta **Amostras de Imagens** para abri-la, localize a imagem que deseja copiar, **clique com o botão direito do mouse** sobre ela e, no menu que se abre, clique sobre a opção **Copiar** (Lembre-se que nesse momento nada muda na tela).

Passo 3: Clique no botão Iniciar e, em seguida, clique em Computador .

Passo 4: Na janela que se abre, dê **dois cliques** no ícone correspondente ao *pen drive* (lembre-se de clicar sempre no ícone e não sobre a palavra que o acompanha).

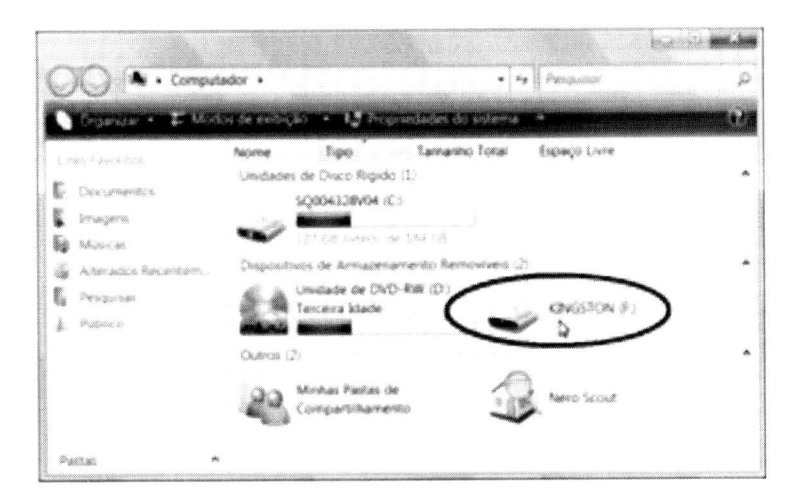

Passo 5: Na janela do *pen drive*, <u>**clique com o botão direito do mouse**</u> em uma área vazia e, no menu que se abre, clique sobre a opção **Colar**.

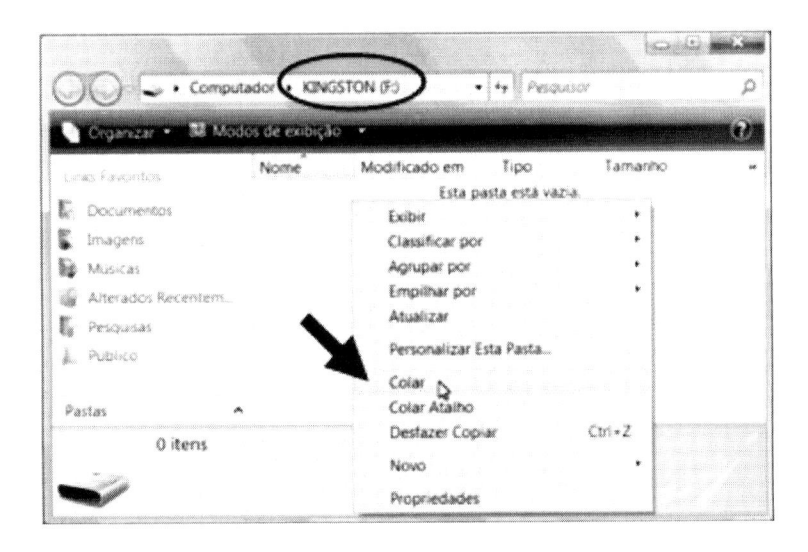

Agora estamos com duas janelas abertas: a da pasta **Amostras de Imagens** e a do *pendrive*. Para transitar de uma para outra, basta clicar no botão correspondente a cada uma delas, na barra de tarefas, na parte inferior da tela. Isso facilita o trabalho de ir ao local de origem para copiar o arquivo e depois, para o local de destino para colar.

Se estiver utilizando o *Windows 7* lembre-se que, para transitar entre pastas que estejam abertas, você deve clicar na pasta amarela ▆, que se encontra no lado direito do botão Iniciar e, em seguida, clicar sobre uma das janelas que queira abrir.

Bem, agora é necessário treinar para assimilar. Para isso, feche todas as janelas abertas e faça os exercícios a seguir.

Exercícios 1.3 – Trabalhando com Pastas e Arquivos

Exercício 1

1) Acesse o *pen drive* clicando em **Iniciar** e em **Computador** e, na janela que se abre, clique duas vezes sobre o ícone (figura) que representa o *pen drive (Disco removível)*.

2) **Crie** uma pasta no *pen drive*, com o nome **Figuras Favoritas**, clicando em **Organizar** *(que se encontra no lado esquerdo superior da janela)* e, em seguida, em **Nova Pasta**.

3) Abra a pasta **Amostra de Imagens** clicando em:
   Iniciar → **Imagens** → **Amostra de Imagens**

Se não estiver vendo as imagens, clique em M*odo de Exibição* e, em seguida, clique em Ícones Grandes.

4) **Escolha** uma figura que você goste, **copie** e **cole-a** na pasta **Figuras Favoritas** que você acabou de criar no seu *pen drive (se não lembrar como se faz isso, reveja o procedimento a partir da página 58).*

5) Volte na pasta **Amostra de Imagens**, escolha outra figura, **copie** e **cole-a** na pasta **Figuras Favoritas** que está em seu *pen drive*. Repita este processo mais duas vezes, ou seja, ao final você deverá ter quatro figuras na pasta **Figuras Favoritas** de seu *pen drive*.

6) **Feche** todas as janelas abertas até aqui.

7) **Execute** o procedimento para retirar seu *pen drive* com segurança, se não for mais utilizá-lo no momento.

8) **Retire** o *pen drive* do seu computador.

Exercício 2 – Para Relembrar Conceitos

1) Abra a pasta **Imagens** do seu computador e, em seguida, abra a pasta **Amostra de Imagens**.

2) Se a janela que abrir **não** estiver **maximizada** (*ocupando a tela toda*) maximize-a!

3) Escolha uma figura, clique (com o botão direito do *mouse*) sobre ela e, no *menu* que aparece escolha a opção **Visualizar**.

4) Novamente, se a janela que você abriu (onde está a figura) **não** estiver **maximizada** (*ocupando a tela toda*) maximize-a!

5) **RESTAURE** a janela aberta (onde está a figura) para que ela **não** ocupe mais toda a tela do computador.

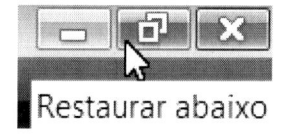

6) Ative a janela onde está a pasta **Amostra de Imagens** (*através da barra de tarefas ou da pasta Bibliotecas)* e **MINIMIZE-A**. Na tela do computador, você ficará apenas com a janela onde está a figura que você abriu.

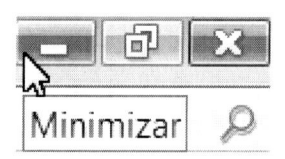

7) **FECHE** todas as janelas abertas até aqui.

8) Vá até o local onde está a pasta **Documentos (Iniciar → Documentos)** e **CRIE UMA PASTA** com o nome **Figuras (Organizar → Nova Pasta)**.

9) Agora, abra a pasta **Amostra de Imagens** do seu computador, clicando em **Iniciar → Imagens → Amostra de Imagens**.

10) **ESCOLHA** uma imagem que você goste e **COPIE-A** clicando em **Organizar → Copiar**.

11) Em seguida, abra a pasta **Figuras**, que você acabou de criar na pasta **Documentos**, e **COLE** a imagem, clicando em **Organizar → Colar**.

12) Novamente, abra a pasta **Amostra de Imagens, ESCOLHA** outra imagem que você goste, **COPIE** e **COLE-A** na pasta **Figuras** que está na pasta **Documentos**.

13) Agora **ESCOLHA** uma das imagens, que você acabou de colar na pasta **Figuras**, dê um clique sobre ela para selecioná-la e **DELETE-A**, pressionando a tecla <**DELETE**> do seu teclado. Observe que depois disso a imagem não estará mais na pasta **Figuras**.

14) **MINIMIZE** todas as janelas abertas, **DÊ DOIS CLIQUES** sobre o ícone da **Lixeira** e observe que a imagem **deletada** está lá (*isto porque você deletou um arquivo que estava no disco rígido do seu computador*).

15) Em seguida, **DÊ UM CLIQUE** sobre a imagem e clique sobre o botão **Restaurar este item** para fazer com que a imagem volte para seu lugar de origem. Observe que o arquivo desaparece da Lixeira.

16) Agora **VOLTE** para a pasta **Figuras** e verifique que, de fato, a imagem voltou para lá, ou seja, ela foi **restaurada**.

17) **FECHE** todas as janelas abertas até aqui.

Concluindo...

Esperamos que você tenha adquirido os conhecimentos básicos necessários para utilizar os programas que são executados na plataforma *Windows*. Vale a pena, de agora em diante, explorar os demais comandos e programas que vem com ele.

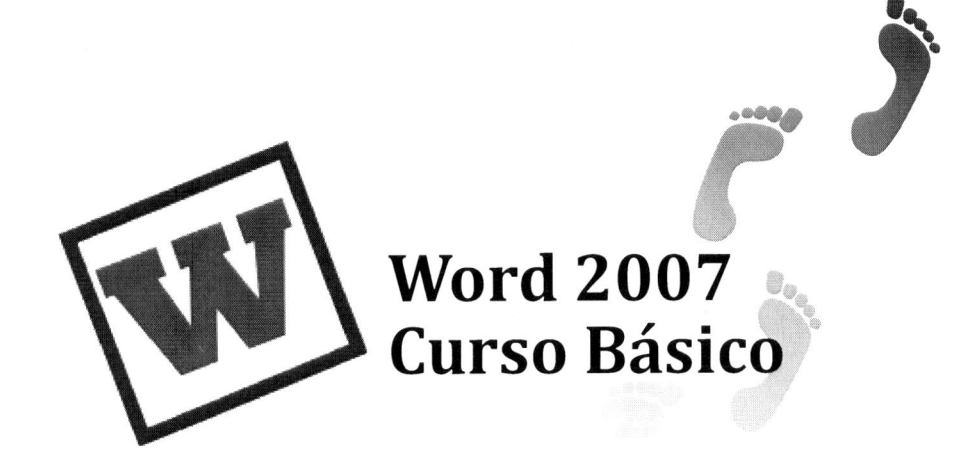

Word 2007 Curso Básico

O que é o Word 2007?

O objetivo desse capítulo é dar a você algumas noções básicas dos recursos que encontramos nos programas de edição de textos. Apesar de existirem vários programas editores de textos, nesse livro iremos utilizar o *Word*.

O *Word* é um processador de texto com o qual podemos escrever desde uma simples carta até documentos mais elaborados. Ele possui inúmeras vantagens sobre uma máquina de escrever, pois com o *Word* podemos, dentre outras coisas:

❖ Corrigir um texto facilmente.

❖ Imprimir dois ou mais textos iguais sem precisar digitá-los de novo.

❖ Mover um parágrafo para outro lugar do texto sem que haja a necessidade de digitar o texto novamente.

❖ Colocar uma figura no texto.

❖ Organizar um texto na forma de tabela.

❖ Criar páginas simples para a Internet.

❖ Visualizar, antes de imprimir, como um texto ficará depois de impresso.

❖ Guardar o texto escrito para uma futura impressão com ou sem alterações, etc.

Existem várias versões deste programa, porém a mais recente é a de 2007, que trouxe uma apresentação bem diferente das anteriores. Este texto tem por objetivo auxiliá-lo no uso de seus recursos básicos, como escrever (digitar) e formatar um texto.

Iniciando o Word 2007

Existem dois modos para abrir o *Word* **2007**:

1º Modo

No *Windows* **XP**, no *Windows* **Vista** ou no *Windows* **7**, utilize o seguinte comando:

Iniciar → Todos os Programas → *Microsoft Office* → *Microsoft Office Word* 2007.

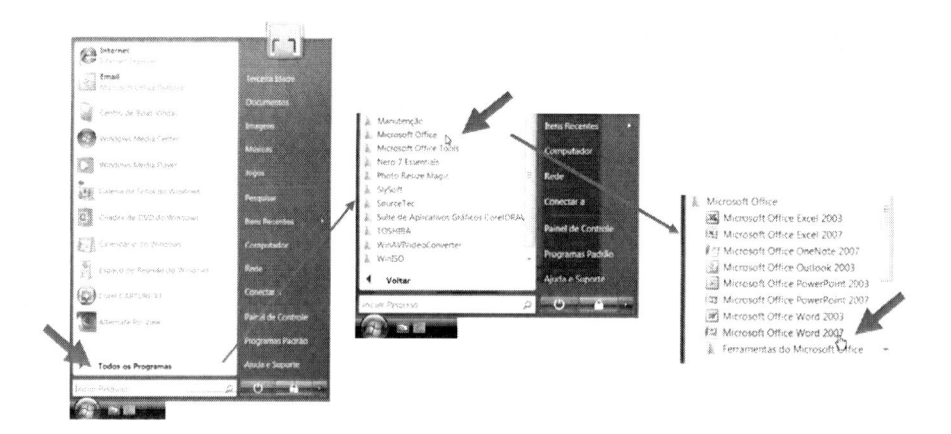

Nas versões anteriores do **Windows**, utilize o seguinte comando:

Iniciar → **Programas** → *Microsoft Word* **2007.**

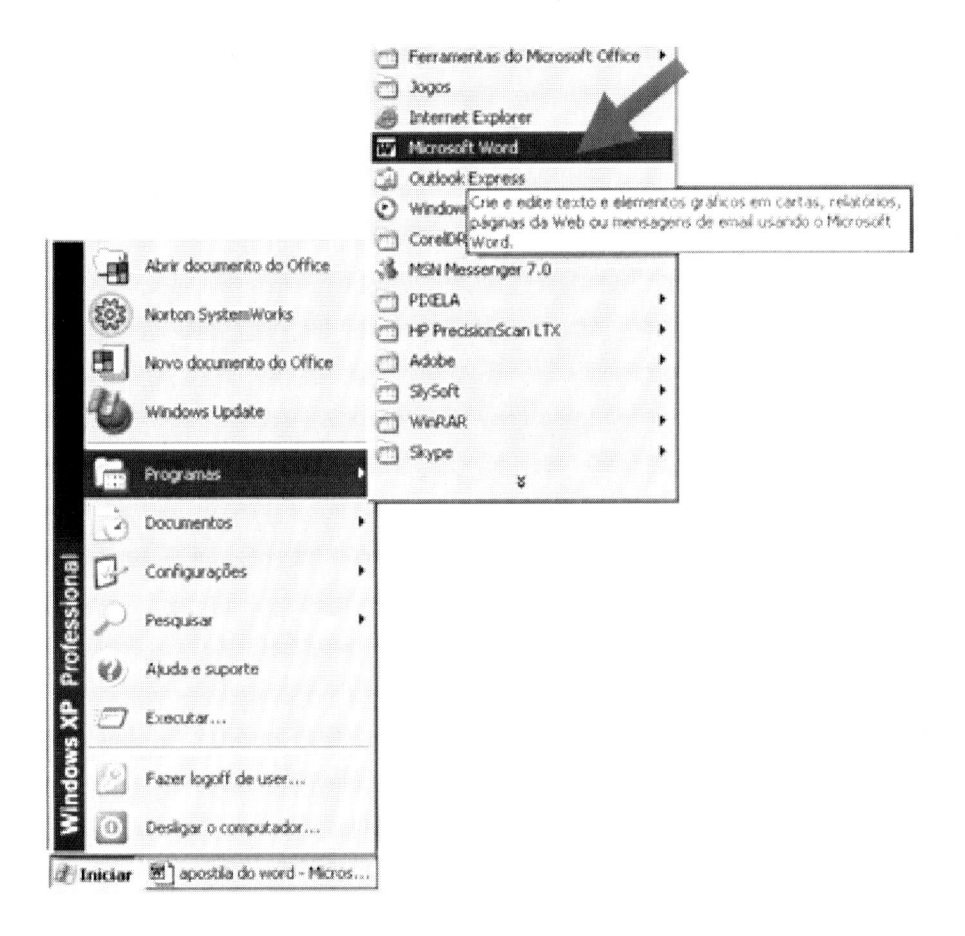

2º Modo

Se existir este ícone na sua área de trabalho, com o nome *Microsoft Office Word* **2007** basta clicar duas vezes sobre ele.

Primeiro contato com o Word 2007

A nova janela do Word 2007

O *Word* **2007** apresenta uma interface totalmente remodelada e um ambiente mais agradável e simples de trabalhar, cujas partes estão descritas na ilustração abaixo.

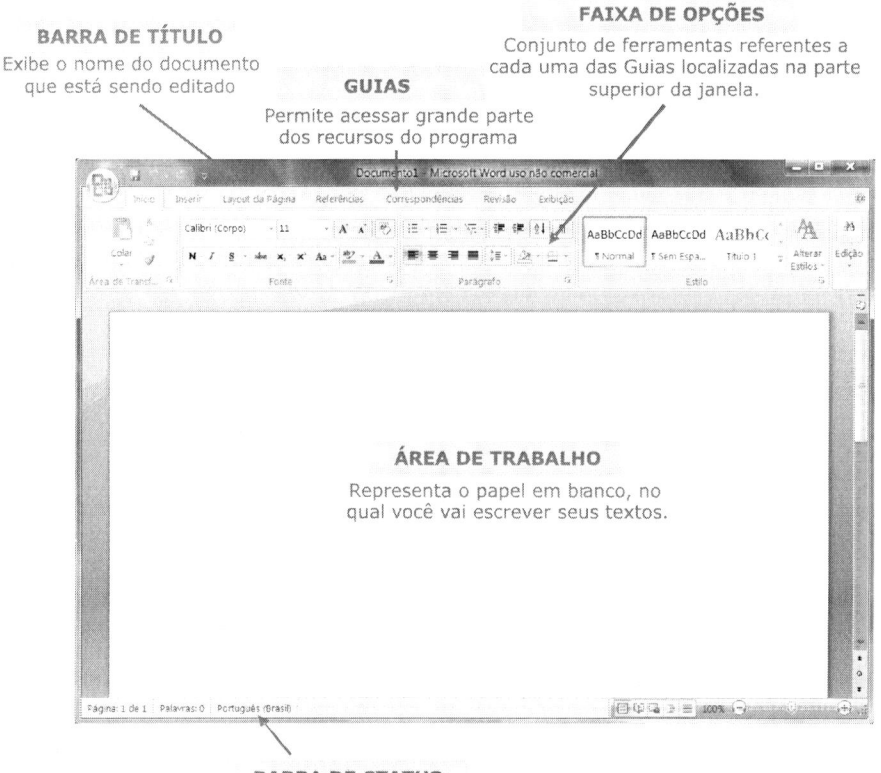

FAIXA DE OPÇÕES
Conjunto de ferramentas referentes a cada uma das Guias localizadas na parte superior da janela.

BARRA DE TÍTULO
Exibe o nome do documento que está sendo editado

GUIAS
Permite acessar grande parte dos recursos do programa

ÁREA DE TRABALHO
Representa o papel em branco, no qual você vai escrever seus textos.

BARRA DE STATUS
Fornece informações sobre o documento: fi da página atual, nº total de páginas, contador de palavras, corretor ortográfico, modo de exibição, zoom.

A faixa de opções

No **Word** **2007**, os menus e as barras de ferramentas foram substituídos por um conjunto de ferramentas denominado **Faixa de Opções**. A Faixa de Opções foi criada para localizar rapidamente os comandos necessários para executar uma tarefa. Os comandos estão organizados em conjuntos lógicos, reunidos em **Guias**. A ilustração a seguir mostra uma faixa de opções referente à guia **Início**.

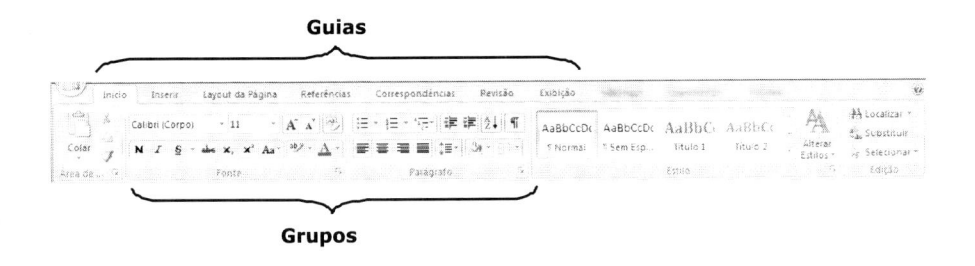

Guias

Cada uma das guias está relacionada com um tipo de atividade. Para ajudar na organização, algumas guias são exibidas somente quando necessário. Por exemplo, a guia **Ferramentas de Desenho** somente é exibida quando um desenho é selecionado.

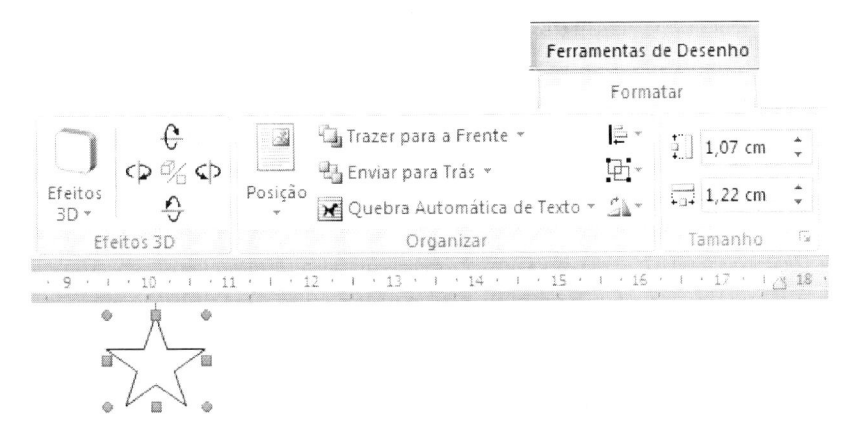

Você pode ocultar cada uma das guias com um clique duplo em seu nome. Para reexibir a guia, dê um clique duplo novamente no nome.

Grupos e Botões de comando

Dentro de cada uma das **Guias** ficam os **Grupos** de tarefas que são compostos por **Botões de comando**. Os **botões de comando** possuem um *comando* ou exibem um *menu de comandos*.

Guias que surgem apenas quando precisamos delas

Além do conjunto padrão de guias exibido na **Faixa de Opções**, existem outros dois tipos de guias que aparecem apenas quando forem úteis para o tipo de tarefa que estivermos executando no momento.

Ferramentas contextuais

As **Ferramentas contextuais** fornecem recursos para que possamos trabalhar com um objeto selecionado no documento, como por exemplo, uma foto, uma tabela, uma imagem ou um desenho. Ao clicar no objeto, o nome das ferramentas contextuais aparece com uma cor de destaque e as guias contextuais aparecem ao lado das guias padrão.

O nome das ferramentas contextuais aparece em uma cor de destaque e as guias contextuais aparecem ao lado do conjunto padrão de guias.

Guias do programa

As guias do programa substituem o conjunto padrão de guias quando se escolhe um comando para determinados modos de criação ou de exibição, como por exemplo, a **Visualização de impressão**.

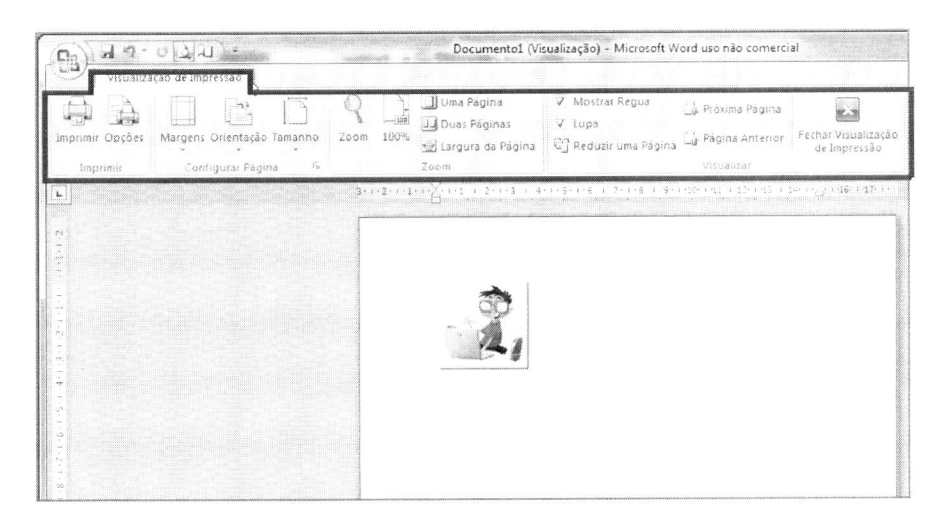

Mostrar ou ocultar as réguas horizontais e verticais

Para mostrar ou ocultar as réguas horizontais e verticais, clique em **Exibir Régua** na parte superior à direita da barra de rolagem vertical.

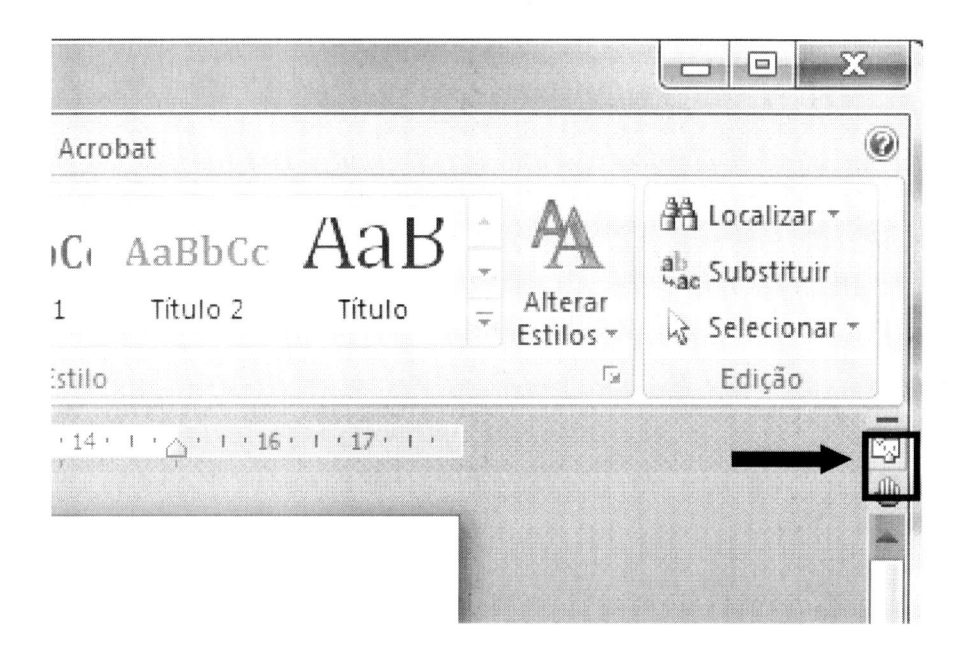

 A régua vertical não aparecerá se estiver desativada. Para ativar a régua vertical, faça o seguinte:

1) Clique no **Botão Office** e, em seguida, clique em **Opções do Word**.

2) Clique em **Avançado**.

3) Em **Exibir**, marque a caixa de seleção **Mostrar régua Vertical** (no modo de exibição **Layout de Impressão**).

Botão Office

O **Botão Office** substitui o menu **Arquivo**, das versões anteriores do *Word*, e está localizado no canto superior esquerdo da janela do *Word* 2007.

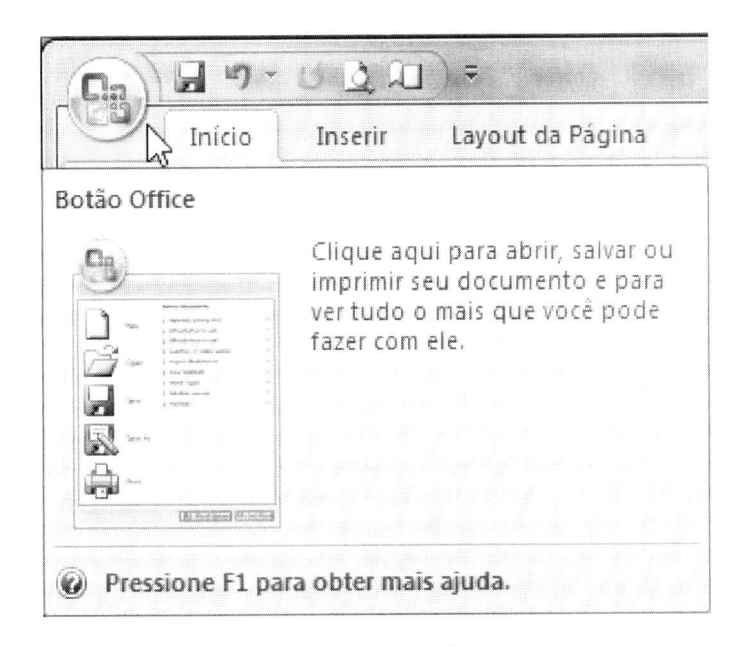

Quando clicamos sobre o **Botão *Office*** 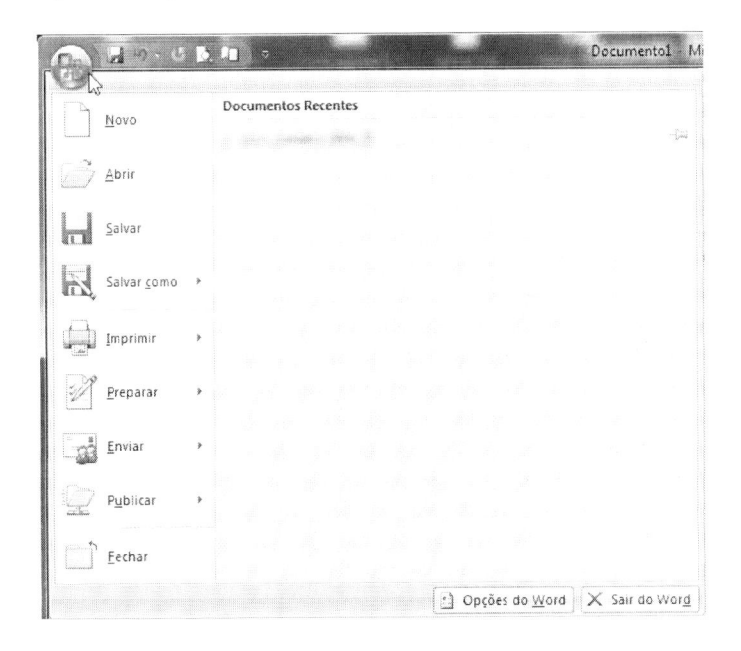, vemos os mesmos comandos básicos disponíveis nas versões anteriores do *Word*, como por exemplo, *abrir*, *salvar* e *imprimir* arquivos.

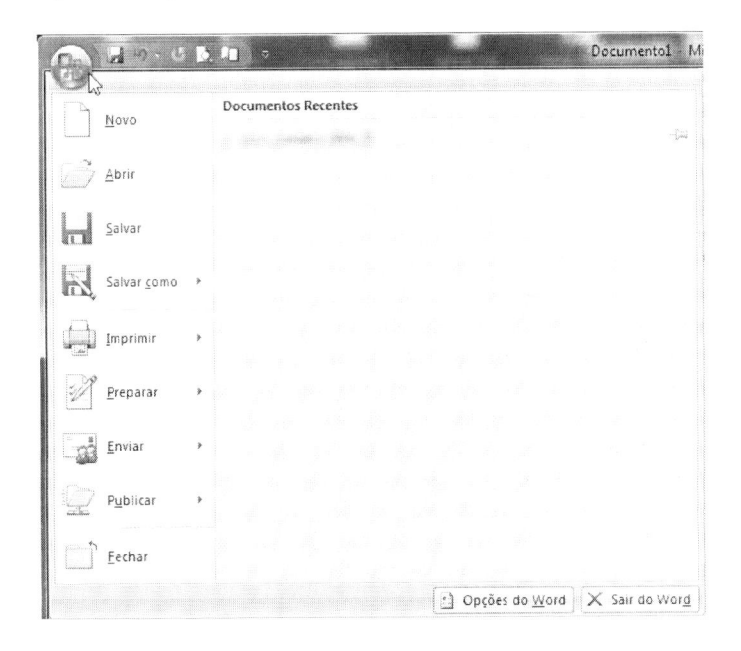

Barra de Ferramentas de acesso rápido

A **Barra de Ferramentas de Acesso Rápido** está localizada normalmente ao lado do botão *Microsoft Office* e contém um conjunto de comandos independentes da guia exibida no momento. Podemos personalizar a Barra de Ferramentas de Acesso Rápido, a partir de uma lista de comandos disponíveis, clicando em **Personalizar Barra de Ferramentas de Acesso Rápido** (*indicada pela seta horizontal da figura abaixo*) e, em seguida, nos itens que desejamos que apareçam na barra.

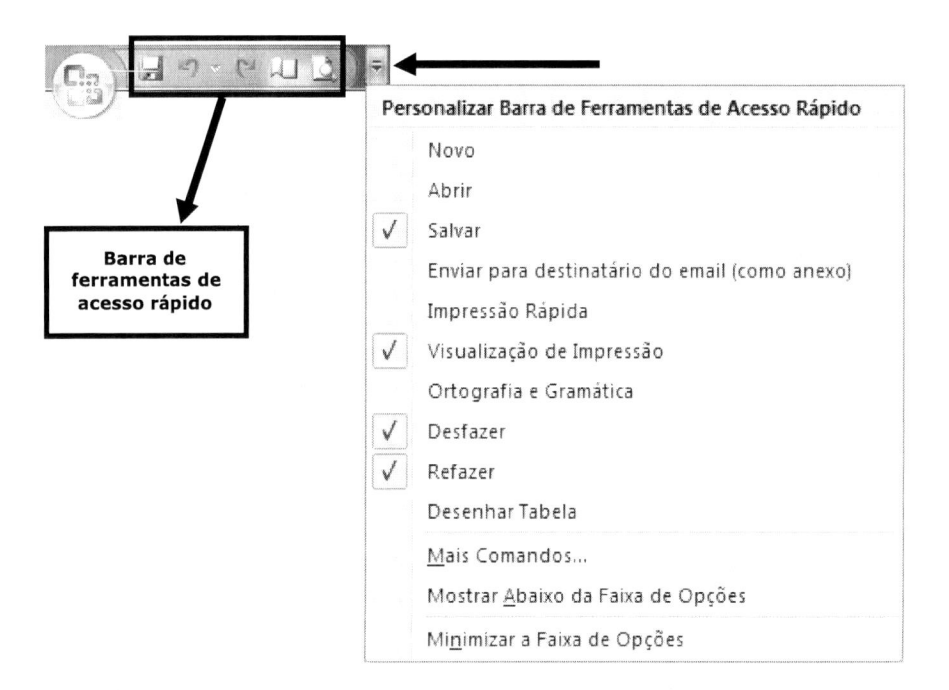

Se quisermos inserir outros comandos na **Barra de Ferramentas de Acesso Rápido,** que não estejam na lista do *menu* que se abre, devemos clicar em **Mais Comandos** e escolher o comando desejado, dentre as opções disponíveis. Em seguida, clicar em **Adicionar**.

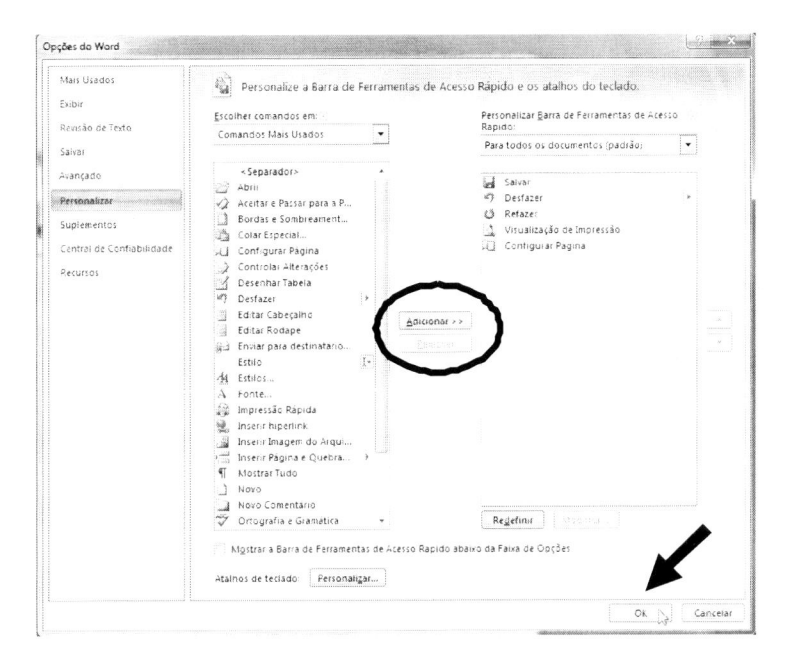

Iniciadores de caixa de diálogo

Em alguns grupos existe um pequeno ícone localizado na parte inferior direita, denominado de **Iniciador de Caixa de Diálogo**, que proporciona alguns comandos diferentes dos apresentados dentro do grupo ao qual pertence.

Veja na ilustração abaixo, o exemplo de uma caixa de diálogo obtida com o **Iniciador de Caixa de Diálogo** que está localizado no grupo **Parágrafo**.

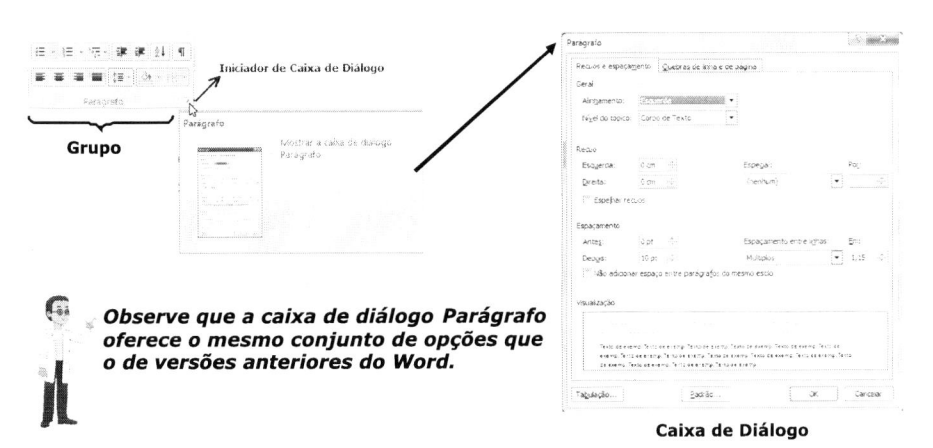

Observe que a caixa de diálogo Parágrafo oferece o mesmo conjunto de opções que o de versões anteriores do Word.

Caixa de Diálogo

Minibarra de Ferramentas

Ao selecionarmos um texto, aparece uma miniatura de barra de ferramentas, denominada de **Minibarra de ferramentas**, que se localiza nas proximidades do texto selecionado e aparece de forma *semitransparente* e *flutuante*. A **Minibarra de ferramentas** nos ajuda a trabalhar com fontes, estilos de fonte, redimensionamento de fonte, alinhamento, cor do texto, níveis de recuo e recursos de marcação. É um recurso a mais para facilitar o trabalho, porém todos os comandos desta Minibarra estão presentes na faixa de opções. Portanto, o uso da Minibarra é opcional.

Não é possível personalizar a Minibarra de ferramentas.

A seguir está um exemplo de como a minibarra de ferramentas semitransparente aparece ao selecionar um texto em um documento do *Word* 2007.

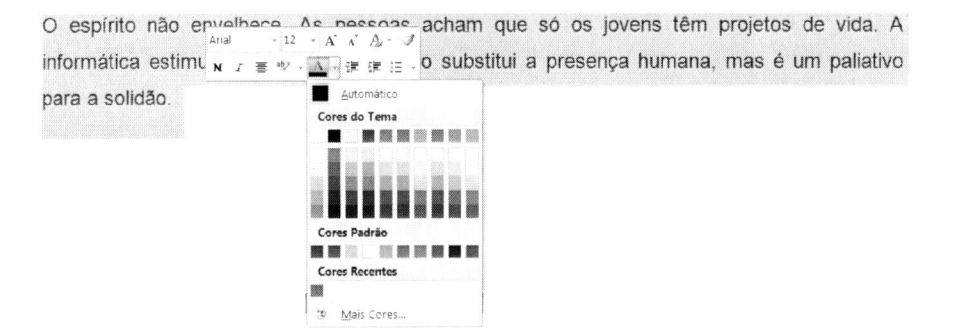

Minibarra de ferramentas

Se aproximarmos o ponteiro do *mouse* na minibarra, ela se torna sólida e com os botões ativos para serem usados.

Criação e edição de textos no Word

Vamos agora detalhar alguns dos recursos mais comuns do *Word* **2007** e que são mais utilizados no dia a dia. Na guia **Início**, encontramos a maior parte dos recursos que utilizamos na elaboração e edição de textos no *Word* 2007.

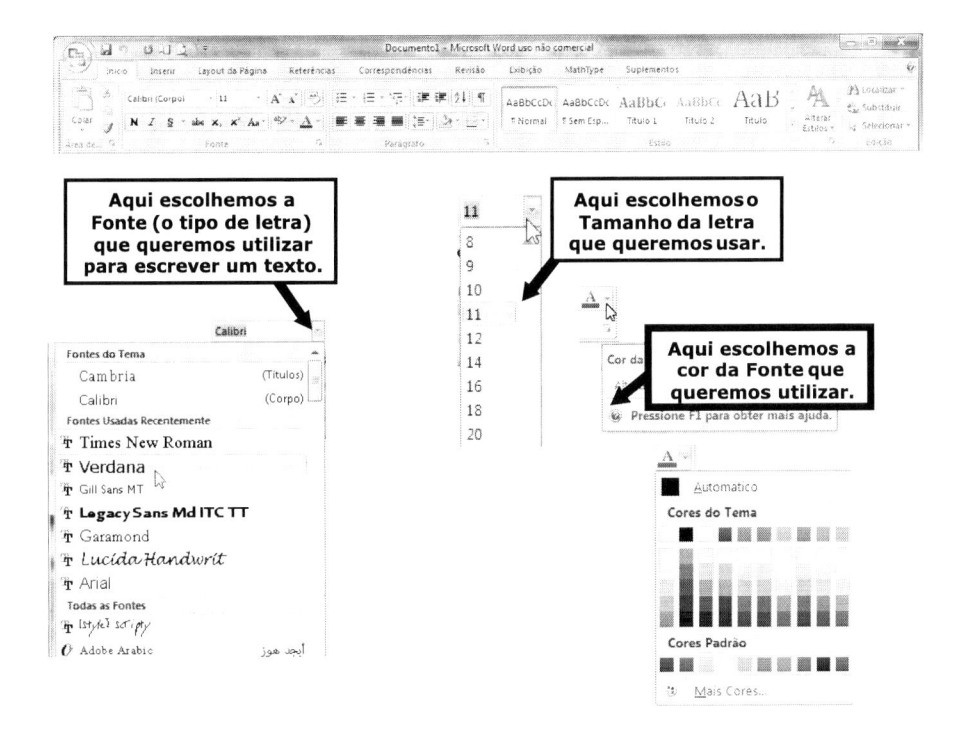

 Observe que todos os botões, que apresentam uma setinha à sua direita, possuem outras opções que estão ocultas. Para acessá-las basta clicar sobre ela.

Estes são os botões relacionados a alinhamento: alinhar a esquerda, centralizar, alinhar a direita e justificar (alinha à direita e à esquerda ao mesmo tempo).

Negrito - Faz com que as letras fiquem mais "**grossas**".

Itálico - Faz com que as letras fiquem *inclinadas*.

Sublinhado - Faz com que as letras fiquem "sublinhadas".

Estes três botões são utilizados para dar destaque ao que se quer escrever.

Aqui trocamos a cor das letras.

Estes dois botões são usados para mostrar tópicos, um com numeração e o outro com símbolos.

Como podemos observar, trabalhar com o *Word* **2007** não é nada complicado, e muitos desses botões são os mesmos de versões anteriores do *Word*, o que facilita em muito a sua utilização. Antes de iniciar o seu uso, propriamente dito, vamos reconhecer as teclas principais do teclado. Observe que além das teclas com as letras, semelhante a uma máquina de escrever, o teclado de um computador possui também várias outras, sendo que as mais utilizadas estão em destaque na figura abaixo, com suas respectivas funções.

Conhecendo as funções do teclado para o Word

Tab (permite fazer a tabulação automática para um parágrafo)

Backspace (apaga o caracter* à esquerda do cursor)

Teclado numérico (para você usá-lo, a tecla **Num Lock** deve estar ativada)

Caps Lock (faz com que todas as letras fiquem maiúsculas)

Barra de espaço (com esta tecla você coloca espaços entre as palavras)

Tecla Enter (com esta tecla você cria um novo parágrafo no seu texto)

Shift (serve para acessar a segunda função de algumas teclas - repare que em algumas teclas existem dois caracteres - além de servir para deixar maiúsculas as letras)

* **caracter:** letra, número ou símbolo (a, B, 2, *, %, @, $, ...)

Editando seu primeiro texto

Estando na janela principal do *Word*, já estamos em condições de digitar um texto qualquer. Observe que o primeiro documento em branco aberto recebe o nome de **Documento 1** e ficará com esse nome até o salvarmos *(gravá-lo em algum lugar)* com outro nome. Só após ser salvo é que o arquivo estará gravado no **disco rígido** do computador ou em um ***pen drive*** (dependendo da nossa escolha).

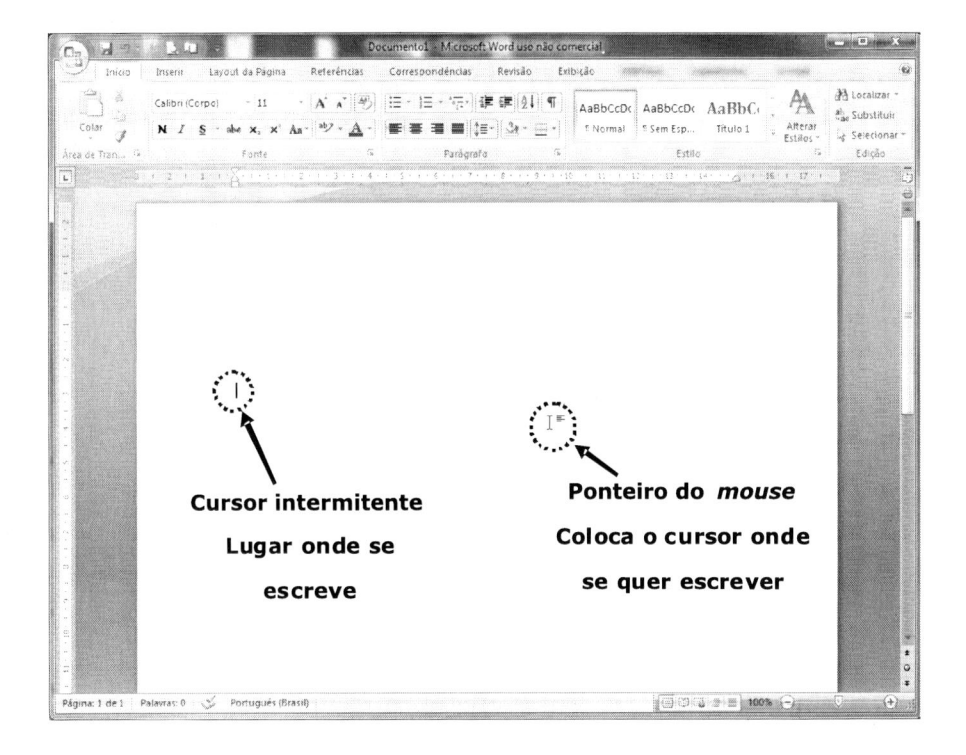

Antes de digitarmos nosso primeiro texto, é necessário conhecermos algumas "regrinhas" básicas de digitação. O teclado deve ser utilizado como se fosse uma máquina de escrever e, para isso, é importante que saibamos utilizar alguns comandos do mesmo:

Regras Básicas de Digitação

1ª) Para obter uma letra maiúscula, basta pressionar a tecla <**Shift**> juntamente com a letra desejada (libere a tecla <**Shift**> somente depois que a letra for digitada). Veja o exemplo:

2ª) Os acentos são acessados naturalmente através das teclas onde eles estão desenhados (observe no teclado a localização do acendo **agudo**, do **til**, da **crase** e do **circunflexo**). Observe que o acento deve ser digitado sempre **ANTES** de digitar a vogal. Veja o exemplo:

$$\boxed{} \rightarrow \boxed{A} = á$$

Pressionando a Tecla **<Shift>** simultaneamente com outra tecla, acessamos a opção superior dessa. Por exemplo,

$$\boxed{} + \boxed{} \rightarrow \boxed{A} = à$$
Shift

3ª) Os teclados de padrão internacional não possuem a letra ç. Nesses teclados, o **"ç"** é obtido pressionando a tecla $\boxed{}$ seguida da letra "c". Veja o exemplo:

$$\boxed{} \rightarrow \boxed{C} = ç$$

4ª) Ao digitar um texto **<u>NÃO</u>** devemos pressionar a tecla **<Enter>** para **mudar de linha**, pois o Word muda automaticamente de linha quando ela termina. Apenas quando for necessário iniciar um novo parágrafo ou criar uma nova linha é que iremos utilizar a tecla **<Enter>**.

5ª) Para **apagar** (**deletar**) uma linha vazia do seu documento, coloque o cursor nessa linha e pressione a tecla **<Delete>** do seu teclado.

6ª) A tecla **<Tab>** permite fazer uma tabulação automática para um parágrafo.

7ª) Para mover o cursor sobre um texto já digitado, utilizamos as setas que estão localizadas no canto inferior direito do teclado:

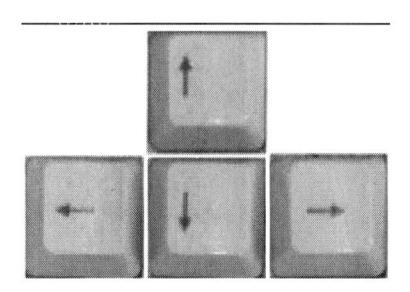

8ª) Para apagar um caractere que esteja do **lado esquerdo** do cursor, usamos a tecla **<Backspace>**. Para apagar um caractere que esteja do **lado direito** do cursor, usamos a tecla **<Delete>**.

9ª) Selecionar palavras ou textos é deixá-los em destaque para que possam ser modificados. Sempre que o texto é selecionado, ele fica destacado em azul.

Existem várias maneiras para selecionar uma palavra ou um texto, utilizando o *mouse*:

1. Para *selecionar* **uma palavra, clique duas vezes** sobre ela (veja ilustração a seguir). Se **clicar três vezes** sobre a palavra, *selecionará* **todo o parágrafo**.

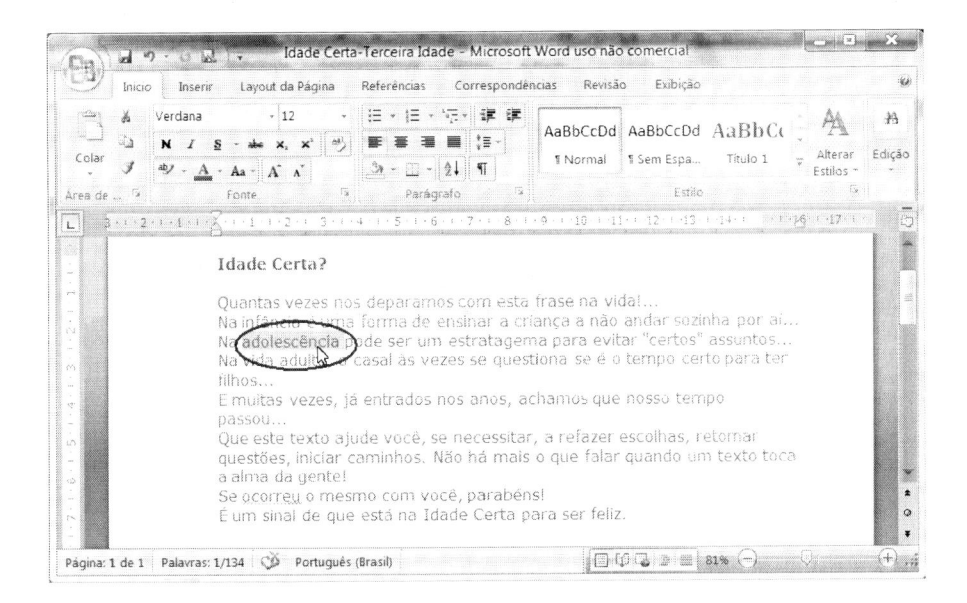

2. Para *selecionar* **um trecho de um texto**, posicione o ponteiro do *mouse* no início do trecho, pressione o botão do *mouse* e **arraste-o** até a posição desejada (veja ilustração a seguir).

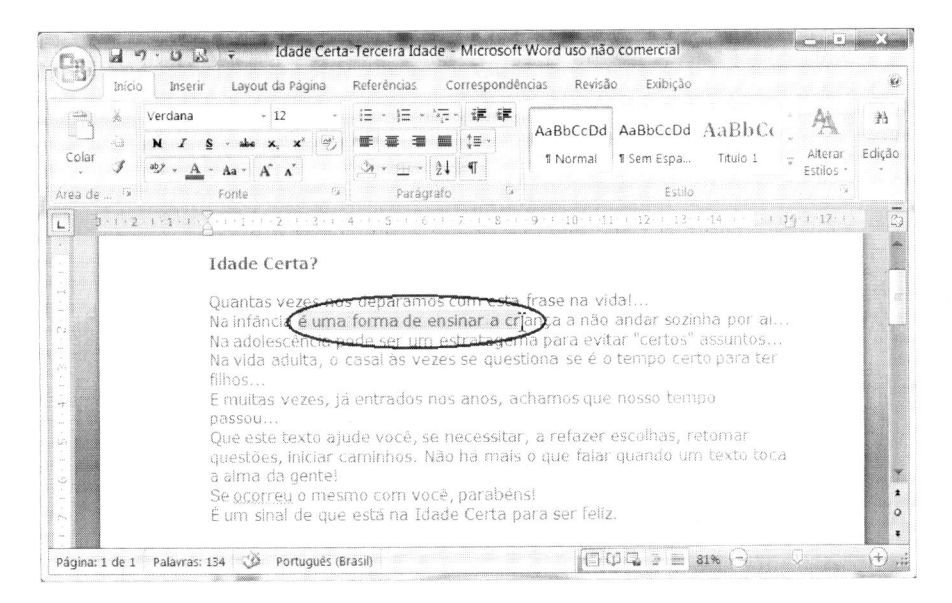

3. Para *selecionar* **uma linha**, vá com o ponteiro do *mouse* até a margem esquerda da linha que deseja *selecionar* e, quando ele se transformar em uma **setinha**, **dê um clique** (veja ilustração a seguir).

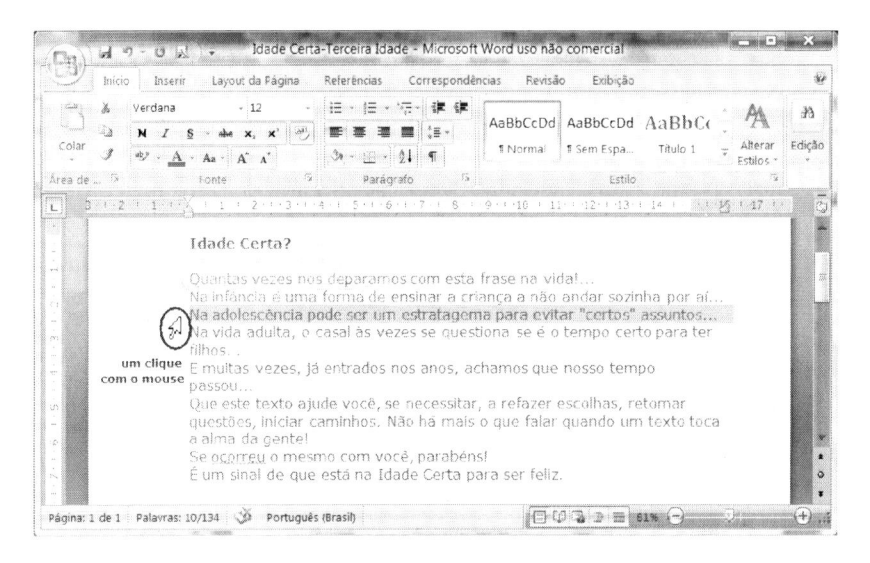

4. Para *selecionar* **um parágrafo**, vá com o ponteiro do *mouse* até a margem esquerda do parágrafo que deseja selecionar e, quando ele se transformar em uma **setinha**, **dê dois cliques** (veja ilustração a seguir).

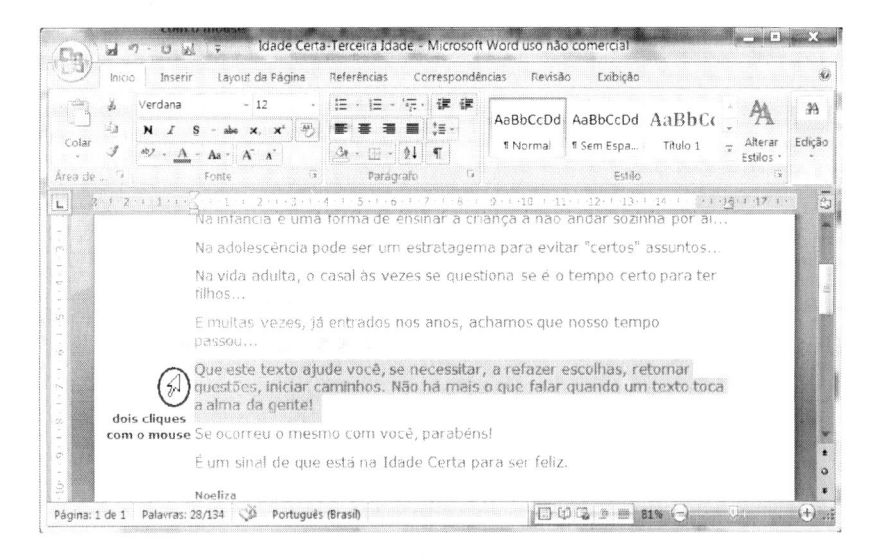

5. Para *selecionar* **todo o documento**, vá com o ponteiro do *mouse* até a margem esquerda de qualquer parágrafo e, quando ele se transformar em uma **setinha**, **dê três cliques** (veja ilustração a seguir).

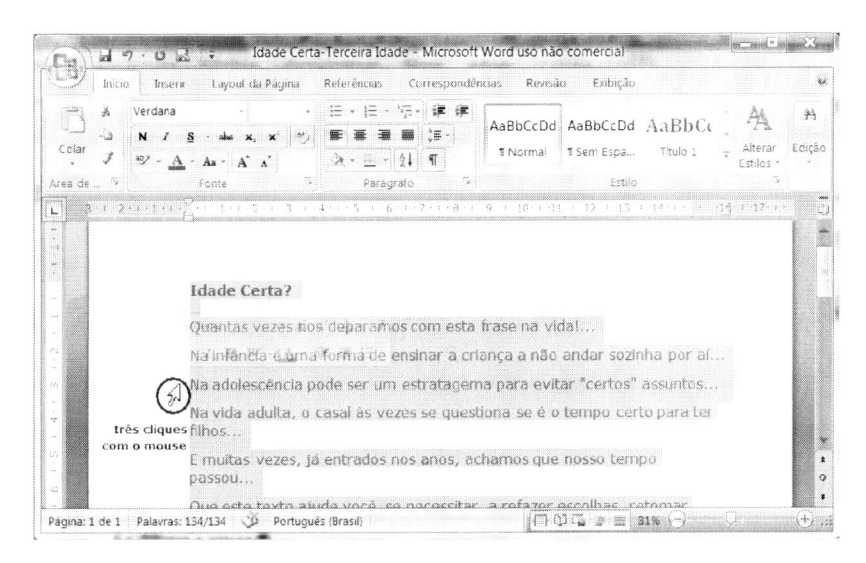

6. Para *selecionar* **uma figura**, **clique uma vez** sobre ela (veja ilustração a seguir).

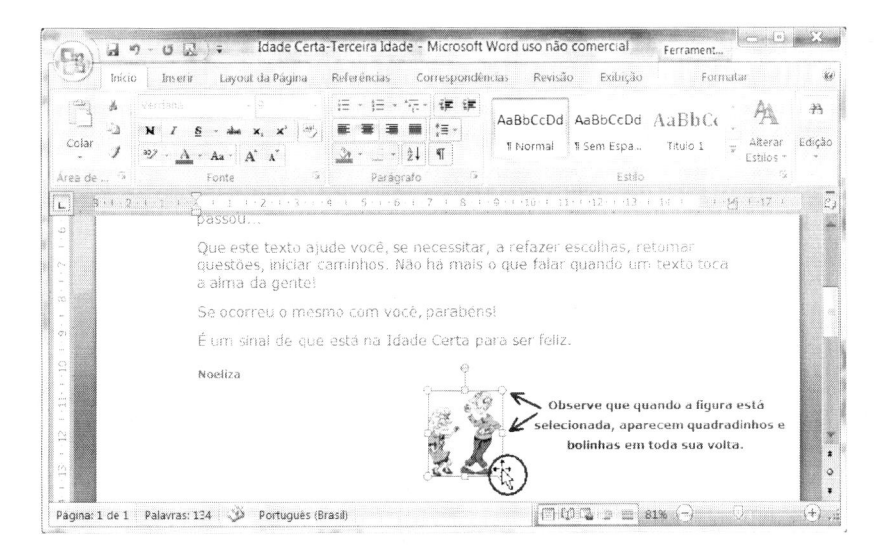

 Você também pode selecionar uma palavra, um texto, uma linha ou um parágrafo, pressionando a tecla <**SHIFT**> juntamente com uma das setas do seu teclado (mostradas abaixo). Para isso clique no início do texto que você quer selecionar e, com a tecla <**SHIFT**> pressionada, utilize as setas (conforme a direção desejada) até atingir o ponto final da seleção.

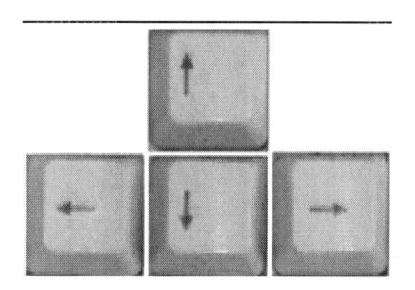

Pronto!! A partir de agora você já está em condições de digitar seu primeiro texto.

Então vamos lá!!! Digite o texto abaixo sem se preocupar com a formatação.

Texto 1

"Só aproveitando a inesgotável capacidade criativa que possuímos, exercitando o poder da imaginação sem limites, em qualquer idade, é que chegaremos à desejada transformação da sociedade, descobrindo formas novas de conviver numa sociedade mais justa e produtiva".

Novaes, M.H., Psicologia da Terceira Idade, conquistas possíveis e rupturas necessárias. Ed. Grypho, 1995, p. 30.

Salvando (gravando) seu primeiro texto

Antes de fechar qualquer documento, é preciso **salvar** (**gravar**) as informações para impedir que elas se percam. Vamos então aprender como **salvar** um texto depois de digitá-lo. Temos duas maneiras para fazer isto:

1ª) Através do comando:

Botão *Office* → **Salvar como**

podemos salvar o documento onde desejarmos (*disco rígido* ou *pen drive*). Na primeira vez que salvamos um documento, o programa abre a janela **Salvar como** convidando-nos a dar um nome para o arquivo e a especificar o local onde queremos salvá-lo.

Uma vez "*batizado*", toda vez que salvarmos esse documento, ele apenas será atualizado e, para isso, podemos utilizar o botão na barra de ferramentas de acesso rápido ou utilizando o comando:

Botão *Office* → **Salvar**

2ª) Clicando no botão da barra de ferramentas de acesso rápido e utilizando o mesmo procedimento descrito no item 1.

Vamos então salvar o texto que você acabou de digitar, utilizando para isso o seguinte procedimento:

❖ Clique sobre o **Botão *Office*** , deslize o mouse até a opção **Salvar como** (sem clicar) e, em seguida, deslize o mouse para a direita e para cima. Ao chegar à opção **Documento do Word**, dê um clique.

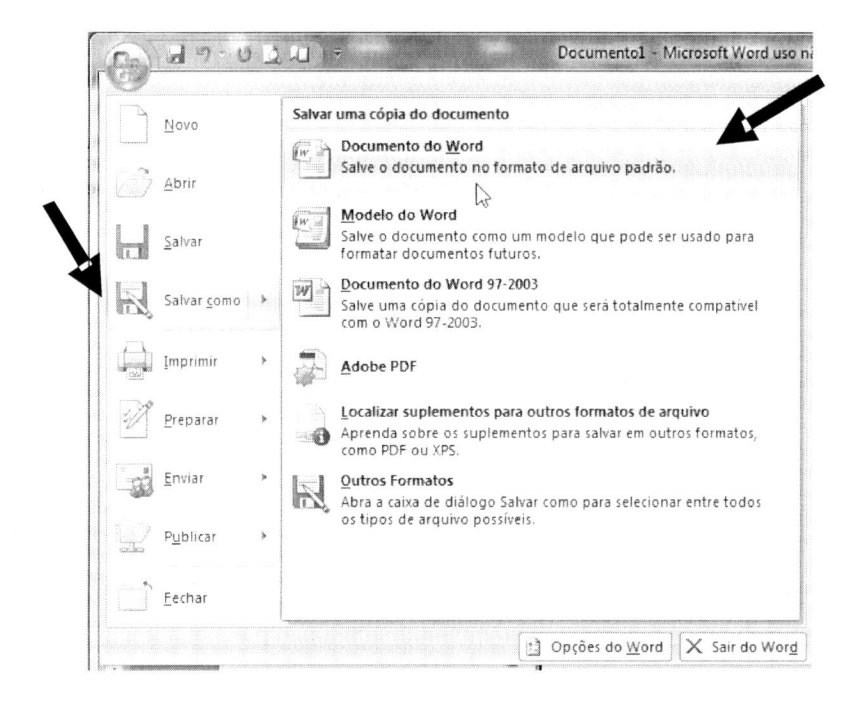

❖ Na janela que abriu, chamada **Salvar como**, escolha o local onde você quer gravar o seu documento (arquivo) - pode ser em uma pasta no **disco rígido** ou em um *pen drive* (no nosso caso será no disco rígido).

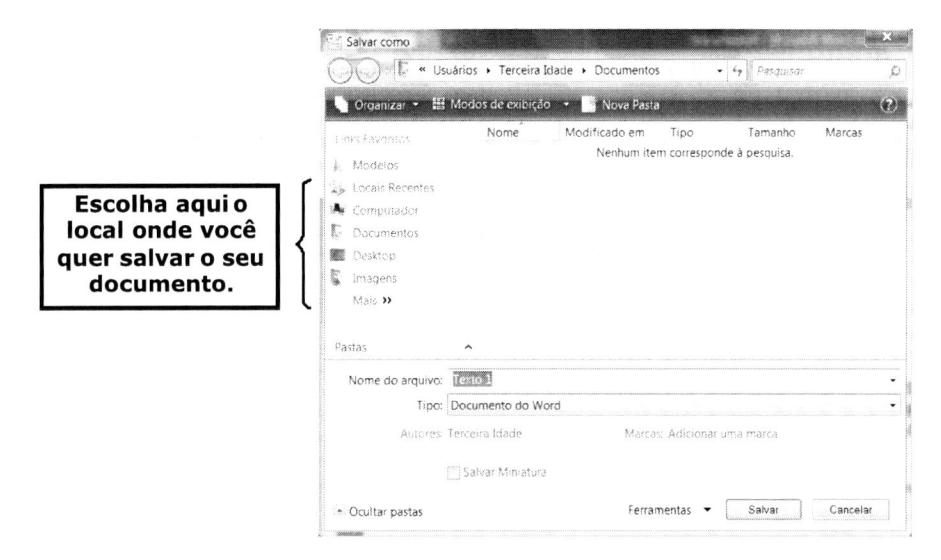

❖ Clique uma vez sobre o local escolhido (nesse exemplo escolhemos a pasta **Documentos**) e, na janela que se abrir, crie uma nova pasta, chamada **Textos**, para melhor organizar seus arquivos (para isso, basta clicar no botão **Nova Pasta**, digitar a palavra Textos e pressionar a tecla <**Enter**>).

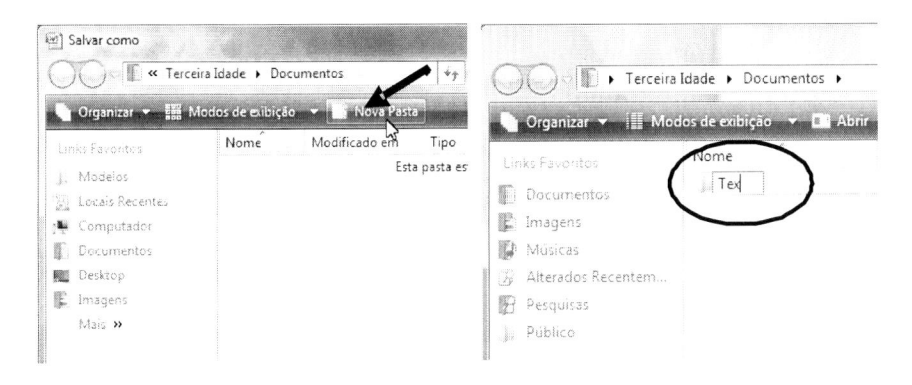

❖ Agora você já está no local onde deseja gravar seu texto, mas ainda precisa dar um nome para ele. Para fazer isso, clique dentro da caixa **Nome do Arquivo**, digite o nome **Meu primeiro Texto** (ou outro nome que lembrará este documento) e depois clique sobre o botão **Salvar**.

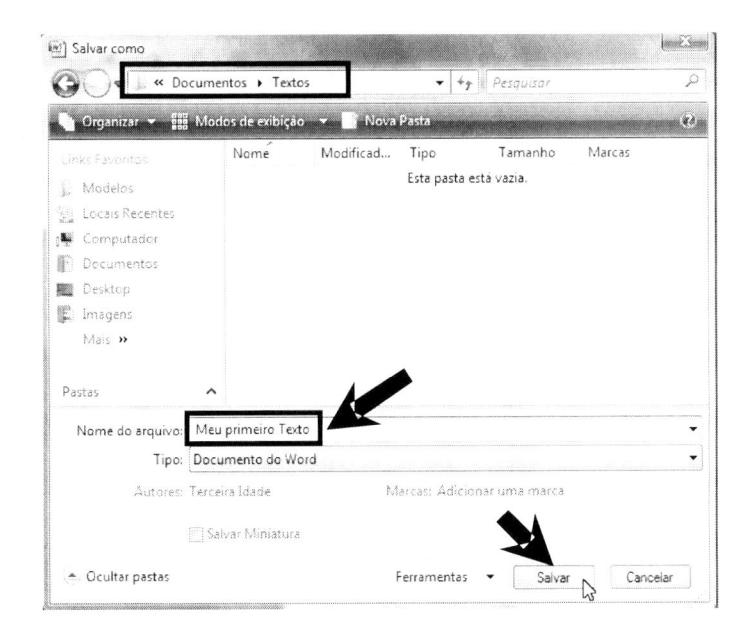

Pronto!!!! Seu texto já está salvo na pasta **Textos**, que foi criada na pasta **Documentos**, que existe no seu disco rígido (HD)!! A partir de agora, toda vez que salvar este documento (arquivo) o ***Word*** irá incorporar apenas os acréscimos e alterações que foram feitos a partir dai e, sempre que precisar vai poder utilizar o documento (arquivo) armazenado no seu computador.

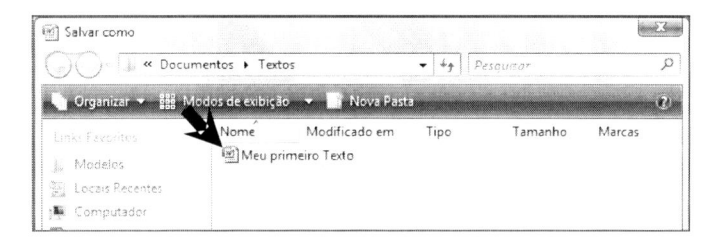

 Como padrão, o ***Word*** sempre sugere como nome para um documento, o título dado a esse ou a frase que está na primeira linha. Contudo, isso não impede que você mude a sugestão para um nome que melhor lhe convier.

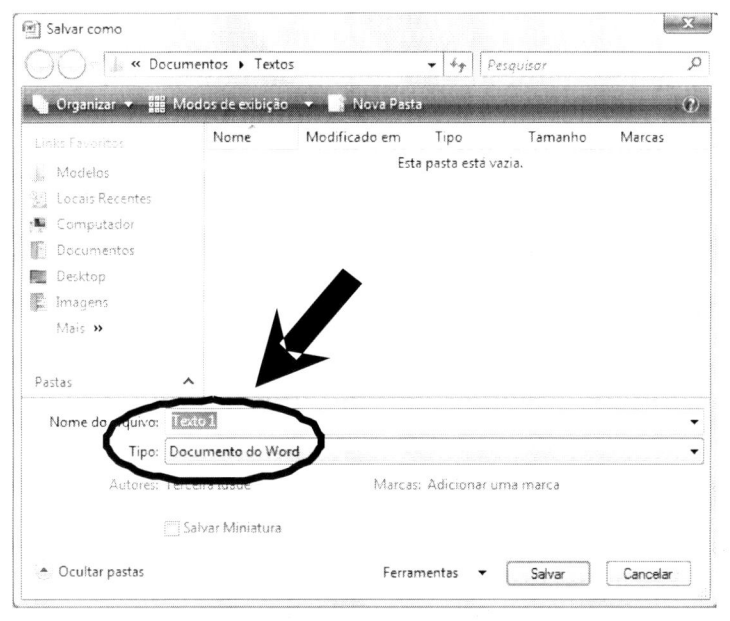

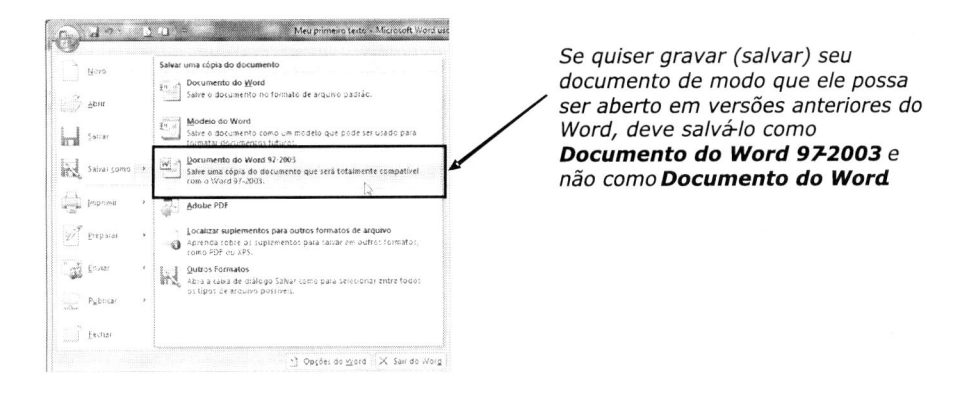

Se quiser gravar (salvar) seu documento de modo que ele possa ser aberto em versões anteriores do Word, deve salvá-lo como **Documento do Word 97-2003** *e não como* **Documento do Word**

Fechando um documento

Já aprendemos a salvar um documento (arquivo) e agora vamos aprender como **fechar (encerrar)** esse documento. Para fechar apenas um documento que acabou de escrever (e deixar o programa aberto), basta executar o seguinte comando:

Botão *Office* → **Fechar**

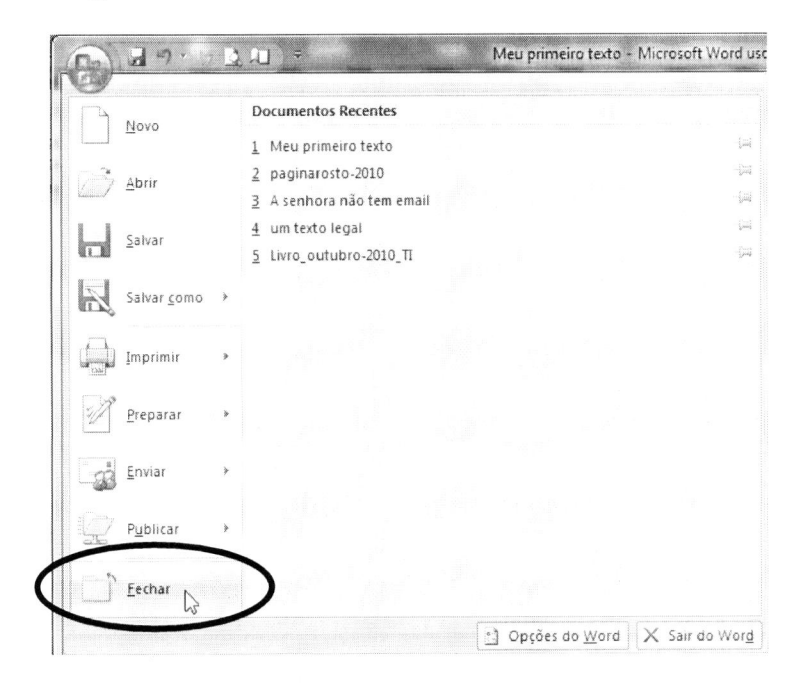

Caso tenha sido feita alguma modificação no documento após a última vez que foi salvo, ou caso o documento ainda não tenha sido salvo, uma caixa de diálogo se abrirá e lhe permitirá escolher se deseja que essas alterações sejam salvas.

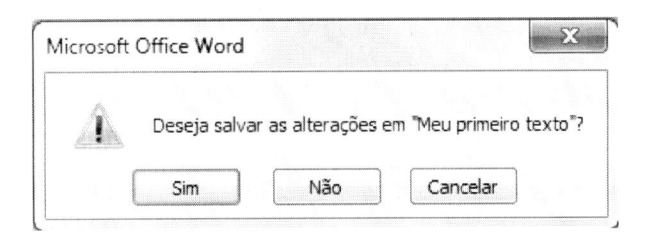

Abrindo um documento

Para abrir[5] um documento criado e salvo recentemente, a partir do *Word*, ou seja, estando com o programa *Word* aberto, utilize o seguinte procedimento:

❖ Leve o ponteiro do mouse até o **Botão *Office*** e dê um clique sobre ele; na janela que se abrir, dê um clique sobre o nome do arquivo que você quer abrir (neste caso **Meu primeiro Texto**) que aparece na lista de **Documentos Recentes**.

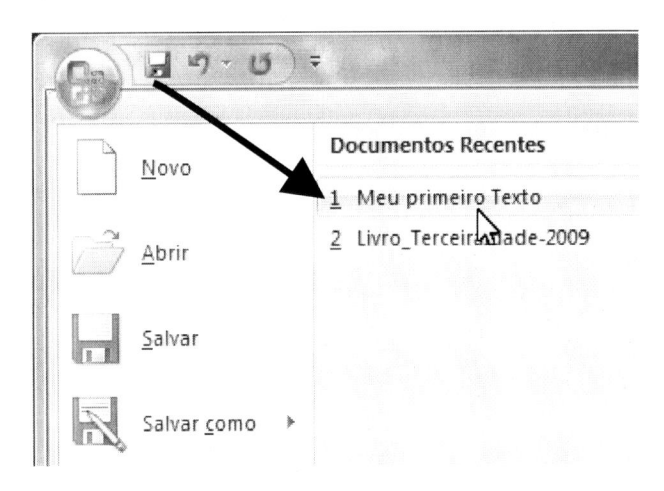

---

5 **abrir**: trazer para a tela do computador um documento gravado anteriormente.

Se o arquivo não estiver na lista de **Documentos Recentes**, clique em **Abrir**. Na janela que se abre, localize a pasta em que se encontra o arquivo (no nosso caso, a pasta **Textos**, dentro da pasta **Documentos**). Do lado direito da janela aparecerá uma lista com todos os arquivos feitos com o programa *Word*, que foram salvos nesta pasta. Clique sobre o arquivo que deseja abrir e, em seguida, no botão **ABRIR**, que está na parte inferior da janela.

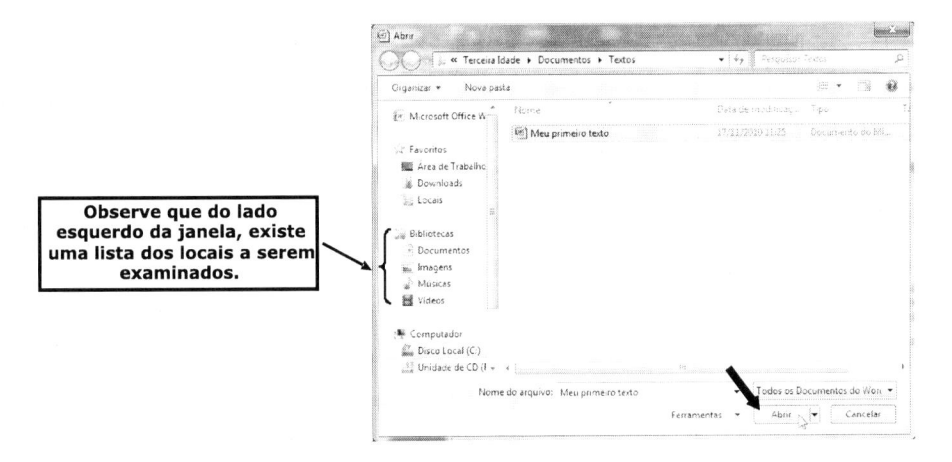

Observe que do lado esquerdo da janela, existe uma lista dos locais a serem examinados.

❖ Com o arquivo aberto, você já está em condições de trabalhar com ele.

Outra maneira de se abrir uma pasta, um arquivo ou um programa qualquer, é localizar onde ele se encontra e **dar um duplo clique** sobre ele. No caso de um arquivo, essa ação fará com que o programa se abra e, com ele, o arquivo. Faça essa experiência: feche o programa *Word* com o arquivo que acabou de abrir. Abra a pasta **Textos**, que se encontra na pasta **Documentos**, e **dê dois cliques** sobre o arquivo **Meu primeiro texto**. Observe que o seu texto aparece na tela.

Saindo do Word 2007

Quando não quiser mais trabalhar com o *Word* 2007, basta utilizar o seguinte comando:

Botão *Office* → Sair do *Word*

ou clicar no botão Fechar ██ **X** ██ da janela do *Word*.

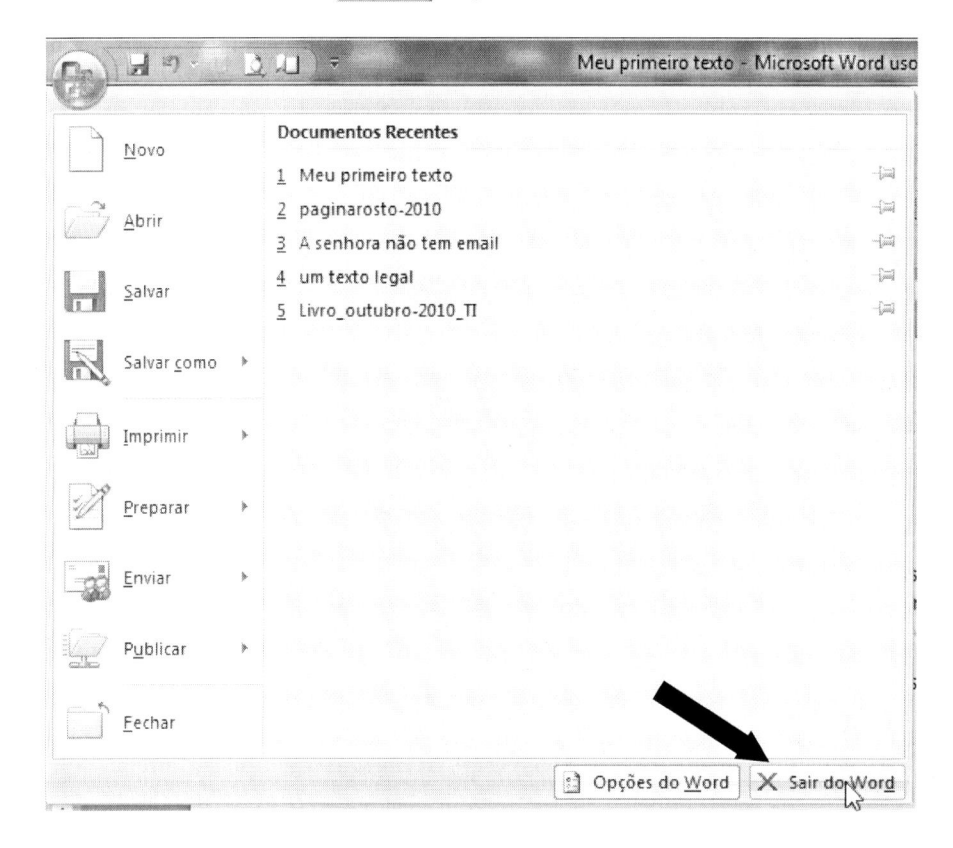

Exercício 2.1 – Trabalhando com um texto

1) **Coloque** o ***pen drive*** na entrada USB do seu computador.

2) Se a janela *Reprodução Automática* se abrir, clique sobre **Abrir pasta para exibir arquivos.**

3) Caso contrário, **clique** em **Iniciar** → **Computador** e, em seguida, **clique** duas vezes sobre o ícone (figura) que representa o ***pendrive***.

4) **Crie** uma pasta chamada **Arquivos do *Word*** dentro do seu ***pen drive*** *(instruções na página 51)*.

5) Abra a pasta **Textos**, que se encontra na pasta **Documentos**, seguindo os comandos **Iniciar** → **Documentos** → **Textos** e observe que existe um arquivo chamado ***Meu primeiro texto*** que você **salvou** (*guardou*).

6) **Copie** o arquivo ***Meu primeiro texto*** que está guardado na pasta **Textos** e **cole-o** na pasta chamada **Arquivos do *Word*,** que você criou no seu ***pen drive*** *(instruções na página 58)*.

7) Agora **abra** o arquivo ***Meu primeiro texto*** que você acabou de colar no ***pen drive***, dando **dois cliques** sobre ele.

8) Se a janela que abrir (*contendo o documento do Word*) **não** estiver **maximizada, maximize-a**!

9) Com o arquivo aberto, **dê um clique** no final do último parágrafo do texto escrito e pressione três (3) vezes a tecla **<Enter>** para criar três (3) novas linhas no seu documento.

10) Na última linha criada, digite agora o seguinte texto:

A busca por uma velhice digna e feliz é uma decisão, uma escolha, é o diferencial que cada um imprime na direção da própria vida e faz com que ela valha a pena.

11) Como o seu documento foi alterado, você precisa salvá-lo novamente, pois, caso contrário, irá perder todas as alterações feitas. Então faça isso, ou seja, **SALVE O SEU DOCUMENTO** na mesma pasta onde ele estava e com o mesmo nome, clicando no **Botão *Office*** → **Salvar**.

12) **Pronto!!!** Seu documento está salvo e pronto para ser utilizado quando você precisar.

13) **Feche** agora apenas o documento que foi salvo, deixando o programa ***Word*** aberto, clicando em **Botão *Office*** → **Fechar**.

14) Agora **feche** também o programa ***Word*** que ficou aberto.

15) **Copie** o arquivo *Meu primeiro texto* da pasta **Arquivos do** *Word* (*que está no seu* ***pen drive***) e cole-o na pasta **Textos** (*que está na pasta Documentos do seu computador*).

16) **Feche** todas as janelas abertas até aqui.

17) **Execute** o procedimento para retirar seu *pen drive* com segurança.

18) **Retire** o *pen drive* do seu computador.

Formatando um documento

Agora vamos aprender como formatar um texto. A formatação de um texto serve para deixá-lo com uma aparência mais agradável, de maneira que ele não fique todo igual. Por exemplo, podemos querer que o título fique maior, o nome do autor em outra cor, uma citação em evidência, etc.

Para isso digite o **Texto 2**, descrito a seguir, **exatamente como ele se apresenta** (inclusive com os erros de português).

Texto 2

Lembre-se que, atualmente, a ciência e a tecnologia são fortes aliadas do envelhecimento com qualidade. Medicamentos, vacinas, curas e prevensao de doensas são alguns benefícios proporcionado pelo desenvolvimento científico, que prolongam a vida e aumentam o bem estar do indivíduo.

Mas isso não basta. A busca por uma velhice digna e felis é uma decisão, é o diferencial que cada um imprime na direção da própria vida e faz com que ela valha a pena.

Podemos perceber que o texto está todo estranho. Por exemplo, não conseguimos diferenciar facilmente o título do resto do texto e existem algumas palavras sublinhadas em verde e vermelho.

Vamos então formatar o texto, para melhorar sua aparência, seguindo os passos descritos a seguir:

❖ **Deixar o título (Texto 2) em evidência**.

Passo 1: Selecione o título, utilizando para isso o procedimento que achar mais fácil (se tiver dificuldades veja a página 84).

Passo 2: Com o título selecionado mude a Fonte para *Monotype Corsiva*, o tamanho para *18* e coloque o estilo **Negrito**, clicando diretamente na **Faixa de Opções** da guia **Início**.

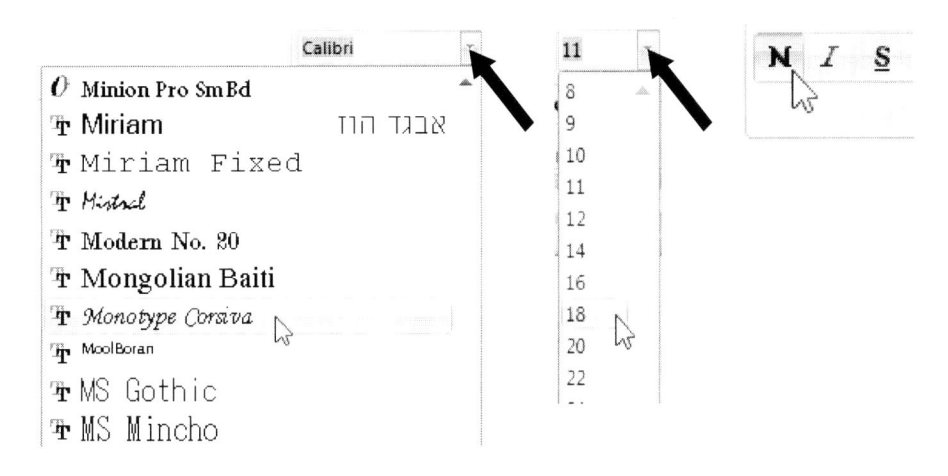

A mesma tarefa pode ser feita, também, do seguinte modo: com o título selecionado, clique no **Iniciador de Caixa de Diálogo** do Grupo **Fonte** e, na janela que se abre, escolha a **Fonte** *Monotype Corsiva*, o estilo da fonte **Negrito** e o **tamanho** *18*. Não altere os outros dados. Clique no botão OK.

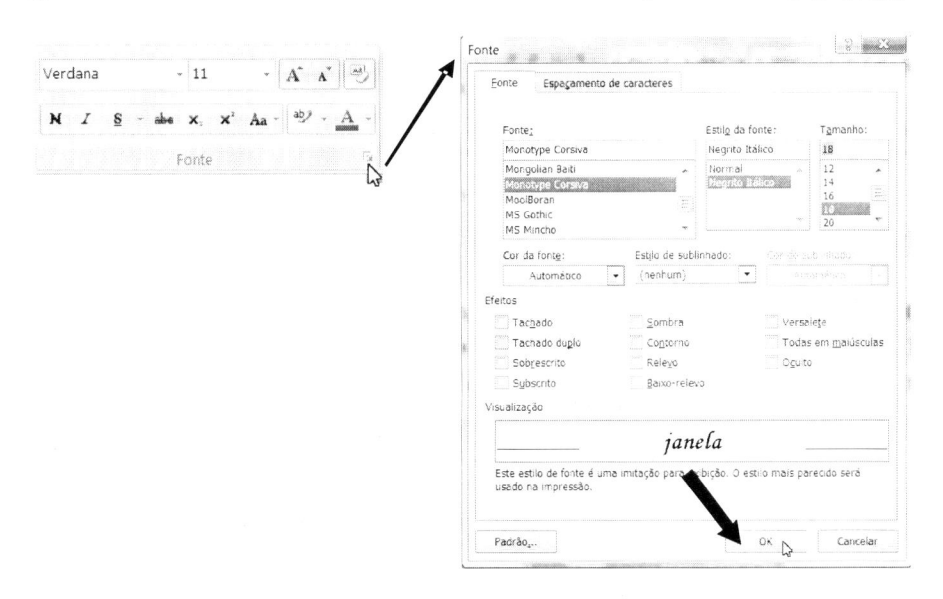

❖ Centralizar o título (Texto 2).

Para isso, basta deixar o cursor sobre a palavra **Texto** e, na **Faixa de Opções** da guia **Início**, escolher a opção **Centralizar**.

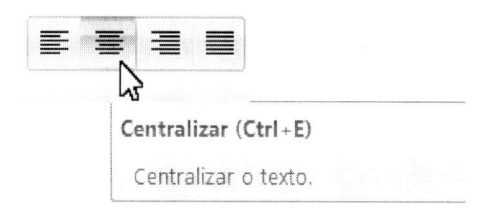

Seu texto ficará parecido com o da figura a seguir:

> ### *Texto 2*
>
> Lembre-se que, atualmente, a ciência e a tecnologia são fortes aliadas do envelhecimento com qualidade. Medicamentos, vacinas, curas e prevensao de doensas são alguns benefícios proporcionado pelo desenvolvimento científico, que prolongam a vida e aumentam o bem estar do indivíduo.
>
> Mas isso não basta. A busca por uma velhice digna e felis é uma decisão, é o diferencial que cada um imprime na direção da própria vida e faz com que ela valha a pena.

Observe que a fonte do título (Monotype Corsiva) agora ficou diferente da fonte do texto [**Calibri (Corpo)**].

❖ Padronizar o tipo da Fonte.

Para uniformizar o tipo da fonte, devemos selecionar todo o texto e escolher a fonte de nossa preferência (aqui escolhemos a fonte Monotype Corsiva).

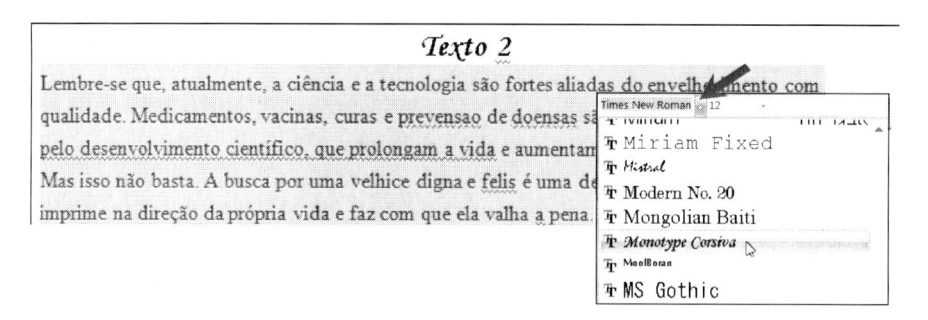

Com essa alteração seu texto ficará parecido com o da ilustração abaixo.

> ## Texto 2
>
> Lembre-se que, atualmente, a ciência e a tecnologia são fortes aliadas do envelhecimento com qualidade. Medicamentos, vacinas, curas e prevensao de doensas são alguns benefícios proporcionado pelo desenvolvimento científico, que prolongam a vida e aumentam o bem estar do indivíduo.
>
> Mas isso não basta. A busca por uma velhice digna e felis é uma decisão, é o diferencial que cada um imprime na direção da própria vida e faz com que ela valha a pena.

Observe que agora o texto ficou com uma letra muito pequena.

❖ Aumentar o tamanho da letra.

Para aumentar o tamanho da fonte, selecione todo o texto (com exceção do título) e, na **Faixa de Opções** da guia **Início**, clique na setinha ao lado do botão ⌐ 12 ▾ e escolha o tamanho da fonte desejado (escolhemos o tamanho 14).

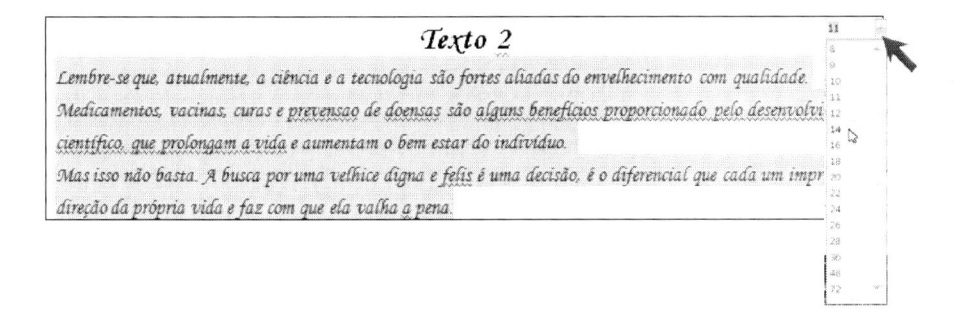

Seu texto ficará parecido com o da ilustração a seguir:

> ## Texto 2
>
> Lembre-se que, atualmente, a ciência e a tecnologia são fortes aliadas do envelhecimento com qualidade. Medicamentos, vacinas, curas e prevensao de doensas são alguns benefícios proporcionado pelo desenvolvimento científico, que prolongam a vida e aumentam o bem estar do indivíduo.
>
> Mas isso não basta. A busca por uma velhice digna e felis é uma decisão, é o diferencial que cada um imprime na direção da própria vida e faz com que ela valha a pena.

Apesar de todas as alterações feitas, o texto continua ainda um pouco estranho, pois os parágrafos estão alinhados à esquerda.

❖ Alinhar os parágrafos

Para deixar os parágrafos com o mesmo alinhamento, deixe o cursor em qualquer lugar do parágrafo e, em seguida, escolha o alinhamento de sua preferência na **Faixa de Opções** da guia **Início**.

Aqui vamos escolher o alinhamento **Justificar**.

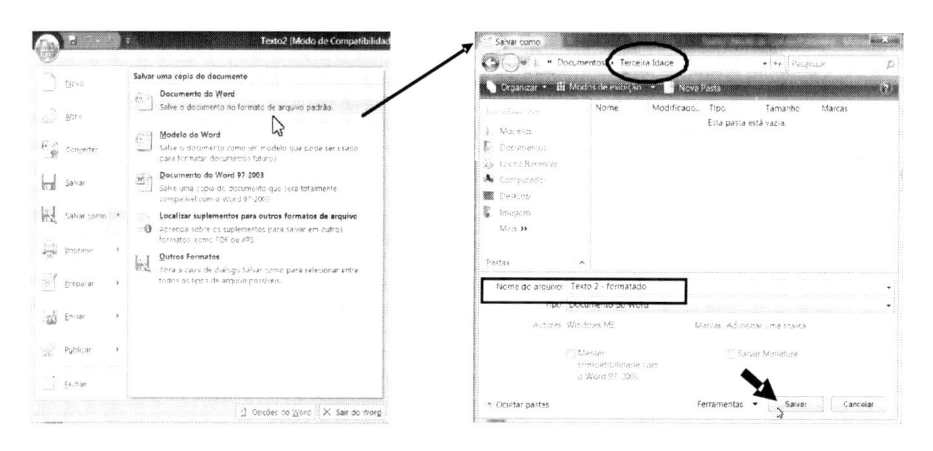

Seu texto ficará parecido com o da ilustração a seguir.

Texto 2

Lembre-se que, atualmente, a ciência e a tecnologia são fortes aliadas do envelhecimento com qualidade. Medicamentos, vacinas, curas e prevensao de doensas são alguns benefícios proporcionado pelo desenvolvimento científico, que prolongam a vida e aumentam o bem estar do indivíduo.

Mas isso não basta. A busca por uma velhice digna e felis é uma decisão, é o diferencial que cada um imprime na direção da própria vida e faz com que ela valha a pena.

❖ **Aumentar ou diminuir o espaçamento entre as linhas.**

O *Word* nos permite também escolher o espaçamento que queremos entre uma linha e outra. Para fazer isso, selecione o texto e clique no botão . No *menu* que se abre, podemos escolher um dos espaçamentos sugeridos, clicando sobre um dos números apresentados. No momento, vamos escolher o espaçamento 1,5.

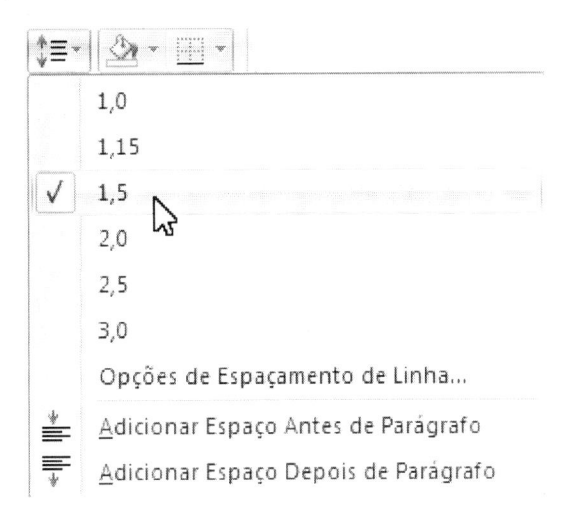

Pronto, seu texto agora deve estar com a seguinte forma:

Texto 2

Lembre-se que, atualmente, a ciência e a tecnologia são fortes aliadas do envelhecimento com qualidade. Medicamentos, vacinas, curas e prevensao de doensas são alguns benefícios proporcionado pelo desenvolvimento científico, que prolongam a vida e aumentam o bem estar do indivíduo.

Mas isso não basta. A busca por uma velhice digna e felis é uma decisão, é o diferencial que cada um imprime na direção da própria vida e faz com que ela valha a pena.

❖ **Aumentar ou diminuir o espaçamento entre parágrafos.**

Observe que entre os dois parágrafos do texto, existe um espaço muito grande. O espaçamento entre parágrafos determina a quantidade de espaço acima ou abaixo de um parágrafo. O *Word* **2007** já vem pré-configurado com um espaçamento, depois de um parágrafo, no valor de 10 pt. Para que o texto fique esteticamente melhor, vamos diminuir o espaço entre os dois parágrafos.

Para alterar o **espaçamento antes** ou **depois de um parágrafo**, faça o seguinte:

1) Selecione os parágrafos nos quais você deseja alterar o espaçamento.

2) Na aba **Início**, no grupo **Parágrafo**, clique no local conforme mostra a seta vermelha na figura abaixo.

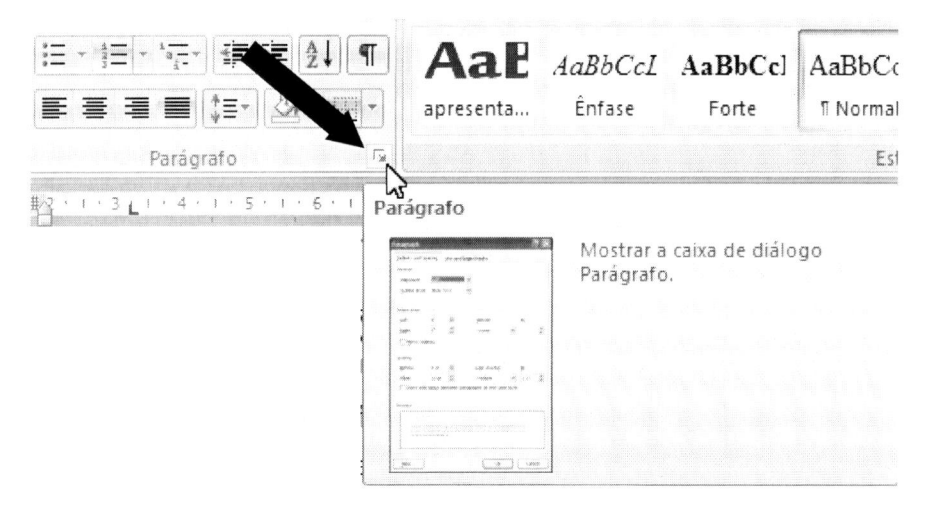

3) Na janela que se abre, em **Espaçamento**, podemos definir o espaçamento entre um parágrafo e outro, inserindo o valor desejado na caixa **Antes** ou **Depois**. Vamos alterar o valor na caixa **Depois** para 0, assim não ficará espaço algum entre os parágrafos.

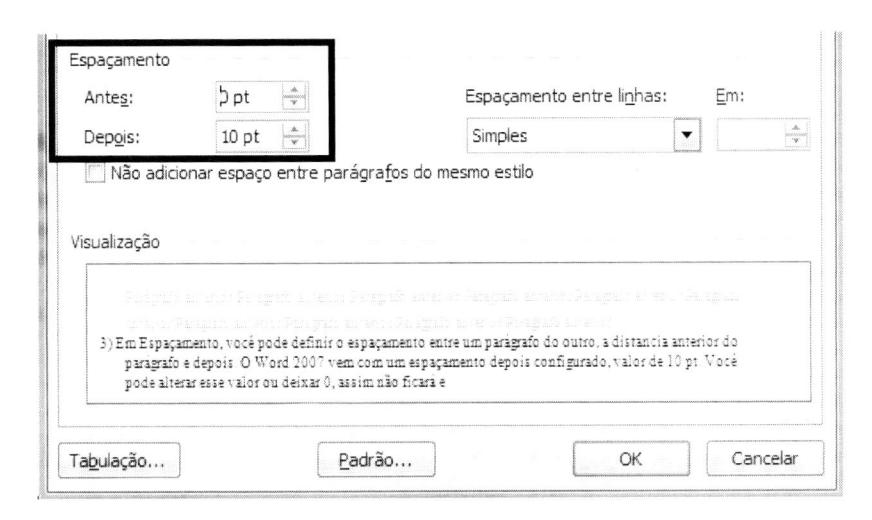

Resta agora corrigir os erros gramaticais e ortográficos do texto.

❖ Correção dos erros gramaticais e ortográficos do texto.

Observe que quando escrevemos um texto, aparece um **grifo vermelho** embaixo da palavra não reconhecida pelo dicionário do *Word* **2007**. Isso significa que a palavra pode ter sido digitada errada, ou que é uma palavra estrangeira ou simplesmente que a palavra não faz parte do dicionário do *Word*. Além disso, aparece um **grifo verde** embaixo de uma frase que o *Word* considera estar mal colocada. Nesses casos, é necessário fazermos uma correção dos erros gramaticais e ortográficos do texto.

Podemos fazer isso clicando, com o botão direito do mouse, sobre a palavra com possível erro de ortografia (*sublinhada em vermelho*) ou sobre um trecho do texto com possíveis erros gramaticais (*sublinhado em verde*). No *menu* que se abre, você pode **aceitar** a sugestão dada pelo *Word*, **ignorar** ou **adicionar** a palavra ao dicionário.

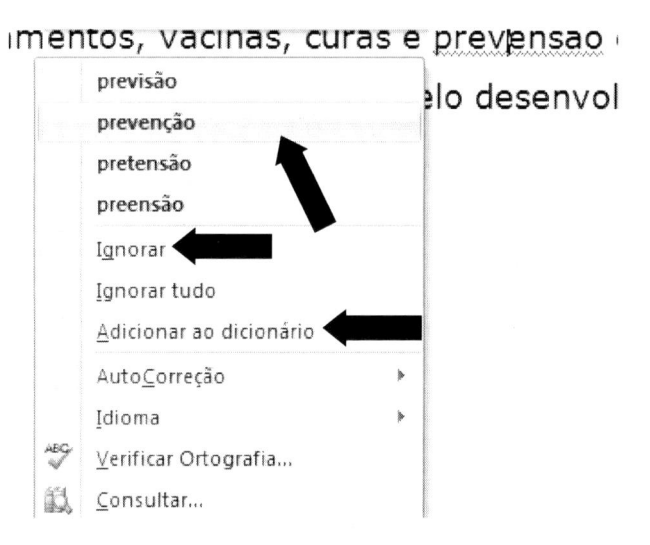

Observe que nem sempre a palavra que está sublinhada de vermelho está incorreta. No caso da ilustração abaixo, o *Word* sublinhou o nome próprio "Laurice", pois ele não reconheceu a palavra, ou seja, este nome não consta do seu dicionário. Se quiser adicionar essa palavra ao dicionário do *Word*, basta clicar, com o botão direito do mouse, sobre a palavra e, no *menu* que se abre, clicar sobre a opção "**Adicionar ao Dicionário**".

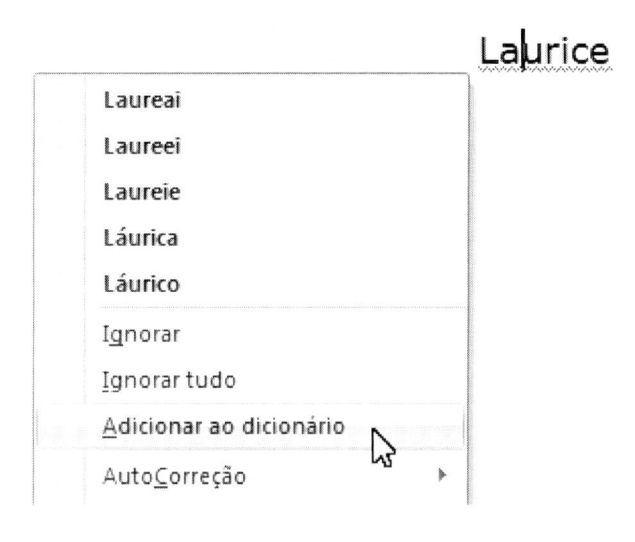

<u>Só adicione uma palavra se tiver a certeza de que ela está correta</u>.

 Para fazer a correção dos erros gramaticais e ortográficos do texto você também pode clicar na guia **<u>Revisão</u>** e, em seguida, no botão **<u>Ortografia e Gramática</u>** da **<u>Faixa de Opções</u>**. Na janela que se abre, poderá fazer todas as correções necessárias.

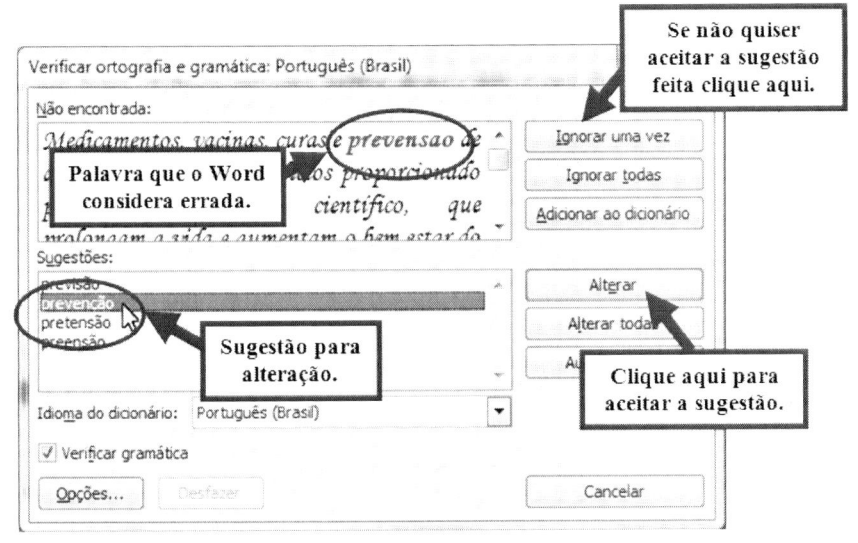

Depois de feitas todas as correções, o texto vai ficar parecido com o ilustrado a seguir.

Texto 2

Lembre-se que, atualmente, a ciência e a tecnologia são fortes aliadas do envelhecimento com qualidade. Medicamentos, vacinas, curas e prevenção de doenças são alguns benefícios proporcionados pelo desenvolvimento científico, que prolongam a vida e aumentam o bem estar do indivíduo.

Mas isso não basta. A busca por uma velhice digna e feliz é uma decisão, é o diferencial que cada um imprime na direção da própria vida e faz com que ela valha a pena.

❖ Só resta agora deixar um espaço, à esquerda, na primeira linha de cada um dos parágrafos. A maneira mais fácil de fazer isso é posicionar o cursor no início da primeira linha de cada parágrafo e pressionar a tecla Tab ⇥ , que fica no lado esquerdo e na parte de cima do seu teclado.

Pronto!!! Seu texto está completo.

Texto 2

Lembre-se que, atualmente, a ciência e a tecnologia são fortes aliadas do envelhecimento com qualidade. Medicamentos, vacinas, curas e prevenção de doenças são alguns benefícios proporcionados pelo desenvolvimento científico, que prolongam a vida e aumentam o bem estar do indivíduo.

Mas isso não basta. A busca por uma velhice digna e feliz é uma decisão, é o diferencial que cada um imprime na direção da própria vida e faz com que ela valha a pena.

Após terminar de formatar o texto, salve-o na pasta **Textos**, que você criou dentro da pasta **Documentos**, com o nome de **Texto 2 – formatado**. Para fazer isso, use o comando **Salvar como**, que se encontra no **Botão** *Office* .

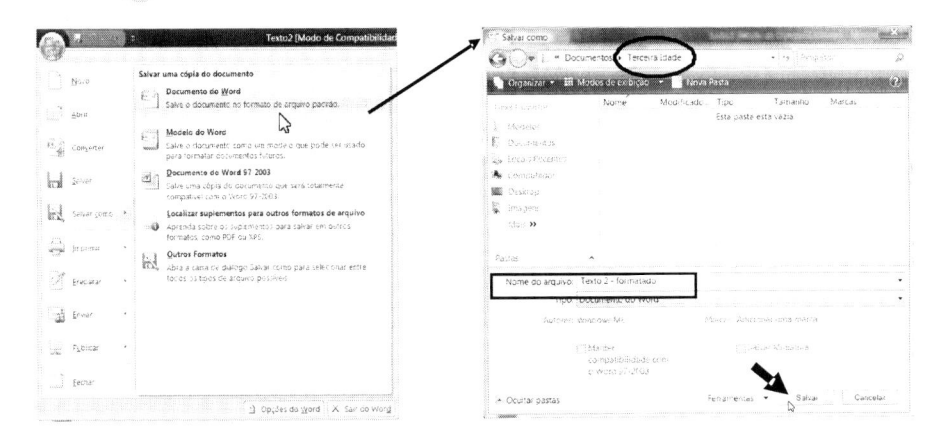

Agora já pode fechar o Programa *Word*.

Às vezes podemos cometer erros e, nesse caso, podemos usar o recurso **Desfazer** para voltar à ação efetuada pela última vez. Esse recurso pode ser executado através do ícone que se encontra na **Barra de Ferramentas de Acesso Rápido** (veja ilustração abaixo). Um exemplo para esse recurso é quando apagamos, sem querer, uma palavra, uma figura ou uma parte qualquer do texto. Para recuperarmos o que foi "perdido", basta clicar no ícone indicado, logo após termos apagado o que não queríamos.

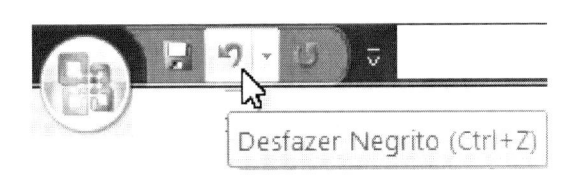

Exercício 2.2 – Trabalhando com formatação de textos

1) **Abra** o programa *Word* e inicie um novo documento em branco.

2) **Retire** o espaçamento entre parágrafos *(reveja o procedimento na página 116)*.

3) **Digite** a frase: **Idade Certa?**

4) **Selecione** a frase que você acabou de digitar.

5) **Mude a fonte** para **Comic Sans MS** e **aumente** o **tamanho da fonte para 20**.

6) Ainda com a frase selecionada, coloque o efeito **Negrito,** centralize a frase e escolha uma nova cor para ela.

7) **Crie** uma nova linha, escolha o alinhamento **Justificado**, o tipo da Fonte *Monotype Corsiva*, diminua o tamanho da fonte para 12 e digite o nome: **Noeliza Lima**.

8) **Selecione** o nome da autora, tire o **Negrito** e **escolha** a cor **Preta** para o nome.

9) Coloque o cursor antes da letra **N** de Noeliza, e pressione a barra de espaço do teclado, várias vezes, para "**empurrar**" o nome da autora para a direita, devendo ficar parecido com o que vemos na lustração abaixo.

Idade Certa?

Noeliza Lima

10) **Salve** o seu documento, na pasta **Arquivos do *Word*** *(pen drive)*, no modo **Documento do *Word* 97-2003**, com o nome: **Exercício 2.2**.

11) **Leve o cursor** até o final do nome da autora e, em seguida, **pressione duas vezes** a tecla **<ENTER>**, do seu teclado, para **criar** duas novas linhas embaixo do nome da autora.

12) Escolha o alinhamento **Centralizado**, o efeito *Itálico*, o tipo da fonte **Comic Sans MS** e digite o texto abaixo:

Existe somente uma idade para a gente ser feliz, somente uma época na vida de cada pessoa em que é possível sonhar, fazer planos e ter energia suficiente para realizá-los, a despeito de todas as dificuldades e obstáculos. Uma só idade para a gente se encantar com a vida, viver apaixonadamente e desfrutar tudo com toda intensidade, sem medo nem culpa de sentir prazer.

13) **Salve** novamente o seu documento no **Pen drive**.

14) **Feche** seu documento e também o programa *Word*.

15) **Abra** a pasta **Arquivos do Word** (que está no *pen drive*) e **renomeie** o arquivo dando-lhe o nome de **Idade Certa – formatado**.

16) Agora **copie** o arquivo **Idade Certa – formatado** do *pen drive* e **cole--o** na pasta **Textos (Documentos)** do seu computador.

17) **Feche** todas as janelas abertas.

18) **Retire** seu *pen drive* utilizando o procedimento correto para isso.

19) Se não for mais utilizar o computador, desligue-o, utilizando o procedimento correto para isso.

Exercício 2.3 – Formatação de texto

1) **Abra** o programa *Word* (se ele ainda não estiver aberto).

2) **Retire** o espaçamento entre parágrafos *(reveja o procedimento na página 116)*.

3) **Digite** o texto abaixo, sem se preocupar com a formatação:

Araraquara (SP), 10 de Outubro de 2010.

Ilma Sr.ª Fulana de Tal

Conforme combinado através de contato telefônico, estamos encaminhando o orçamento solicitado por Vossa Senhoria:

Crisântemo: R$ 5,00 (unidade)

Gérbera: R$ 7,00 (unidade)

Cacto: R$ 10,00 (caixa)

Romã: R$ 8,00 (unidade)

Gerânio: R$ 10,00 (caixa)

Estes preços são referentes a pagamento a vista, porém, as compras acima de R$ 200,00 terão um desconto de 5% e poderão ser pagas até o 4º dia útil do mês subseqüente à compra.

Qualquer dúvida entre em contato pelo fone (19) 5678-1234 ou pelo e-mail flores_cores@jardinagem.com.br. Teremos imenso prazer em atendê-la.

Atenciosamente,

Floricultura Flores & Cores Ltda.

---

4) Agora **formate** o texto digitado, seguindo as instruções abaixo:

a) Fontes: Plantas e Preço das plantas: Comic Sans MS, *tamanho* 10; Nome da Empresa: Century Gothic, *tamanho* 12, *itálico*. O que sobrou: Times New Roman, *tamanho* 12.

b) Alinhamentos: Local e data, e nome da empresa alinhados à direita; demais textos: justificado

c) Espaçamento entre linhas: 1,15 para o texto todo, com exceção para o nome das plantas que deve ter espaçamento 1,0.

d) Coloque recuo nos parágrafos.

e) Mude a cor das flores e do nome da floricultura, conforme sugestão a seguir.

Seu texto deve ficar parecido com o da ilustração abaixo.

Araraquara (SP), 10 de Outubro de 2008.

Ilma Sr.ª Fulana de Tal

    Conforme combinado através de contato telefônico, estamos encaminhando o orçamento solicitado por Vossa Senhoria:

Crisântemo: R$ 5,00 (unidade)
Gérbera: R$ 7,00 (unidade)
Cacto: R$ 10,00 (caixa)
Romã: R$ 8,00 (unidade)
Gerânio: R$ 10,00 (caixa)

    Estes preços são referentes a pagamento a vista, porém, as compras acima de R$ 200,00 terão um desconto de 5% e poderão ser pagas até o 4° dia útil do mês subseqüente à compra.

    Qualquer dúvida entre em contato pelo fone (19) 5674-1308 ou pelo e-mail flores_frutas@jardinagem.com.br. Teremos imenso prazer em atendê-los.

Atenciosamente,

Floricultura Flores e Cores Ltda.

---

6) Após digitar e formatar o seu texto **salve-o** também na pasta **Documentos** do seu computador, dentro da pasta **Textos**, com o nome **Orçamento**.

7) **Salve** o seu texto (no *pen drive*) na pasta **Arquivos do *Word***, como um documento do *Word* **97-2003**, com o mesmo nome.

Exercício 2.4 – Formatação de texto

1) **Observe** que o documento anterior (Orçamento) continua aberto.

2) **Abra** um novo documento *Word*, seguindo os seguintes comandos: Botão *Office* → Novo → Criar.

3) **Retire** o espaçamento entre parágrafos *(veja o procedimento na página 116)*.

4) **Reproduza** a **Planilha de Gastos** abaixo, sem se preocupar com a formatação. Utilize a tecla [Tab ⇥], do seu teclado, para fazer os espaços entre os itens e seus respectivos preços. Isso facilitará o alinhamento.

Planilha de Gastos

Alimentação

Alimentos não perecíveis	R$ 80,00
Verduras e frutas	R$ 100,00
Carnes	R$ 115,00
Laticínios	R$ 75,00
Padaria	R$ 38,00
Subtotal	R$ 408,00

Produtos de Limpeza

Higiene pessoal	R$ 30,00
Casa	R$ 80,00
Subtotal	R$ 110,00

Combustível	R$ 250,00
Telefone	R$ 60,00
Água	R$ 46,00
Energia elétrica	R$ 132,00
Plano de saúde	R$ 350,00
Total	R$1.356,00

---

5) **Formate** agora a planilha digitada, seguindo as orientações:
   Título (*Planilha de Gastos*): *fonte* Verdana, *tamanho* 16, negrito, sublinhado, centralizado e cor azul.

Escolha as cores, para a formatação do texto, de acordo com sua preferência, as demais formatações estão especificadas entre parênteses na planilha descrita a seguir.

Planilha de Gastos

Alimentação   (Monotype corsiva, 16, negrito)

Alimentos não perecíveis	R$ 80,00	(Comic Sans MS, 12)
Verduras e frutas	R$ 100,00	
Carnes	R$ 115,00	
Laticínios	R$ 75,00	
Padaria	R$ 38,00	
Sub-total	R$ 408,00	(Times New Roman,14)

Produtos de Limpeza   (Calibri (Corpo), 16, negrito, itálico)

Higiene pessoal	R$ 30,00	(Arial, 12)
Casa	R$ 80,00	
Sub-total	R$ 110,00	(Times New Roman,14)

Combustível	R$ 250,00	(Century Gothic, 12)
Telefone	R$ 60,00	
Água	R$ 46,00	
Energia elétrica	R$ 132,00	
Plano de saúde	R$ 350,00	

Total   R$1.356,00   (Tempus Sans ITC,16)

6) **Salve o seu texto** na pasta **Arquivos do *Word*** (*pen drive)* com o nome **Planilha de Gastos** e como um **documento do *Word* 97-2003**.

7) **Feche** todos os documentos do *Word* que estão abertos.

8) **Copie** o arquivo **Planilha de Gastos** do seu *pen drive* e **cole-o** na pasta **Textos (Documentos)**.

9) **Execute** o procedimento para **retirar** o *pen drive* do computador.

10) Se não for mais utilizar o computador, **desligue-o**, utilizando o procedimento correto para isso.

Trabalhando com imagens

Inserir uma Imagem

Podemos facilmente inserir imagens (fotos, desenhos, etc.) em um documento do *Word*, para torná-lo mais bonito, utilizando as imagens que estão gravadas em nosso computador ou alguma outra que tenhamos encontrado na Internet, por exemplo. Vejamos passo-a-passo como se faz isso!

Passo 1: Estando com um documento do *Word* aberto, dê um clique no lugar onde você quer inserir a imagem.

Passo 2: Execute o comando:

Inserir → Imagem

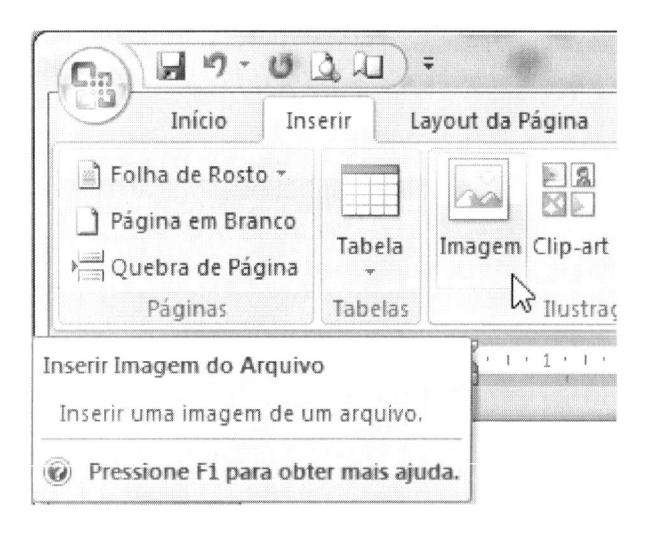

Passo 3: Na janela que se abre (geralmente a pasta **Imagens/Amostras de Imagens**), escolha a imagem de sua preferência (ou procure uma imagem em outra pasta) e, depois de selecioná-la, clique sobre o botão **Inserir** (ou pressione a tecla <**ENTER**> do seu teclado).

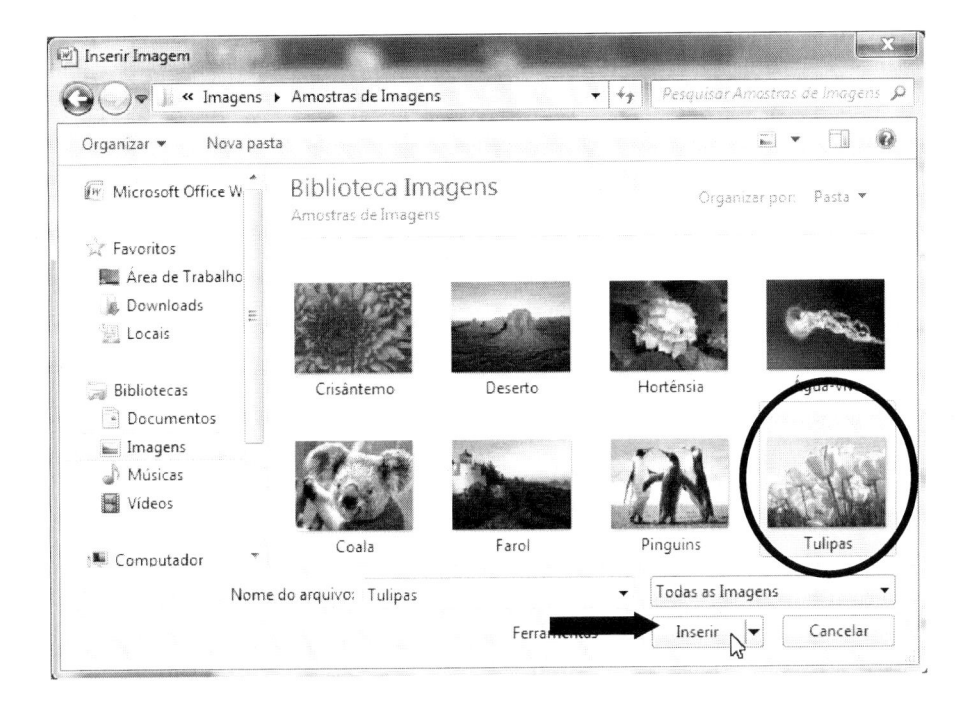

Inserir um Clip-art

Outra opção para inserir objetos em um documento do **Word**, é usar figuras do **Clip-art**, que é um conjunto de imagens que vem junto com o pacote do **Office**. Quando esse comando é ativado, aparece uma galeria de figuras onde o usuário escolhe a imagem de **Clip-art** que deseja colocar no seu arquivo. Vejamos passo-a-passo como se faz isso!

Passo 1: Clique em um lugar qualquer do documento onde deseja inserir a imagem.

Passo 2: Execute o comando:

Inserir → *Clip-art*

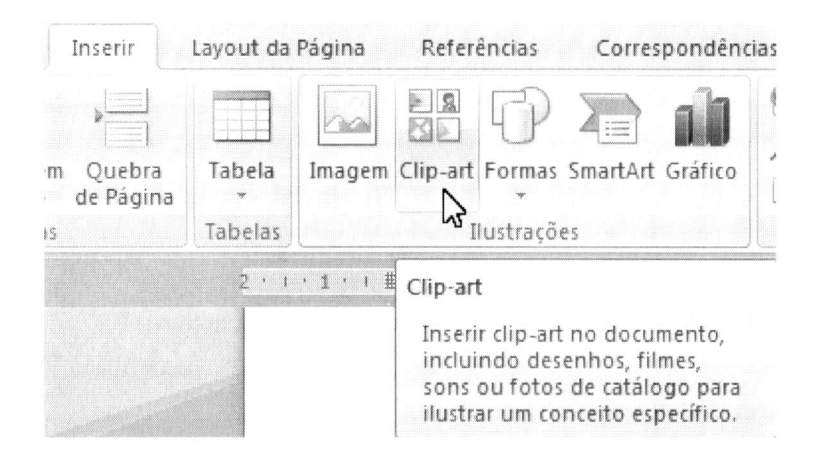

Passo 3: No painel de tarefas ***Clip-art***, que aparece (geralmente do lado direito da janela do programa), existe uma área para pesquisar ***Clip-arts***. Escreva a palavra **flor**, por exemplo, em seguida clique no botão [Ir]. O resultado aparecerá com as opções de figuras relacionadas com a palavra escolhida para a pesquisa.

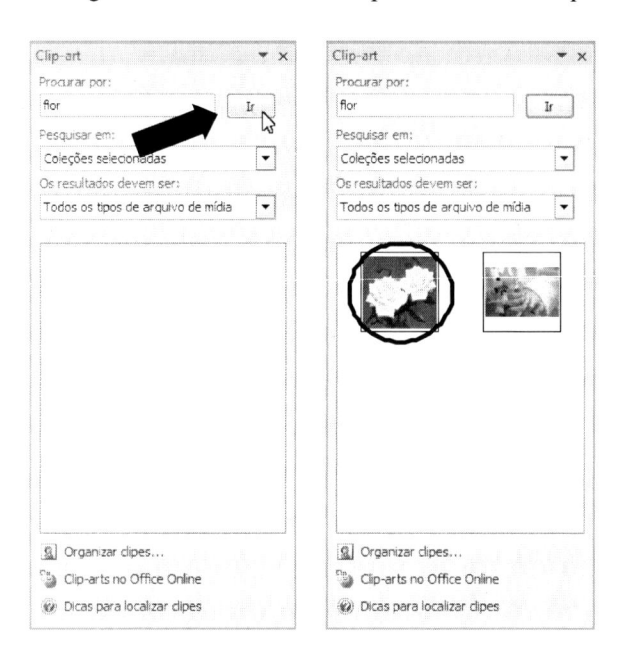

Passo 4: Escolha uma figura de ***Clip-art*** e, em seguida, dê um clique sobre ela. Com isso, a figura será inserida no seu documento.

Formatar uma imagem

Por padrão, a imagem ocupa o lugar de uma ou várias linhas de texto. Para obter resultados mais interessantes, podemos forçar o texto a contornar, sobrepor ou se posicionar embaixo da figura. Além disso, podemos aumentar ou diminuir o tamanho da figura, de acordo com a necessidade.

Vamos então "brincar" um pouco com uma figura inserida no texto...

Redimensionar uma figura manualmente

Para aumentar ou diminuir o tamanho de uma figura, manualmente, faça o seguinte:

Passo 1: Clique sobre a figura para que apareçam os pontos de definição de tamanho nas bordas.

Passo 2: Posicione o ponteiro do mouse sobre um desses pontos, até aparecer uma seta com duas pontas (para manter a proporção da figura, posicione o ponteiro em um dos cantos).

Passo 3: Pressione o botão esquerdo do mouse e arraste-o, para fora da figura, para aumentar o seu tamanho, ou arraste o mouse para dentro da figura, para diminuir o tamanho da mesma (veja ilustração a seguir).

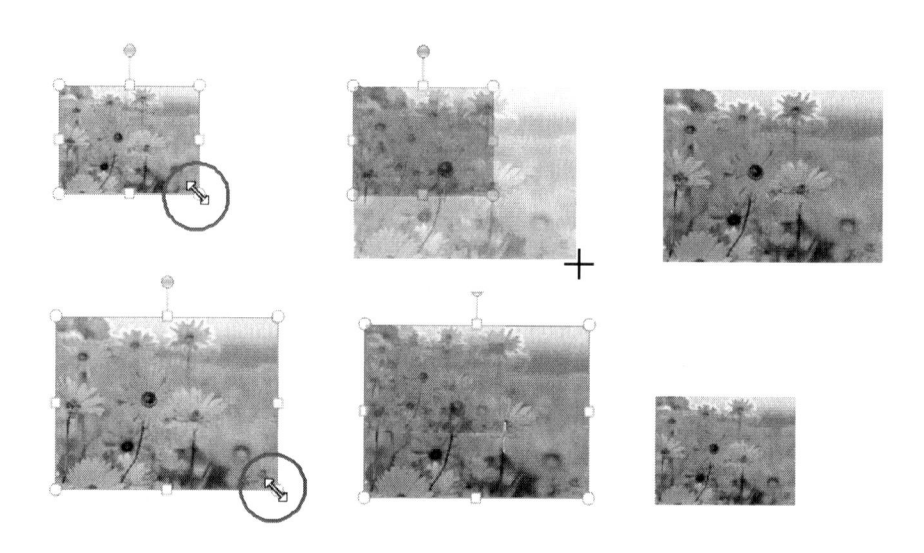

 Para manter o centro de um objeto no mesmo lugar, pressione e mantenha pressionada a tecla <**CTRL**> enquanto arrasta a alça de dimensionamento.

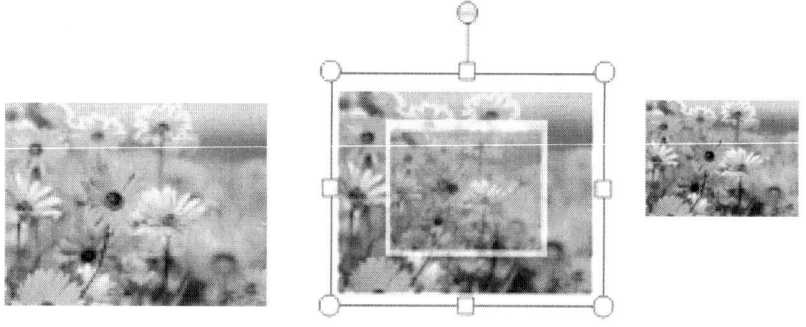

Redimensionar uma figura com uma altura ou largura exata

Outra maneira de aumentar ou diminuir o tamanho de uma figura é o seguinte:

Passo 1: Clique sobre a figura que deseja redimensionar.

Passo 2: Em **Ferramentas de Imagem**, clique na guia **Formatar** e insira as medidas desejadas nas caixas **Altura** e **Largura**, pressionando em seguida a tecla <**ENTER**> do seu teclado.

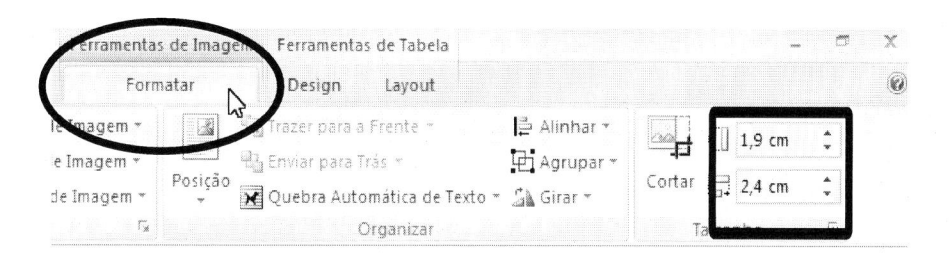

Ou clique em uma das setinhas que aparecem nas caixas **Altura** e **Largura** para aumentar ou diminuir o tamanho da figura.

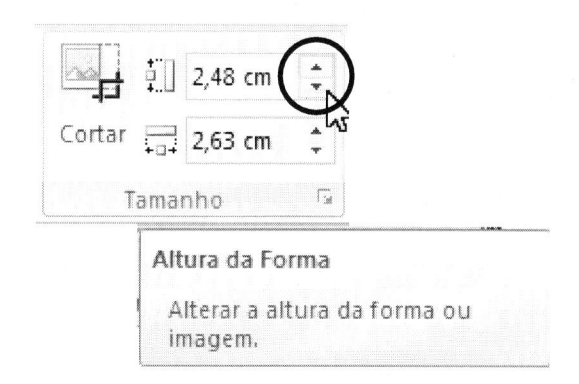

Mover uma figura

Para mover uma figura é só clicar sobre ela e arrastá-la para qualquer parte do texto. Para ficar mais fácil a movimentação dentro do texto clique sobre a imagem, para que seja ativada a ferramenta contextual **Ferramentas de Imagem**, e execute o seguinte procedimento:

Na guia **Formatar**, no grupo **Organizar**, clique sobre a opção **Posição** e escolha uma das opções *(com exceção da primeira)*. Desse modo a imagem vai para onde você a arrastar dentro do texto (veja ilustração a seguir).

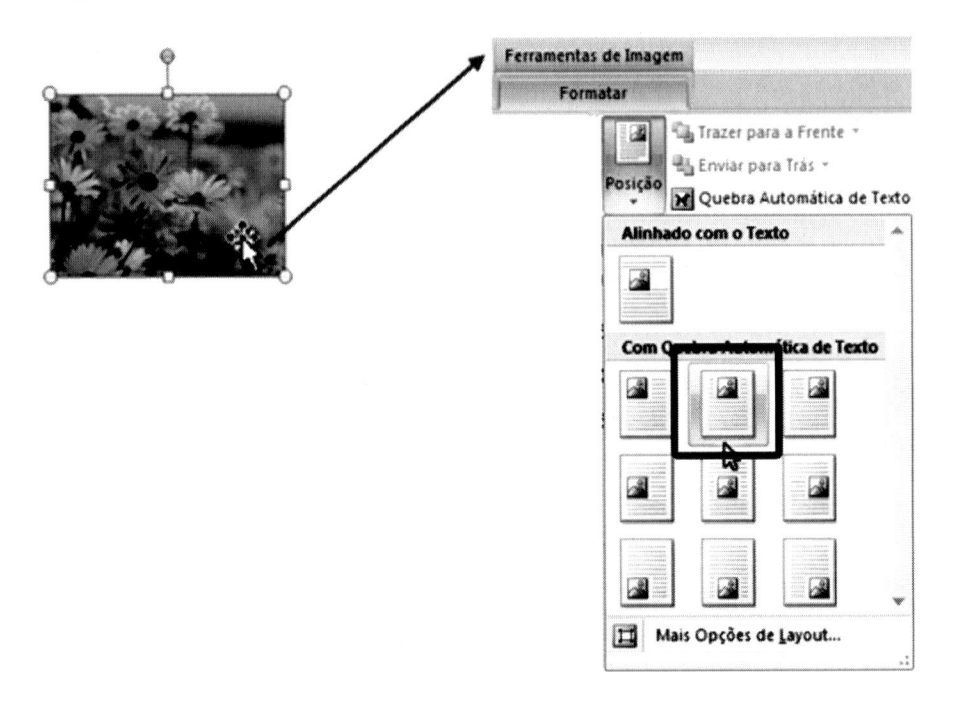

Exercício 2.5 – Inserindo uma imagem no texto

1) **Abra** o arquivo **Idade Certa - formatado** que está na pasta **Textos** (**Documentos**) do seu computador.

2) **Dê um clique** no final da última linha do texto digitado e **pressione** a tecla **<Enter>** do seu teclado (*para criar uma nova linha*).

3) Agora **digite** o texto a seguir:

Fase dourada em que a gente pode criar e recriar a vida à nossa própria imagem e semelhança, vestir-se com todas as cores, experimentar todos os sabores e entregar-se a todos os amores, sem preconceito nem pudor. Tempo de entusiasmo e coragem em que todo desafio é mais um convite à luta, que a gente enfrenta com toda disposição, de tentar algo novo, de novo e de novo, e quantas vezes for preciso. Essa época tão fugaz na vida da gente chama-se **PRESENTE** *e tem a duração do instante que passa...*

4) **Pressione** a tecla **<Enter>** do seu teclado duas vezes *(para criar duas novas linhas)*.

5) Execute o comando

Inserir → ***Clip-art***

Na caixa "**Procurar por...**", da janela que se abre, **digite** uma palavra representativa da imagem desejada. Por exemplo, "**flor**" e **clique** em

Ir .

6) **Escolha** uma imagem e **dê um clique** sobre ela.

7) **Diminua** (ou **aumente**) o tamanho da imagem para que ela fique, mais ou menos, com **4,5 cm de altura**.

8) Se a imagem não estiver centralizada, **centralize-a.**

9) Seu texto deve ficar parecido com o da ilustração abaixo.

Idade Certa?

Noeliza Lima

Existe somente uma idade para a gente ser feliz, somente uma época na vida de cada pessoa em que é possível sonhar, fazer planos e ter energia suficiente para realizá-los, a despeito de todas as dificuldades e obstáculos. Uma só idade para a gente se encantar com a vida, viver apaixonadamente e desfrutar tudo com toda intensidade, sem medo nem culpa de sentir prazer.
Fase dourada em que a gente pode criar e recriar a vida à nossa própria imagem e semelhança, vestir-se com todas as cores, experimentar todos os sabores e entregar-se a todos os amores, sem preconceito nem pudor. Tempo de entusiasmo e coragem em que todo desafio é mais um convite à luta, que a gente enfrenta com toda disposição, de tentar algo novo, de novo e de novo, e quantas vezes for preciso. Essa época tão fugaz na vida da gente chama-se PRESENTE e tem a duração do instante que passa...

10) **Salve** o seu documento com o mesmo nome e no mesmo local em que se encontra *(clique no Botão Office e, em seguida, em Salvar)* e feche o *Word*.

Exercícios 2.6

Exercício 1

1) **Coloque** o *pen drive* na entrada USB do seu computador (se ele ainda não estiver lá)

2) **Abra** o *Word* e digite o texto abaixo, não esquecendo de pressionar a tecla **<Enter>** para iniciar cada novo parágrafo.

Eu acredito...

"Acredito que a imaginação pode mais que o conhecimento.

Que o mito pode mais que a história.

Que os sonhos podem mais que a realidade.

Que a esperança vence sempre a experiência.

Que só o riso cura a tristeza.

E acredito que o amor pode mais que a morte."

Robert Fulghum

3) **Salve** o seu documento dentro da pasta **Arquivos do Word**, do seu *pen drive*, com o nome **Exercício1**

4) **Feche** o *Word*.

5) **Copie** o arquivo **Exercício1** que está na pasta **Arquivos do Word**, do seu *pendrive*, e cole-o na pasta **Textos** *(que se encontra na pasta Documentos do seu computador)*

Exercício 2

1) **Abra** o arquivo **Exercício1** que você colou na pasta **Textos** que se encontra na pasta **Documentos** (*para isso vá até onde está o arquivo e dê dois cliques sobre ele*).

2) Com o documento aberto, **Selecione** a frase **Eu acredito...** e, em seguida, escolha a **Fonte** (Verdana), o **Tamanho** da fonte (16), o efeito **Negrito**, o **alinhamento** Centralizado e a **Cor verde**.

3) Leve o cursor até o final deste parágrafo e **Adicione** uma nova linha ao seu documento.

4) **Selecione** os parágrafos seguintes (*com exceção do parágrafo com o nome do autor*) e, em seguida, escolha a **Fonte** (Verdana), o **Tamanho** da fonte (12), o **alinhamento** Centralizado e a **Cor** preta.

5) **Selecione** o nome do autor e, em seguida, escolha a **Fonte** Monotype Corsiva, o **Tamanho** da fonte (12), e a **Cor** Vermelho Escuro.

6) Leve o cursor até o início do parágrafo (com o nome do autor) e "**empurre**" o nome do autor (*com a barra de espaços do seu teclado*) de maneira que fique com um aspecto parecido com o da ilustração abaixo.

Eu acredito...

"Acredito que a imaginação pode mais que o conhecimento.
Que o mito pode mais que a história.
Que os sonhos podem mais que a realidade.
Que a esperança vence sempre a experiência.
Que só o riso cura a tristeza.
E acredito que o amor pode mais que a morte".

Robert Fulghum

7) **Salve** o seu documento dentro da pasta **Textos** (*que se encontra na pasta Documentos*) com o nome **Exercício4**.

8) **Feche** todas as janelas abertas até aqui.

Exercício 3

1) **Abra** o *Word.*

2) Escolha a **Fonte** (Arial), o **Tamanho** da letra (16), o efeito **Negrito** e a **Cor** Azul.

3) **Centralize** o cursor e digite o título a seguir:

Marido Valente

4) **Adicione** duas linhas ao seu documento, pressionando duas vezes a tecla <ENTER> do seu teclado.

5) Escolha o **Alinhamento** justificado, o **Tamanho** da letra (14), escolha outra cor e digite o texto a seguir:

Era um marido valente: quando a esposa mandou que ele fosse vestir o avental de listras vermelhas para lavar a louça, rebelou--se, brigou, discutiu, disse que não e, para demonstrar de uma vez por todas a sua autoridade, foi lavar a louça com o avental de bolinhas verdes.

6) Leve o cursor até o início do parágrafo digitado e pressione uma ou duas vezes a tecla <Tab> para deslocar a margem para direita.

7) **Salve** o seu documento dentro da pasta **Textos** (*que se encontra na pasta Documentos*) com o nome **Exercício3**.

8) **Feche** todas as janelas abertas até aqui.

Exercício 4

1) **Abra** o *Word* e digite o texto abaixo sem se preocupar com a formatação.

O Idoso e a Informática

Aline Pedrosa (Psicóloga)

A informática, como sabemos, tem se mostrado como uma ferramenta geradora de descobertas, possibilitando formas de atualizações, e novos modelos de organização da vida, bem como a otimização do tempo de consumo para a realização de trabalhos.

Há quem diga que a informática ou as novas tecnologias, não combinam com a terceira idade. Contudo, dados de vários estudos apontam o contrário afirmando que assim como todos buscam atualizações sobre as novidades tecnológicas que surgem no mercado, o idoso caminha na mesma direção. Este novo instrumento gera novas maneiras de relações sociais e familiares, bem como novas formas de aprendizagem que atingem todas as idades, rompendo a ideia de que "o velho não aprende".

2) No texto digitado aplique a seguinte formatação:

No **título**:

    Fonte: Verdana;   **Tamanho: 18;**   **Estilo (efeito): Negrito;**

    Cor: Azul;   **Alinhamento:** Centralizado.

No **nome da autora**:

    Fonte: Monotype Corsiva;   **Tamanho:** 16;   **Cor:** Preto

    Alinhamento: ver a ilustração a seguir.

O Idoso e a Informática

Aline Pedrosa (Psicóloga)

Na **profissão da autora** (*Psicóloga*):

    Fonte: Arial; **Tamanho:** 12; **Cor:** Preto;   **Estilo (efeito):** Negrito.

No **primeiro parágrafo** (*A informática, como...*):

    Fonte: Verdana;   **Tamanho:** 14;   **Cor:** Preto;

    Alinhamento: Justificado.

No **segundo parágrafo** (*Há quem diga que...*):

    Fonte: Comic Sans MS;   **Tamanho:** 12; **Cor:** Preto;

    Alinhamento: Justificado.

3) **Salve** o seu documento com o nome **Exercício4**, dentro da pasta **Arquivos do *Word*** que você criou no seu ***pen drive***.

4) **Feche** todas as janelas abertas até aqui.

Exercício 5

Abra o arquivo **Exercício4** que você salvou na pasta **Arquivos do Word** do seu *pen drive* (*para isso vá até onde está o arquivo e dê dois cliques sobre ele*).

Insira uma figura clip-art, no lado direito do primeiro parágrafo do seu texto. Formate a figura de maneira a ela ficar da altura do parágrafo digitado (*ver ilustração abaixo*).

A informática, como sabemos, tem se mostrado como uma ferramenta geradora de descobertas, possibilitando formas de atualizações, e novos modelos de organização da vida, bem como a otimização do tempo de consumo para a realização de trabalhos.

Insira outra figura *clip-art* no lado esquerdo do segundo parágrafo do seu texto. Formate a figura de maneira a ela ficar (mais ou menos) da altura do parágrafo digitado (*ver ilustração abaixo*).

Há quem diga que a informática ou as novas tecnologias, não combinam com a terceira idade. Contudo, dados de vários estudos apontam o contrário afirmando que assim como todos buscam atualizações sobre as novidades tecnológicas que surgem no mercado, o idoso caminha na mesma direção. Este novo instrumento gera novas maneiras de relações sociais e familiares, bem como novas formas de aprendizagem que atingem todas as idades, rompendo a idéia de que "*o velho não aprende*".

Depois de todos esses passos, seu texto deve ficar parecido (***não igualzinho***) com o da ilustração a seguir.

O Idoso e a Informática

Aline Pedrosa (Psicóloga)

A informática, como sabemos, tem se mostrado como uma ferramenta geradora de descobertas, possibilitando formas de atualizações, e novos modelos de organização da vida, bem como a otimização do tempo de consumo para a realização de trabalhos.

Há quem diga que a informática ou as novas tecnologias, não combinam com a terceira idade. Contudo, dados de vários estudos apontam o contrário afirmando que assim como todos buscam atualizações sobre as novidades tecnológicas que surgem no mercado, o idoso caminha na mesma direção. Este novo instrumento gera novas maneiras de relações sociais e familiares, bem como novas formas de aprendizagem que atingem todas as idades, rompendo a idéia de que "*o velho não aprende*".

SE VOCÊ CHEGOU ATÉ AQUI...PARABÉNS!!!! SALVE NOVAMENTE O SEU DOCUMENTO E FECHE TODAS AS JANELAS.

Salve o arquivo com o nome **Exercício5** na pasta **Arquivos do Word** do seu *pen drive*.

Tabelas

Criar tabela

Tabelas são linhas de células (*caixas que preenchemos com textos ou elementos gráficos*) organizadas em colunas.

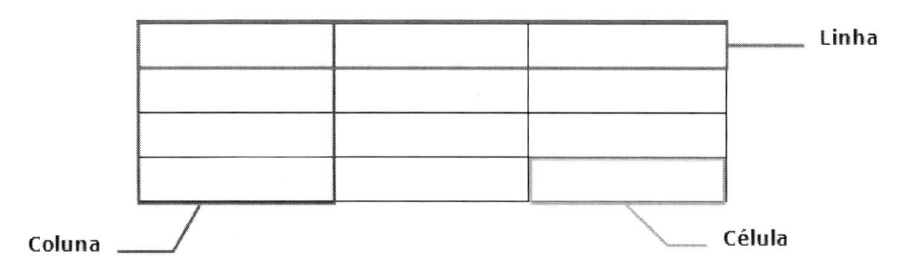

Construir uma tabela no ***Word* 2007** é bastante simples. Para isso, acompanhe o procedimento descrito a seguir:

Passo 1: Posicione o cursor em uma área sem texto, onde você deseja criar a tabela.

Passo 2: Execute o comando: **Inserir** → **Tabela**

Passo 3: Será mostrada uma lista de opções relacionadas com a criação de uma tabela (veja ilustração abaixo).

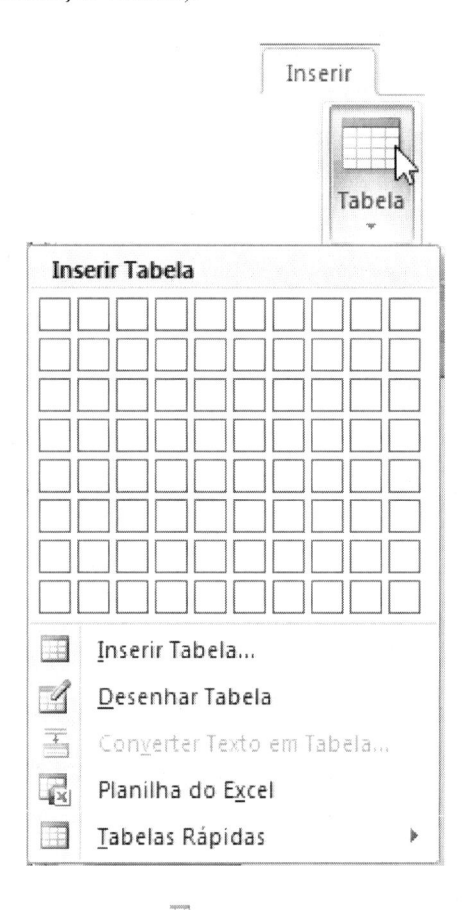

Passo 4: Logo abaixo do botão ▦ aparecerá uma Grade, onde cada quadradinho representa uma célula. Deslize o *mouse* até o primeiro quadradinho. Observe que ele ficará com outra cor. A partir daí, deslize o mouse para a direita e para baixo, a fim de escolher o número de linhas e colunas para a sua tabela. Uma vez escolhido o tamanho da tabela, dê um clique. Pronto, a tabela foi criada exatamente com o número de linhas e colunas que você marcou na

grade. Por exemplo, na figura abaixo vemos ilustração de como inserir uma tabela com duas linhas e quatro colunas e, em seguida, a tabela inserida.

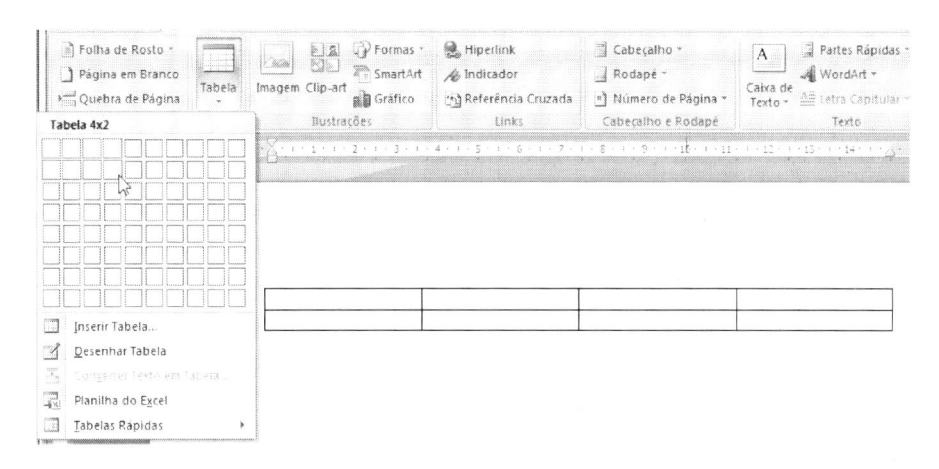

Observe que à medida que se cria a tabela, o **Word 2007** imediatamente cria a estrutura por trás. A tabela será apresentada, formando células para digitação.

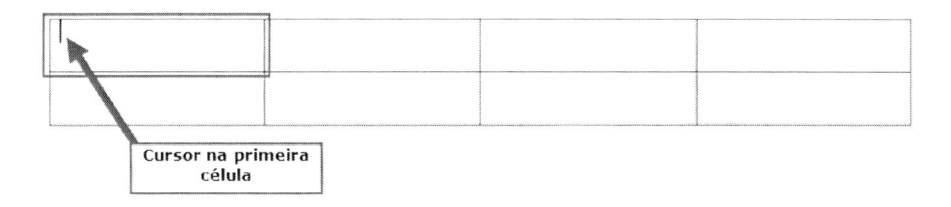

Depois dessas ações, o *Word* insere uma tabela vazia onde o ponto de inserção estará situado na primeira célula. Agora você poderá digitar um texto (em cada célula) pressionando a tecla <**Enter**> para criar novos parágrafos dentro da célula.

Uma Dica legal: Como se movimentar dentro de uma tabela? Podemos nos movimentar dentro de uma tabela utilizando o *mouse* ou o **teclado**. Usando o *mouse*, basta clicar dentro da célula desejada e escrever seu texto.

Para usar o teclado podemos utilizar uma das seguintes opções:

Para se movimentar	Pressionar a tecla
De uma célula para a célula posterior	Tab
De uma célula para a célula anterior	Shift + Tab
De uma linha para outra linha abaixo ou acima	↑ ↓ ou
Um caractere para a direita	➡
Um caractere para a esquerda	⬅

 Outra maneira de criar uma tabela é a seguinte: coloque o cursor em um parágrafo vazio do seu documento e execute o seguinte comando:

Guia Inserir → Botão → Tabela → ▦ Inserir Tabela...

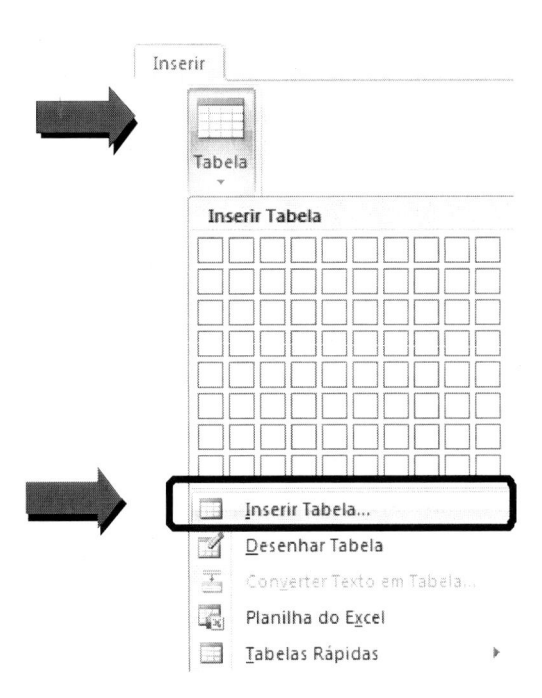

Na janela que abrir, escolha o número de linhas e colunas para sua tabela e clique no botão [OK].

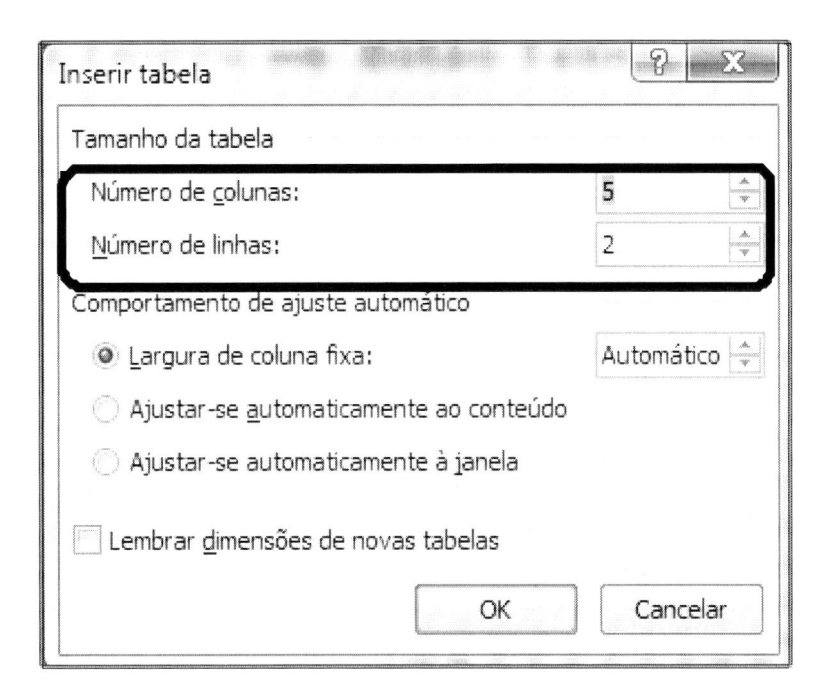

Exercícios 2.7

Exercício 1

Nesse exercício você vai construir uma **Tabela de Calorias**.

1) **Abra o *Word*.**

2) **Pressione** 6 vezes a tecla **<ENTER>**, do seu teclado, para criar 6 linhas no seu documento.

3) **Posicione** o cursor na segunda linha para inserir a tabela no seu documento.

4) Na guia **Inserir**, no grupo **Tabelas**, **clique em tabela** e observe que aparece uma grade quadriculada.

5) **Arraste** o ponteiro do *mouse*, sobre a grade quadriculada, até que 7 linhas e 3 colunas sejam selecionadas e, em seguida, dê um clique na última linha para inserir a tabela no seu documento.

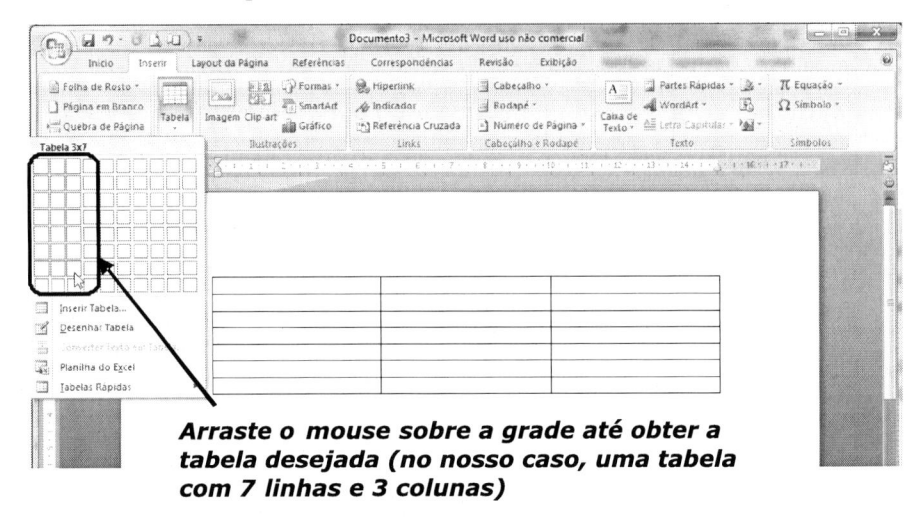

Arraste o mouse sobre a grade até obter a tabela desejada (no nosso caso, uma tabela com 7 linhas e 3 colunas)

Observe que enquanto está selecionando as linhas e as colunas, o **Word 2007** *imediatamente cria a tabela por trás.*

6) **Verifique** se ficou parecido com a tabela da figura descrita a seguir.

7) Agora basta **preencher** as células com as informações indicadas na tabela descrita a seguir. Faça isso sem se preocupar com a formatação.

Bolos	Quantidade	Calorias
Ana Maria Pullman	1 unidade (50g)	130
Bolo de cenoura c/ cobertura de chocolate	1 fatia (50g)	371

Bolo de chocolate	1 fatia (50g)	171
Bolo de fubá caseiro	1 fatia (50g)	310
Bolo de Laranja	1 fatia (50g)	173
Bolo pão-de-ló	1 fatia (50g)	268

Evite teclar <**ENTER**> quando estiver trabalhando dentro de uma tabela, pois vai criar um parágrafo dentro da célula na qual se encontra. Para ir de uma célula a outra, dê um clique na célula desejada ou aperte a tecla <**TAB**> do seu teclado, ou as setinhas do teclado que indicam para direita, esquerda, para cima ou para baixo.

8) **Salve** o seu documento dentro da pasta **Exercícios** (*que se encontra na pasta Documentos*) com o nome **Tabela de Calorias**.

Editar uma tabela

Agora aprenderemos a utilizar as ferramentas de formatação de tabela que o *Word* proporciona. Para isso, vamos utilizar a *Tabela de Calorias* que construímos no exercício anterior. Portanto, antes de prosseguir, é necessário abrir o documento **Tabela de Calorias** (*que foi salvo na pasta Exercícios dentro da pasta Documentos*) se ele ainda não estiver aberto.

Selecionar uma Célula em uma tabela

Vá com o *mouse* (sem pressionar nenhum botão) para o lado esquerdo da célula que quer selecionar, até que o ponteiro do *mouse* se transforme em uma **setinha preta**, e pressione o botão esquerdo **(ver ilustração abaixo)**.

Bolos	Quantidade	Calorias
Ana Maria Pullman	1 unidade (50g)	130
Bolo de cenoura c/ cobertura de chocolate	1 fatia (50g)	371
Bolo de chocolate	1 fatia (50g)	171
Bolo de fubá caseiro	1 fatia (50g)	310
Bolo de Laranja	1 fatia (50g)	173
Bolo pão-de-ló	1 fatia (50g)	268

Selecionar uma Linha em uma tabela

Vá com o *mouse* (sem pressionar nenhum botão) para o lado esquerdo da linha que deseja selecionar, até que o ponteiro do *mouse* se transforme em uma **setinha branca** e pressione o botão esquerdo **(ver ilustração abaixo)**.

Bolos	Quantidade	Calorias
Ana Maria Pullman	1 unidade (50g)	130
Bolo de cenoura c/ cobertura de chocolate	1 fatia (50g)	371
Bolo de chocolate	1 fatia (50g)	171
Bolo de fubá caseiro	1 fatia (50g)	310
Bolo de Laranja	1 fatia (50g)	173
Bolo pão-de-ló	1 fatia (50g)	268

Selecionar uma Coluna em uma tabela

Posicione o cursor na primeira célula da coluna que você quer selecionar e, em seguida, com o botão esquerdo do *mouse* pressionado, arraste o ponteiro para a última célula **(ver ilustração abaixo)**.

Bolos	Quantidade	Calorias
Ana Maria Pullman	1 unidade (50g)	130
Bolo de cenoura c/ cobertura de chocolate	1 fatia (50g)	371
Bolo de chocolate	1 fatia (50g)	171
Bolo de fubá caseiro	1 fatia (50g)	310
Bolo de Laranja	1 fatia (50g)	173
Bolo pão-de-ló	1 fatia (50g)	268

Bolos	Quantidade
Ana Maria Pullman	1 unidade (50g)
Bolo de cenoura c/ cobertura de chocolate	1 fatia (50g)
Bolo de chocolate	1 fatia (50g)
Bolo de fubá caseiro	1 fatia (50g)
Bolo de Laranja	1 fatia (50g)
Bolo pão-de-ló	1 fatia (50g)

Bolos	Quantidade
Ana Maria Pullman	1 unidade (50g)
Bolo de cenoura c/ cobertura de chocolate	1 fatia (50g)
Bolo de chocolate	1 fatia (50g)
Bolo de fubá caseiro	1 fatia (50g)
Bolo de Laranja	1 fatia (50g)
Bolo pão-de-ló	1 fatia (50g)

Selecionar uma Tabela inteira

Modo 1: Posicione o cursor em qualquer célula da tabela para que seja ativada a ferramenta contextual **Ferramentas de Tabela** e execute o seguinte procedimento: clique na guia **Layout** e, no grupo **Tabela**, clique no botão **Selecionar** e escolha a opção selecionar tabela (veja ilustração abaixo).

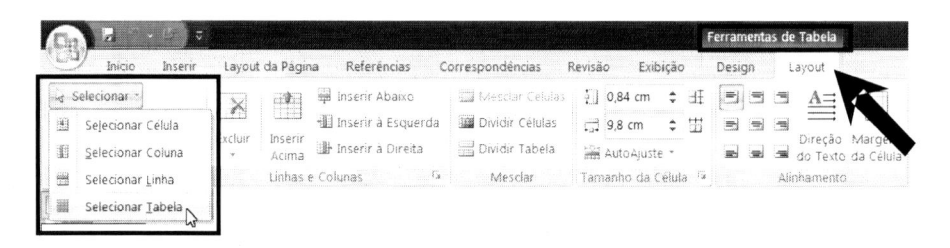

Bolos	Quantidade	Calorias
Ana Maria Pullman	1 unidade (50g)	130
Bolo de cenoura c/ cobertura de chocolate	1 fatia (50g)	371
Bolo de chocolate	1 fatia (50g)	171
Bolo de fubá caseiro	1 fatia (50g)	310
Bolo de Laranja	1 fatia (50g)	173
Bolo pão-de-ló	1 fatia (50g)	268

Modo 2: Passe o *mouse* sobre a tabela (sem pressionar nenhum botão) até que apareça o símbolo ⊞ no canto esquerdo superior. Agora basta clicar sobre esse símbolo (com o botão esquerdo do *mouse*) para selecionar a tabela inteira.

Bolos	Quantidade	Calorias
Ana Maria Pullman	1 unidade (50g)	130
Bolo de cenoura c/ cobertura de chocolate	1 fatia (50g)	371
Bolo de chocolate	1 fatia (50g)	171
Bolo de fubá caseiro	1 fatia (50g)	310
Bolo de Laranja	1 fatia (50g)	173
Bolo pão-de-ló	1 fatia (50g)	268

Centralizar a tabela

Para centralizar uma tabela no seu documento, basta selecionar a tabela inteira (como visto anteriormente) e, em seguida, na **Faixa de Opções** da guia **Início**, escolher a opção **Centralizar**.

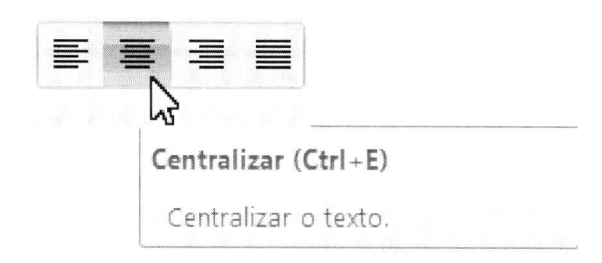

Inserir uma linha na tabela

Para inserir uma linha em uma tabela, utilize um dos procedimentos descritos a seguir.

Modo 1:

1) Posicione o cursor na linha em relação a qual você quer adicionar uma nova linha à tabela *(no nosso caso, a primeira linha)*, para que seja ativada a ferramenta contextual **Ferramentas de Tabela**.

2) Na guia **Layout** e, no grupo **Linhas e Colunas**, clique no botão **Inserir Acima** (ou **Inserir Abaixo**) para inserir uma linha acima (ou abaixo) daquela onde o cursor está posicionado (*veja ilustração a seguir*).

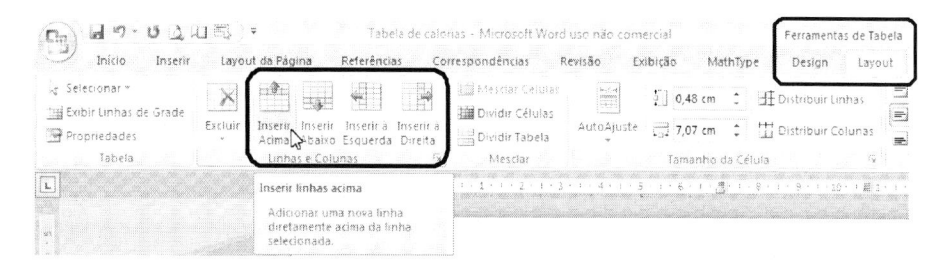

Modo 2:

1) Clique com o botão direito do *mouse* na linha em relação a qual você quer adicionar uma nova linha à tabela *(no nosso caso, a primeira linha)*.

2) No menu que se abre, clique em **Inserir** e, em seguida, clique em **Inserir Linhas Acima** (ou **Inserir Linhas Abaixo**) (*veja ilustração a seguir*).

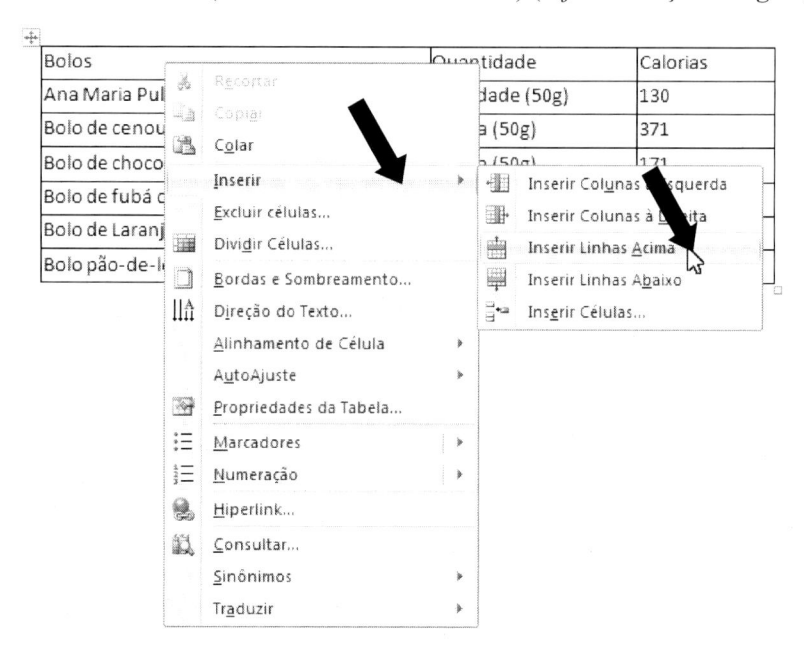

Pronto!! Foi inserida uma nova linha acima da linha onde o cursor estava posicionado.

Bolos	Quantidade	Calorias
Ana Maria Pullman	1 unidade (50g)	130
Bolo de cenoura c/ cobertura de chocolate	1 fatia (50g)	371
Bolo de chocolate	1 fatia (50g)	171
Bolo de fubá caseiro	1 fatia (50g)	310
Bolo de Laranja	1 fatia (50g)	173
Bolo pão-de-ló	1 fatia (50g)	268

1) Se selecionarmos duas linhas antes de executar o comando **Inserir Linhas**, o *Word* vai adicionar duas novas linhas na sua tabela. Lembrando: o *Word* sempre insere a mesma quantidade de linhas selecionadas.

2) Outra maneira de **Inserir Linhas** em uma tabela, é colocar o cursor do lado de fora da linha e pressionar a tecla **<ENTER>**.

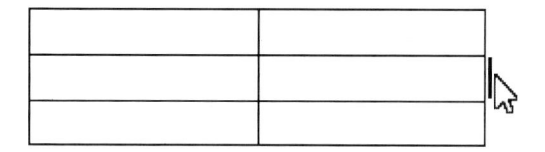

Mesclar células de uma tabela

Às vezes queremos combinar duas ou mais células, localizadas na mesma linha ou coluna, para formar uma única célula. Por exemplo, podemos querer mesclar várias células de uma linha para criar um título em uma tabela que apresente várias colunas. Para ver como é esse processo, siga os passos descritos a seguir.

Passo 1: Selecione as células que deseja mesclar, clicando sobre uma célula e arrastando o mouse até as outras células que deseja selecionar (no nosso caso vamos selecionar as células da linha que foi adicionada anteriormente).

Passo 2: Em **Ferramentas de Tabela**, na guia **Layout**, no grupo **Mesclar**, clique em **Mesclar Células** (veja ilustração a seguir).

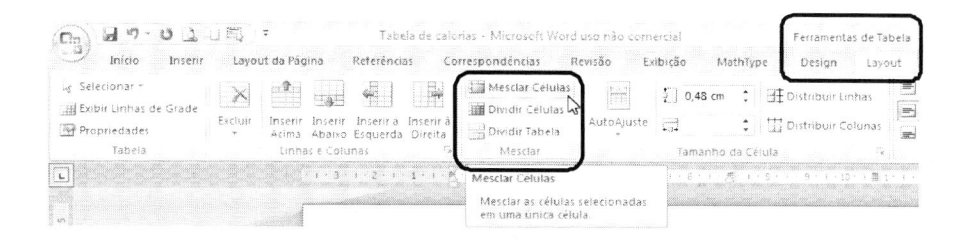

Pronto!! As três células foram transformadas em uma única célula *(veja ilustração ao lado)*.

Bolos	Quantidade	Calorias
Ana Maria Pullman	1 unidade (50g)	130
Bolo de cenoura c/ cobertura de chocolate	1 fatia (50g)	371
Bolo de chocolate	1 fatia (50g)	171
Bolo de fubá caseiro	1 fatia (50g)	310
Bolo de Laranja	1 fatia (50g)	173
Bolo pão-de-ló	1 fatia (50g)	268

Também podemos mesclar duas ou mais células, utilizando o seguinte procedimento:

1) Selecione as células que deseja mesclar.
2) Clique, com o botão direito do *mouse*, sobre as células selecionadas.
3) No *menu* que se abre, clique sobre a opção **Mesclar Células**.

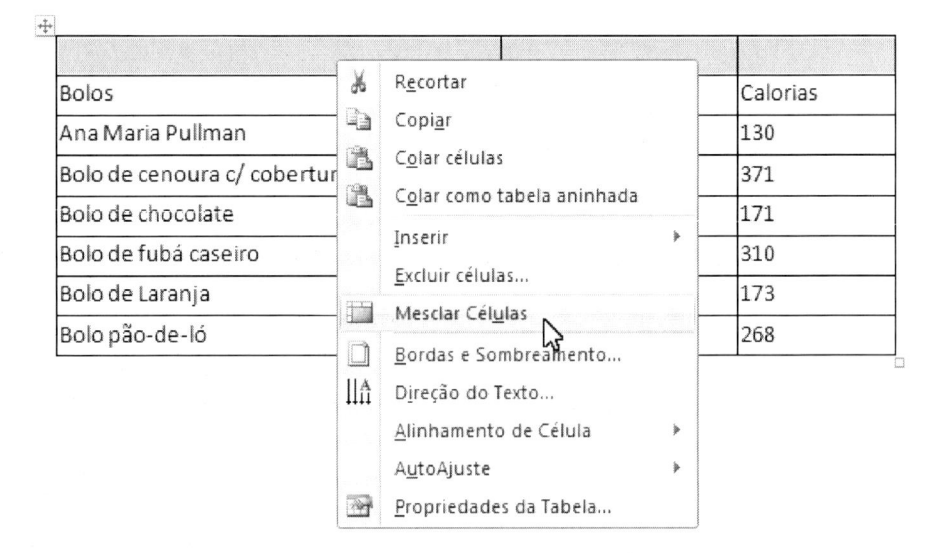

Dividir Células

Para dividir uma célula em duas ou mais células, utilize um dos procedimentos descritos a seguir:

Modo 1:

Clique em uma célula ou selecione várias células que queira dividir.

Em **Ferramentas de Tabela**, na guia **Layout**, no grupo **Mesclar**, clique em **Dividir Células**.

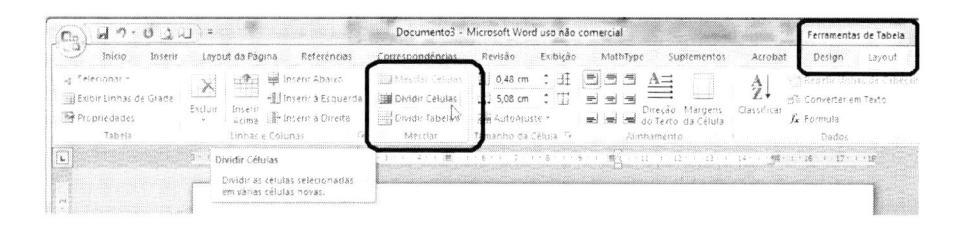

Na janela que se abre, digite o número de colunas ou de linhas em que deseja dividir as células selecionadas e em seguida, no botão OK.

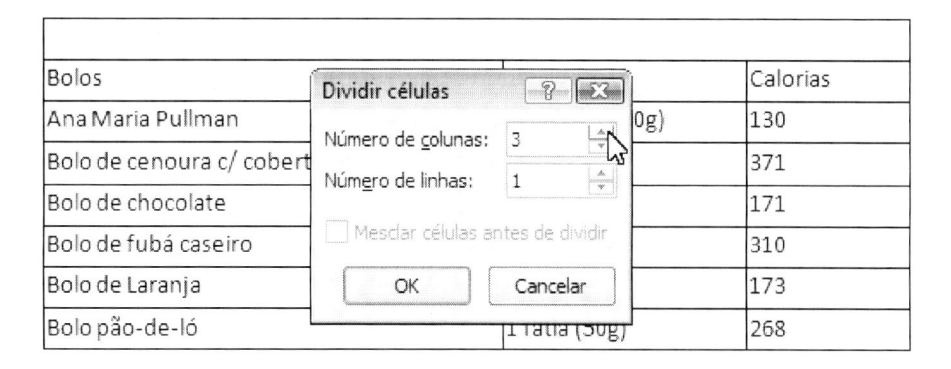

Modo 2:

Clique, com o botão direito do *mouse*, em uma célula que queira dividir.

No *menu* que se abre, clique em **Dividir Células**.

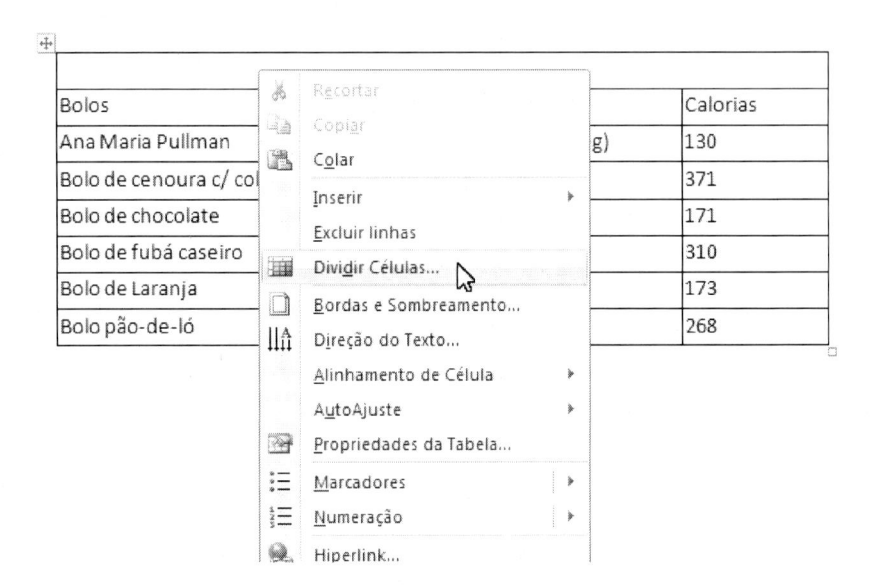

Na janela que se abre, digite o número de colunas ou de linhas em que deseja dividir a célula e em seguida, no botão OK.

Excluir uma linha de uma tabela

Selecione a linha que você quer excluir e quando aparecer a ferramenta contextual **Ferramentas de Tabela** execute o seguinte procedimento: clique na guia **Layout** e, no grupo **Linhas e Colunas**, clique no botão ⊠ e escolha a opção

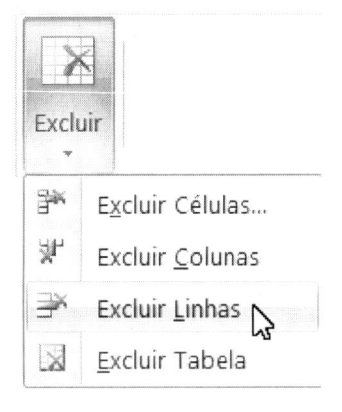

Bolos	Quantidade	Calorias
Ana Maria Pullman	1 unidade (50g)	130
Bolo de cenoura c/ cobertura de chocolate	1 fatia (50g)	371
Bolo de chocolate	1 fatia (50g)	171
Bolo de fubá caseiro	1 fatia (50g)	310
Bolo de Laranja	1 fatia (50g)	173
Bolo pão-de-ló	1 fatia (50g)	268

Bolos	Quantidade	Calorias
Ana Maria Pullman	1 unidade (50g)	130
Bolo de cenoura c/ cobertura de chocolate	1 fatia (50g)	371
Bolo de chocolate	1 fatia (50g)	171
Bolo de fubá caseiro	1 fatia (50g)	310
Bolo de Laranja	1 fatia (50g)	173
Bolo pão-de-ló	1 fatia (50g)	268

Para inserir e excluir colunas de uma tabela use o mesmo procedimento utilizado para linhas.

Para excluir a tabela toda, selecione-a e proceda do mesmo modo.

Antes de prosseguir, salve o documento **Tabela de Calorias** na pasta **Exercícios** dentro da pasta **Documentos** do seu computador e feche apenas o arquivo aberto.

Exercício 2.8

Nesse exercício você vai formatar a **Tabela de Calorias** que foi criada anteriormente.

1) **Abra** o arquivo **Tabela de Calorias** (*que está gravado na pasta Documentos*).

2) **Selecione** a primeira linha da sua tabela, **formate** com fonte **Verdana**, estilo **Negrito**, cor **Azul**, tamanho **11** e **centralize** o parágrafo.

3) **Selecione** as demais linhas da sua tabela, **formate** com fonte **Verdana**, tamanho **10** e **centralize** o parágrafo.

4) **Adicione** uma linha acima da primeira linha da tabela.

5) **Mescle** as células da linha adicionada no item 4.

6) **Clique** na linha adicionada, escolha o estilo **Negrito**, tamanho da fonte **14**, cor **verde**, centralize o parágrafo e **digite Tabela de Calorias**.

7) Sua tabela deve ficar parecida com a da ilustração a seguir.

Tabela de Calorias		
Bolos	**Quantidade**	**Calorias**
Ana Maria Pullman	1 unidade (50g)	130
Bolo de cenoura c/ cobertura de chocolate	1 fatia (50g)	371
Bolo de chocolate	1 fatia (50g)	171
Bolo de fubá caseiro	1 fatia (50g)	310
Bolo de Laranja	1 fatia (50g)	173
Bolo pão-de-ló	1 fatia (50g)	268

8) **Salve** o seu documento dentro da pasta **Exercícios** (*que se encontra na pasta Documentos*) com o nome **Tabela de Calorias-formatada**

9) **Feche** o *Word* e todas as janelas abertas até aqui.

Imprimindo um documento

Imprimir um documento, a partir do *Word* **2007**, é muito simples e para isso, clique sobre o **Botão *Office*** e, em seguida, deslize o *mouse* até o comando **Imprimir**. Ao fazer isso, uma janela se abrirá com três opções. Clique sobre a que considerar adequada para o que deseja fazer.

1) **Impressão Rápida:** deve ser utilizada se quiser imprimir todo o documento sem fazer qualquer alteração, ou seja, a impressão se dará no modo como estiver configurada a sua impressora.

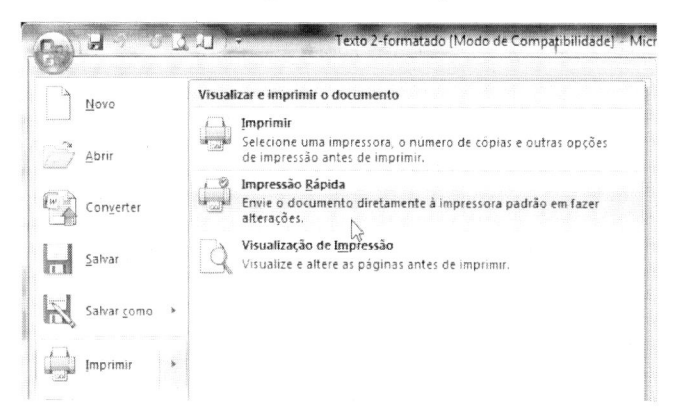

2) **Imprimir:** você poderá escolher (através de uma janela que se abre) a configuração que desejar para a sua impressão, por exemplo, quantas cópias quer fazer, qual o tamanho e tipo de papel irá usar, qual a qualidade da impressão, dentre muitas outras, as quais estão detalhadas na página seguinte.

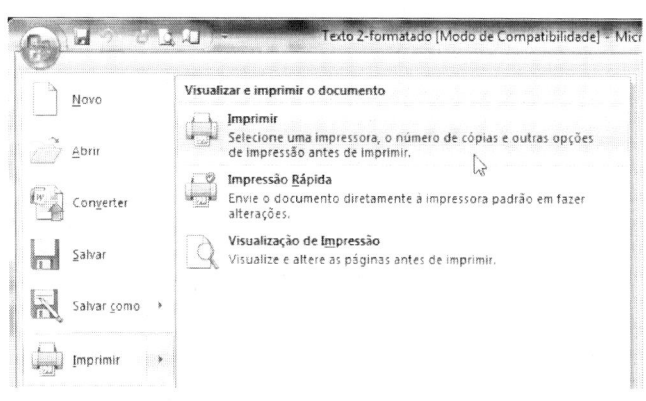

3) **Visualização de Impressão:** esta opção mostra como ficará seu documento depois de impresso, porém a impressão não será efetuada.
Se, após visualizar como ficará a impressão, quiser de fato imprimir o
documento, retorne ao texto, clicando no botão **Fechar Visualização
de Impressão**. Em seguida, escolha a opção 1 ou 2.

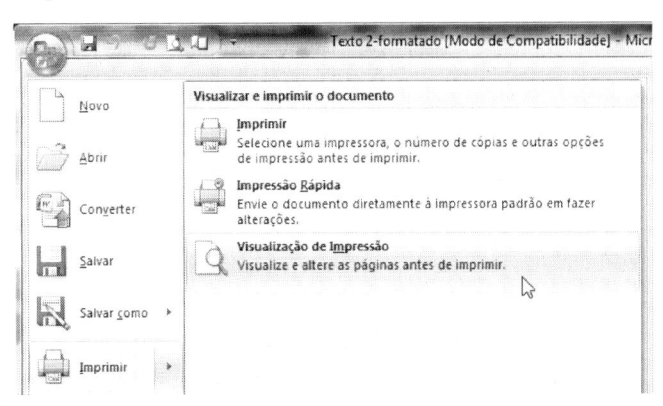

Apresentamos, a seguir, algumas configurações de impressão que podemos escolher quando fazemos a opção **2**.

Algumas Configurações

Intervalo de páginas

Nesta opção podemos escolher imprimir: **todas** as páginas do documento,
apenas a **página atual** (aquela onde se encontra o cursor), um **intervalo de
páginas** ou **um trecho do texto** que esteja selecionado.

Cópias

Aqui escolhemos quantas cópias do documento serão impressas. Se a opção **Agrupar** estiver selecionada, o programa imprime uma cópia completa do documento antes de imprimir a segunda (o que facilita muito na hora de encadernar).

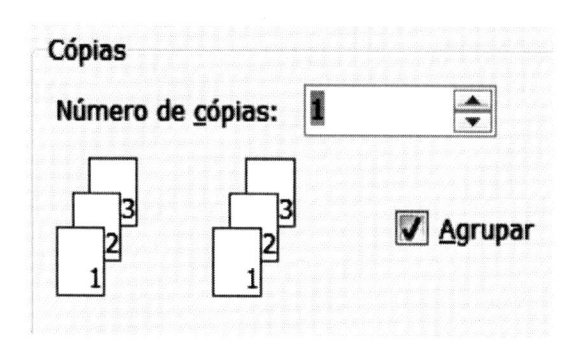

Podemos ainda clicar sobre o botão [Propriedades] se quisermos alterar alguma propriedade de impressão.

 É importante observar que as opções disponíveis vão depender do modelo e da marca da sua impressora. Assim, em uma impressora **HP**, por exemplo, você encontrará as opções descritas abaixo. Se na sua impressora for diferente, vá clicando em cada guia da janela que abriu, ao clicar em **Propriedades**, e observando o que cada uma oferece.

Na guia **Atalhos de Impressão** podemos alterar:

1) Tamanho do Papel

2) **Qualidade de Impressão -** podemos escolher entre as opções: **Normal**, **Rascunho**, **Melhor**.

3) Número de **páginas por folha**

4) **Orientação do papel** – **Retrato** ou **Paisagem**

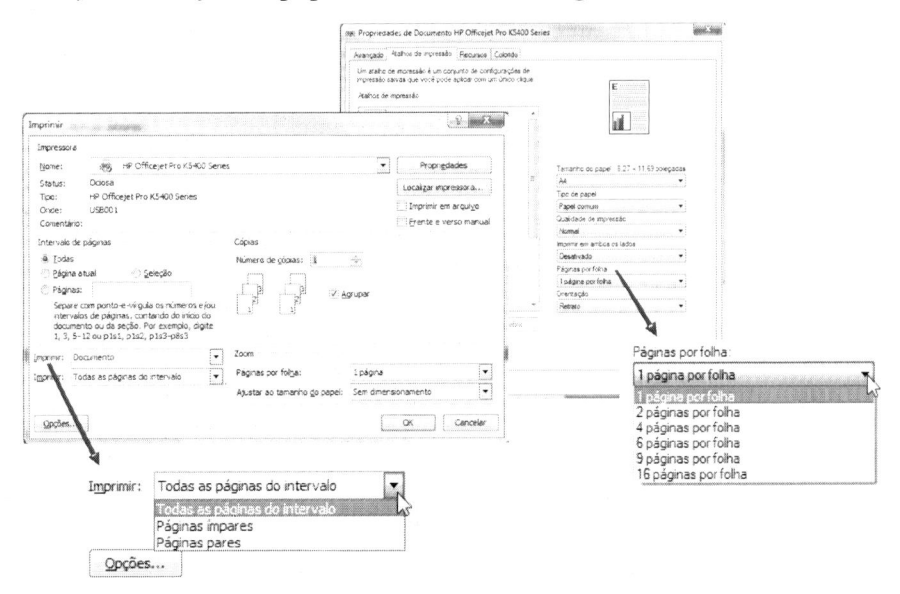

Concluindo...

Esperamos que este capítulo tenha proporcionado os conhecimentos básicos necessários para você utilizar o programa **Word** **2007**. Vale a pena, de agora em diante, explorar os demais comandos do programa. Se tiver dúvidas, clique sobre o ícone ⓐ (que se encontra embaixo do comando **Fechar** do *Word*), ou pressione a tecla **F1** do teclado.

Curso Básico de Internet

O Que é a Internet?

A **Internet** é uma rede de redes, em escala mundial, que interliga computadores espalhados no mundo todo. O que hoje conhecemos como **Internet**, começou em 1969 como a **ARPAnet**, criada pela **ARPA** (*Advanced Research Projects Agency – Agência de Projetos de Pesquisa Avançada*)**,** uma subdivisão do Departamento de Defesa dos Estados Unidos, na Universidade de Berkeley, em Chicago.

A **Arpanet** era um experimento militar, baseado em uma tecnologia para transporte de informação, desenvolvido na época da Guerra Fria (quando havia uma intensa rivalidade entre os Estados Unidos e a União Soviética) com o propósito de descentralizar os dados e as informações vitais do governo americano. Assim, foi criada uma rede de computadores ligados entre si e que não tivesse um comando central, de maneira que se um dos pontos da rede fosse destruído, os outros conseguiriam sobreviver. Isso ofereceria maior segurança no caso de um eventual bombardeio soviético destruir o local onde estes se encontravam – os dados e informações poderiam continuar sendo transmitidos por caminhos alternativos.

Inicialmente, a título de experiência, foram conectadas as universidades da Califórnia e de Utah e o Instituto de Pesquisas de Stanford, de maneira que os estudantes podiam trocar, de forma ágil para a época, os resultados de seus estudos e pesquisas. Apenas no ano de 1987 é que foi autorizada a utilização da Internet comercialmente nos Estados Unidos. No Brasil essa tecnologia chegou somente no ano de 1995.

Ao contrário do que se pensa, **Internet** (*net* – na sua forma abreviada) não é sinônimo de ***World Wide Web*** (WWW ou W*eb* – na sua forma abreviada). A internet é a rede física de computadores – uma evolução da Arpanet – enquanto a ***Web*** é um dos muitos serviços oferecidos na **Internet**. Nesse texto estaremos utilizando indiscriminadamente a palavra **Internet** para designar a ***Web***.

A World Wide Web (www)

A ***World Wide Web*** (Teia de Alcance Mundial, em inglês), também conhecida como **WWW** e ***Web***, é o serviço mais popular disponibilizado na Internet. Ainda na década de 80, a Internet já havia despertado interesse no mundo acadêmico, mas era uma ferramenta muito difícil de usar – o ambiente era pouco amigável, existiam muitas dificuldades de conexão, a velocidade de troca de informações era muito baixa e era necessário memorizar muitos comandos complicados.

Sir **Timothy John Berners-Lee** - ex-aluno do Queen's College da Universidade de Oxford - é o inventor da Web que ganhou maior divulgação pública nos anos 90. O primeiro **web***site* (comumente chamado de ***site*** – pronuncia-se "***saite***") que Berners-Lee construiu (e a sua primeira página) foi colocada no ar em 6 de agosto de 1991. O propósito original do sistema era facilitar o compartilhamento de documentos de pesquisas entre os colegas da Universidade.

A ***Web*** é a parte multimídia da Internet, formada por uma grande coleção de documentos (denominados de *páginas*) – armazenados em computadores no mundo todo – que podem conter textos, fotos, animações, programas, sons, vídeos, etc.

A grande popularidade da ***WEB*** resulta de sua interface gráfica colorida, muito simples e que pode ser usada com facilidade, até por principiantes.

Através da *Web*, podemos:

❖ Acessar o acervo de bibliotecas, museus e universidades, de qualquer lugar do mundo, quando disponibilizados na rede.

❖ Obter informações de jornais e revistas a qualquer momento.

❖ Acessar grupos de pessoas que tenham interesse em um assunto qualquer.

❖ Fazer pesquisa de preços e compras (o comércio eletrônico é um dos serviços que mais tem crescido na Internet). Podemos comprar o que quisermos pela rede – roupas, livros, CDs de música, computadores, televisões, aparelhos de som, etc.

❖ Verificar horários de vôos, consultar mapas de estradas, saber a previsão do tempo para qualquer cidade ou procurar saber sobre o estado de saúde de alguém.

❖ Fontes de referência (dicionários e enciclopédias, por exemplo) também estão disponíveis, assim como documentos históricos e literatura clássica.

Embora a *Web* seja uma excelente ferramenta de pesquisa, nem todas as informações nela contidas são confiáveis. Algumas podem estar incorretas, desatualizadas ou incompletas. Antes de confiar nas informações, certifique-se de que são procedentes de uma fonte autorizada e confirme-as com outras fontes.

Os princípios implementados por Berners-Lee fundamentavam-se no **hipertexto** – forma não-linear de apresentar textos e imagens – capaz de "mandar" o usuário para outras páginas através de **links** (ou *hiperlink*). E o que são **links**, você deve estar se perguntando? Os **links** são pontos de conexão entre diferentes partes de um mesmo **site** ou entre diferentes **sites**. E o que é um **site**? **Site** é um lugar (*documento/página*) no ambiente **Web** da **Internet** contendo informações (texto, fotos, animações gráficas, sons, vídeos, etc.) disponíveis na internet.

Assim como cada residência tem um endereço particular, toda página da *Web* possui seu próprio *"endereço virtual"* na *Web*. Esse endereço é chamado **URL** (Uniform *Resource Locator*) e, através dele, podemos acessar seu conteúdo.

Vejamos alguns exemplos de endereços virtuais:

http://www.iq.unesp.br/

http://www.tribunaimpressa.com.br/

http://www1.folha.uol.com.br/fsp/esporte/inde16082005.htm

http://www.techway.com.br/techway/revista_idoso/

http://www.velhosamigos.com.br/index_nova.html

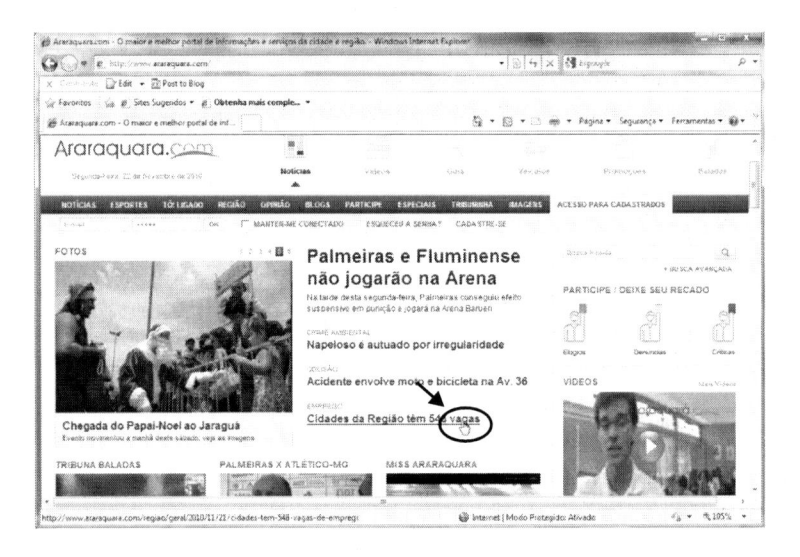

Mas, voltemos aos ***links***. Quando clicamos em um ***link***, a Internet nos leva para uma nova posição, que tanto pode ser no ***site*** que estamos visitando ou em outro ***site*** que tenha relação com o que estamos visitando. Observe que quando o *mouse* é movimentado, é possível ver a posição que ele aponta na tela através de uma seta.

Pois bem: quando o *mouse* passa por um ***link***, esta seta se transforma numa **mãozinha** 🖐. Esta mãozinha significa que podemos visitar outro lugar no *site* ou em um *site* diferente, se clicarmos em cima do *link*. A ação de passar de uma página para outra usando *links* chama-se *surfar* ou *navegar* na *Web*.

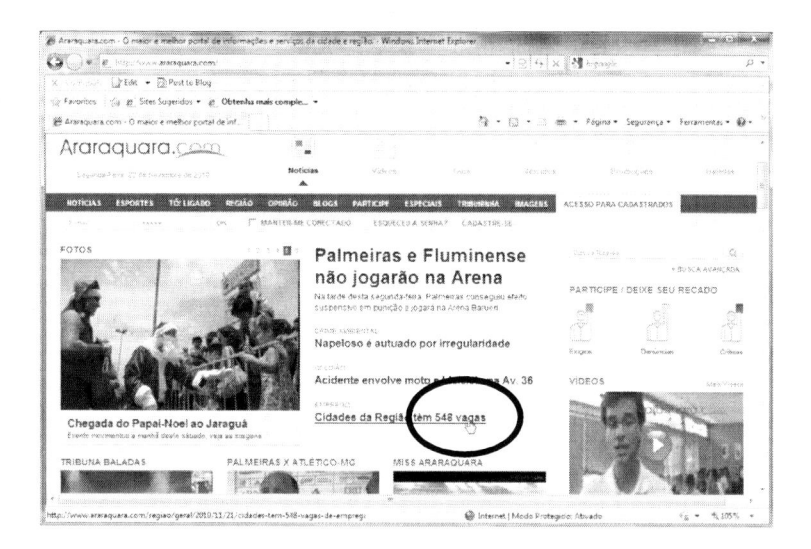

A **Web** funciona exatamente como a nossa mente. Quando estamos pensando, estabelecemos **links** (ligações) entre um pensamento e outro. São nesses pontos de conexão que passamos de um pensamento para outro.

A **Web** também é assim. Começamos em um **site** qualquer e podemos navegar indefinidamente apenas clicando nos **links** disponíveis. Haja tempo para gastar... ou para encontrar a informação que queremos... mas isso já é outra história que veremos mais para a frente.

Conectando a internet

Para conectarmos um computador à Internet, primeiro devemos nos inscrever em um **provedor**[6]. Ele nos fornecerá acesso à Internet, normalmente mediante o pagamento de uma mensalidade. O processo de inscrição para

---

6   Provedor de serviços de Internet (ISP) – Empresa que fornece acesso à Internet a pessoas físicas e jurídicas. Um provedor fornece um número de telefone, um nome de usuário, uma senha e outras informações de conexão para que os usuários possam acessar a Internet por meio dos computadores do provedor.

obter uma conta em um provedor é tão simples quanto fazer uma assinatura telefônica. Para encontrar um provedor na sua cidade, procure na lista telefônica sob o título *"Provedores de serviços da Internet"*.

Provedores diferentes oferecem tipos de conexão e velocidades diferentes. Existem dois tipos de conexão para a Internet: a **conexão direta** (*banda larga*) e a **conexão discada** (*rede dial-up*).

A **conexão de banda larga** é uma conexão com a Internet em alta velocidade. Com ela, ficamos conectados à Internet o tempo todo, podendo exibir páginas da *Web* e baixar arquivos com muita rapidez. Duas tecnologias de banda larga são a **DSL** e **a cabo** que requerem um modem DSL ou um cabo. Este modo de conexão não utiliza linha telefônica.

Uma **conexão discada** usa um modem dial-up para conectar o computador à Internet através de uma linha telefônica padrão. Dessa forma, é necessário possuir uma linha telefônica e não será possível fazer ou receber ligações telefônicas enquanto o computador estiver conectado à Internet.

Por ser um modelo de conexão incontestavelmente ultrapassado, lento, instável e que, em certos casos, pode custar mais caro que a internet rápida (*banda larga*), esse tipo de conexão tende a desaparecer em médio/curto prazo. Apesar de decadente, a conexão discada continuará sendo, para muitos, uma alternativa de acesso à rede, pelo menos por enquanto.

No Brasil existem vários provedores de acesso discado, sendo alguns pagos e outros gratuitos. Os mais conhecidos são os descritos a seguir:

Nome	Endereço	Tipo
Universo Online (UOL)	www.uol.com.br	pago
IG	www.ig.com.br	gratuito
Terra	www.terra.com.br	gratuito e pago
BOL	www.bol.com.br	pago

Na hora de escolher um **provedor de acesso discado**, é importante estar atento para alguns aspectos:

1º) Ele possui números locais de telefone? Senão o custo da ligação será muito alto.

2º) Quantidade de linhas disponíveis – quanto maior o número de linhas mais fácil será sua conexão.

3º) Velocidade de conexão.

4º) O provedor possui algum diferencial em relação aos concorrentes? (conteúdo exclusivo para assinantes, por exemplo).

Os provedores pagos oferecem aos seus usuários um discador para uma conexão mais simples, sem a necessidade de configuração. O provedor pago mais conhecido no Brasil é o da **UOL** (Universo Online) que oferece também a opção de uma conexão via banda larga (acesso mais rápido).

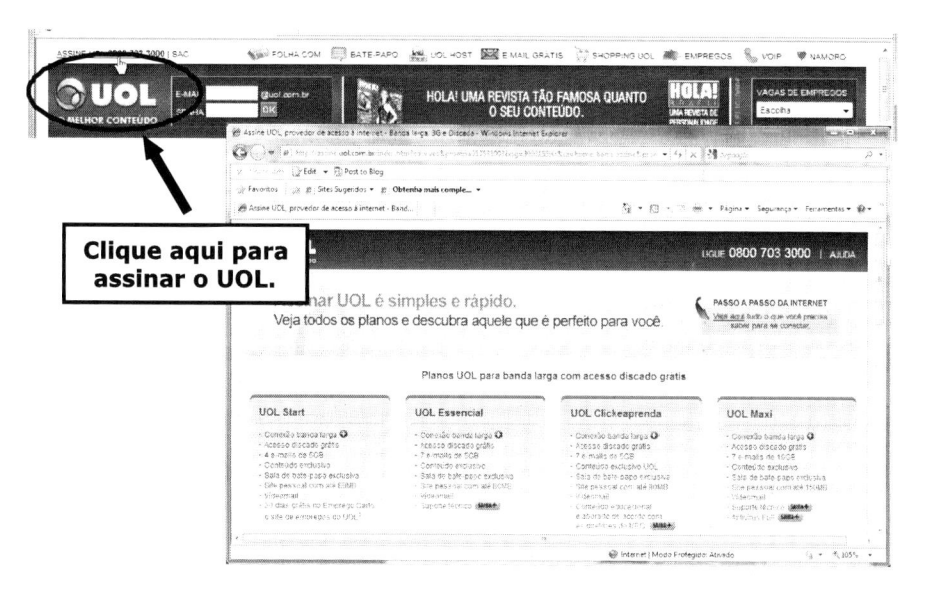

Os provedores gratuitos têm os mesmos serviços que os pagos. É importante observar que, devido ao grande número de usuários, o acesso (discado e gratuito) a Internet às vezes fica bastante difícil (principalmente em horários de "pico").

Dentre os provedores de acesso gratuito o **IG** é o mais conhecido.

 Se você ainda não possui Internet em casa e deseja contratar os serviços de um provedor, utilize outro computador que esteja ligado à rede e acesse o site da empresa ou ligue para a Central de Atendimento ao Cliente e informe-se a respeito.

Usando um Navegador (Browser)

Uma vez estabelecida a conexão, para que possamos explorar todos os recursos oferecidos pela Internet, precisaremos de um programa chamado **Navegador** (ou *Browser*).

A partir de agora, iremos aprender como utilizar um Navegador.

O Navegador (**browser**) nada mais é que um programa de computador que, conectado à Internet, busca e exibe na tela informações disponíveis em outros computadores.

Portanto, com o auxílio de um *Browser* podemos "navegar" pelos milhões de *site*s que existem hoje na Internet. Os Navegadores mais utilizados são o **Internet Explorer** (que acompanha o *Windows*) e o ***Netscape Communicator***.

O **Netscape** é o nome da empresa que criou o software *Navigator*, assim como o **Internet Explorer** foi desenvolvido pela *Microsoft*. Este material faz referência ao navegador **Internet Explorer**, que você irá conhecer a seguir.

Internet Explorer

O Internet Explorer foi criado em agosto de 1995 pela empresa *Microsoft* e ainda é a ferramenta mais utilizada para acessar as páginas da Internet. Isso se deve não só ao seu visual limpo e agradável ou à eficiência do programa, mas, principalmente ao sucesso da estratégia de marketing da *Microsoft* – o programa tornou-se um componente padrão do ***Windows***.

Vamos conhecer inicialmente o navegador Internet Explorer. Podemos iniciar o Internet Explorer clicando no botão **Iniciar** 🪟 e depois em 🅮 **Internet** Internet Explorer. Assim que o **Internet Explorer** é iniciado, a página inicial – que serve como ponto de partida para a navegação – é carregada e exibida na tela do computador.

Quando iniciamos o **Internet Explorer**, ele irá para a página da *Web* definida como *homepage*. A *homepage* definida por padrão é *MSN.com*, um *site* da *Microsoft* com *links* para várias informações e serviços (o fabricante do seu computador pode ter definido uma *home page* diferente). Entretanto, podemos escolher qualquer página (ou até uma página em branco) como *homepage*.

Vamos agora entender um pouco a janela do Internet Explorer.

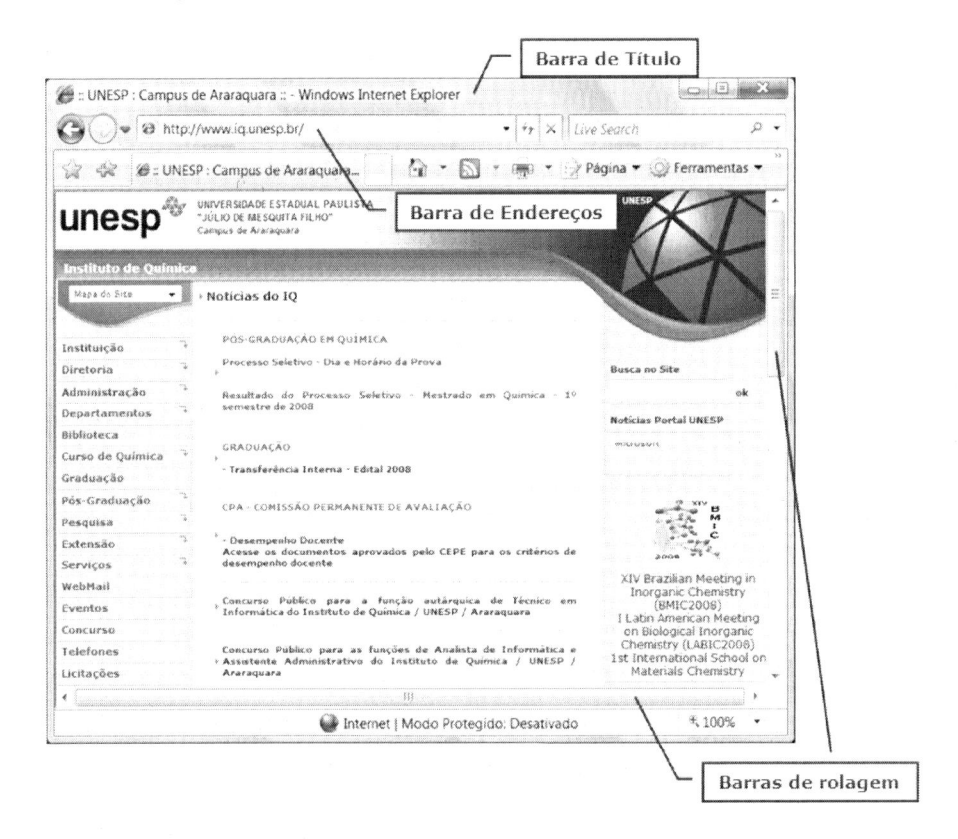

Aprendendo a utilizar a janela do Internet Explorer

Indicador de Status: Quando aparecer o ícone animado , signifi-ca que o programa Internet Explorer está procurando ou carregando uma página.

Caixa de Endereços: Local para digitar endereços de *sites* que queremos visitar. Após digitar o endereço, basta pressionar a tecla <**Enter**> ou clicar sobre o botão para o Internet Explorer localizar a página. Por exemplo:

Caixa de Endereço   Botão Ir

Não é necessário digitar **http://** para acessar uma página da Web. Podemos digitar apenas **www.iq.unesp.br** e o Internet Explorer localizará o restante.

Área de conteúdo: Local da tela onde aparece a página solicitada.

Campo de mensagem de status: Local onde são apresentadas mensagens de segurança, localização, carregamento e percentual de carga. Ao se passar o *mouse* por cima de um *link*, o endereço é apresentado nesta barra.

Botões Voltar e Avançar : À medida que passamos de uma página para outra, o Internet Explorer rastreia nosso trajeto. Para retornar à página visitada anteriormente, basta clicarmos no botão **Voltar** . Clicando em **Voltar** várias vezes, refazemos o trajeto ao contrário. Depois de clicar no botão **Voltar**, podemos clicar no botão **Avançar** para irmos para a página seguinte.

Menu Páginas Recentes: Se quisermos voltar para uma página que visitamos anteriormente, sem precisar clicar repetidamente nos botões **Voltar ou Avançar**, usamos o menu *Páginas Recentes*. Para isso, clique na seta ao lado do botão *Avançar* e selecione uma página na lista que aparece.

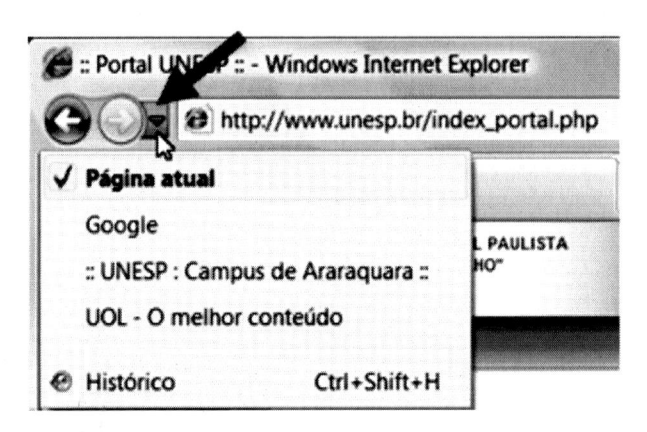

Botão Parar : Este botão pode ser utilizado durante o processo de carregamento de uma página, para que esse seja interrompido – curiosamente pode fazer com que uma página abra quando acontece uma demora muito grande no processo.

Botão Favoritos : É uma agenda eletrônica, onde é possível armazenar qualquer URL (endereço virtual) de nosso interesse pessoal através do botão **Adicionar a Favoritos** . Uma vez feitas as anotações no *Favoritos*, essas podem ser consultadas todas as vezes que o *Browser* for utilizado.

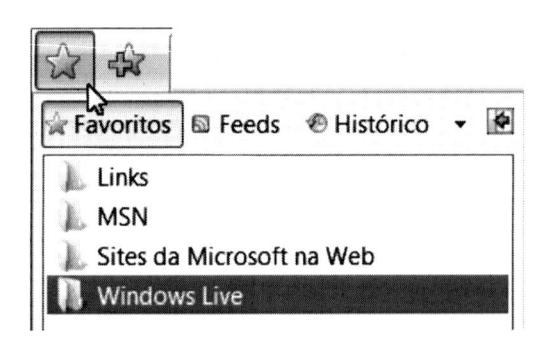

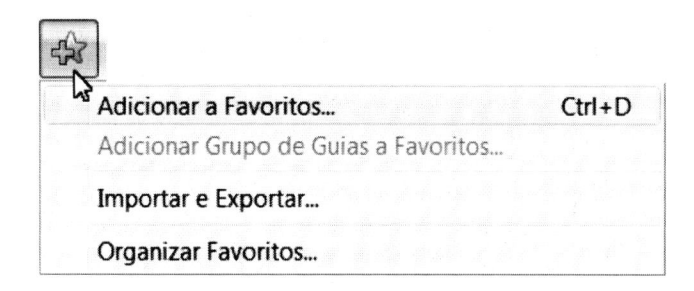

Botão Imprimir  : Imprime a página atual.

Navegando na Internet

Como já vimos anteriormente, as informações na *Web* são organizadas na forma de um hipertexto, cada um com seu endereço próprio, conhecido como URL (*Universal Resource Locator*). O endereço do Instituto de Química de Araraquara, por exemplo, é **http://www.iq.unesp.br.**

Para começar a "navegar" na Internet é preciso digitar um desses endereços no campo chamado **Endereço** no navegador e pressionar a tecla **<Enter>**.

Vamos agora entender melhor o que é um endereço eletrônico.

Domínio:

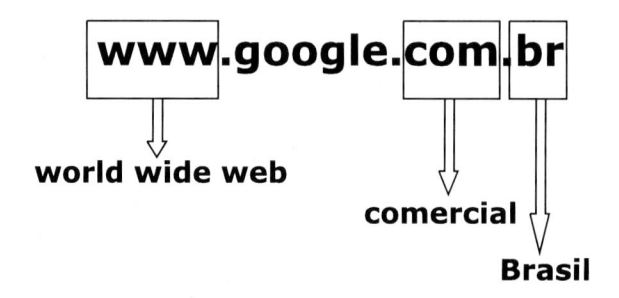

www: *world wide web* - sugestão para designar rede mundial.

google: nome do *site* a ser acessado, ou seja, não significa provedor e sim o *site* que será acessado.

com: tipo de organização. Aqui, "**com**" se refere a uma organização comercial. Outros tipos estão descritos no quadro abaixo.

Tipo	Descrição
.com	Organização comercial
.edu	Organização educacional
.gov	Entidade governamental
.int	Organização internacional
.mil	Instituição militar
.net	Operadora de rede
.org	Outros tipos de organizações

Abreviações dos domínios

br: código do país, neste caso se refere ao Brasil. Cada país possui o seu código.

O navegador (Internet Explorer) sozinho não faz nada. Para acessarmos as páginas (*home pages*), existentes nos computadores da rede, precisamos dizer ao navegador onde elas estão. Você provavelmente já viu na televisão, em revistas ou jornais coisas do tipo

http://maisvoce.globo.com/

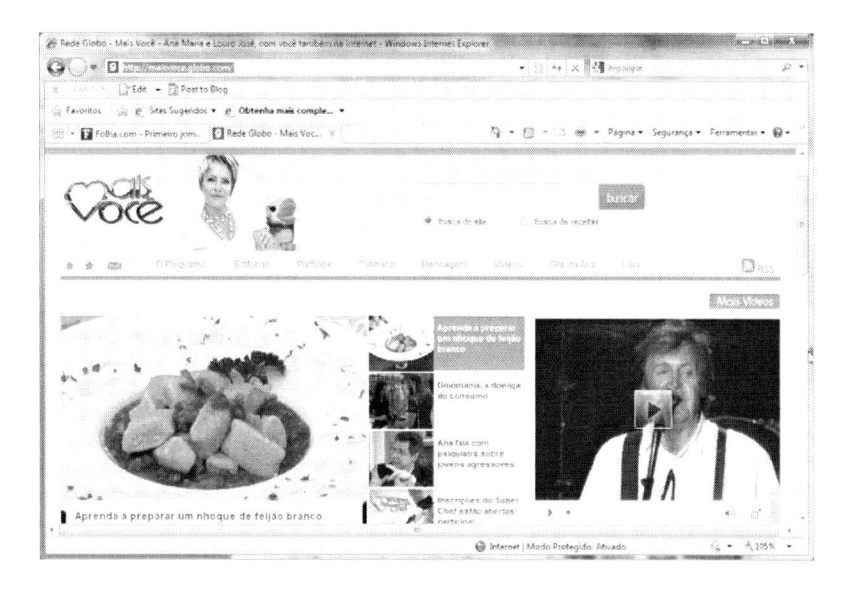

Isso é um endereço da *Web*. Quando digitamos na janela do navegador (campo de localização) o endereço...

http://maisvoce.globo.com/

...e pressionamos a tecla <**ENTER**>, estamos pedindo ao navegador para fazer uma visita ao *site* relacionado com esse endereço.

Não se esqueça de que todos os endereços da Internet devem ser escritos com letras minúsculas, sem espaço e sem acento.

Exercícios 3.1

Exercício 1

1) **Abra** o programa (navegador) **Internet Explorer**.

2) **Digite** <u>www.viagem.uol.com.br/</u> na caixa de endereço e **pressione** a tecla <**Enter**> do seu teclado. O *site Uol Viagem* deverá abrir.

3) Agora **digite** <u>www.viajeaqui.abril.com.br/vt/</u> na caixa de endereço e **pressione** a tecla <**Enter**> do seu teclado. O *site Viagem e Turismo* será aberto.

4) **Digite** <u>www.cvc.com.br/</u> na caixa de endereço e **pressione** a tecla <**Enter**> do seu teclado. O *site* do *portal CVC* deverá abrir.

5) Use o botão **Voltar** *(Back)* da barra de ferramentas do seu navegador (Internet **Explorer**) para voltar à página inicial do *site Uol Viagem*.

6) **Feche** o **Internet Explorer**.

Exercício 2

1) **Abra** o programa (navegador) **Internet Explorer**.

2) **Abra** o *site*: <u>www.viagem.uol.com.br/</u>. Estando no *site* **Uol Viagem**, **clique** em um *link* de seu interesse *(veja um exemplo na ilustração abaixo)*. Uma nova página será aberta.

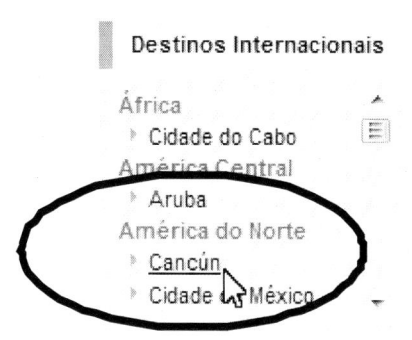

3) **Abra** o *site*: **www.charges.com.br**. Estando no *site Charges* **clique** em uma opção de seu interesse. Uma nova página será aberta.

4) **Abra** o *Site* de endereço: **www.tribunaimpressa.com.br**. Estando no *site* do jornal *Tribuna Impressa*, **clique** em qualquer opção de seu interesse. Uma nova página será aberta.

5) **Abra** o *Site*: **www.amesa.com.br**. Estando no *site* À Mesa, **clique** em qualquer opção de seu interesse.

6) Agora, use o botão **Voltar (Back)** da barra de ferramentas do seu navegador (Internet Explorer) para voltar à página inicial do *site Uol Viagem*.

7) **Feche** o **Internet Explorer**.

Exercício 3

1) **Abra** o programa (navegador) **Internet Explorer**.

2) **Digite** <u>**www.charges.uol.com.br**</u> na caixa de endereço e **pressione** a tecla <**ENTER**> do seu teclado.

3) **Clique** no botão **Adicionar a Favoritos** ⭐ e **adicione** o *site*

<u>www.charges.uol.com.br</u>

à lista de *site*s já existente.

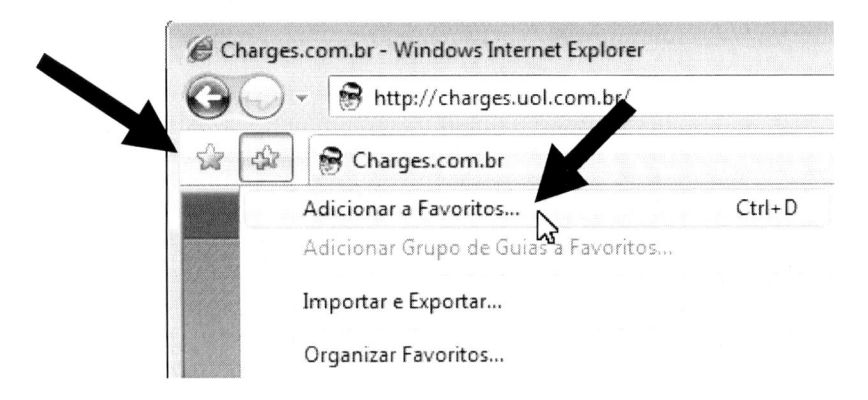

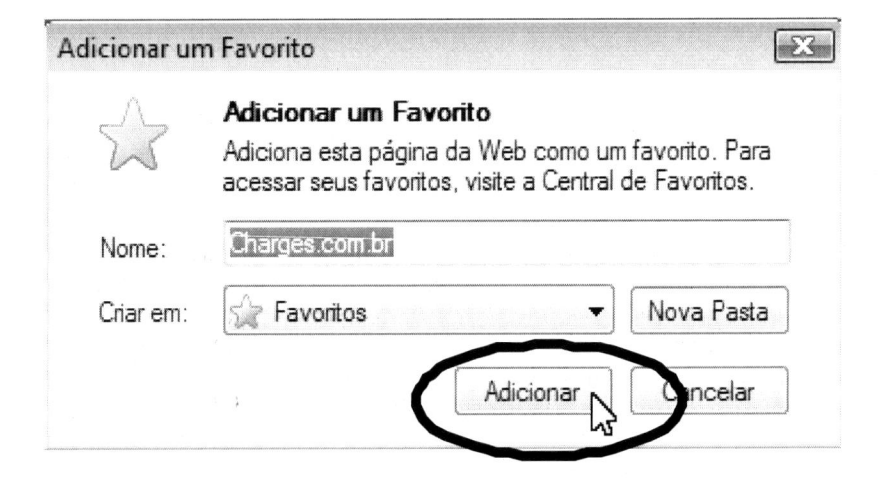

4) **Feche** a janela do **Internet Explorer** e **torne a abri-la**.

5) Na barra de menus **clique** na opção **Central de Favoritos** ☆ e selecione o *link* adicionado **www.charges.uol.com.br**

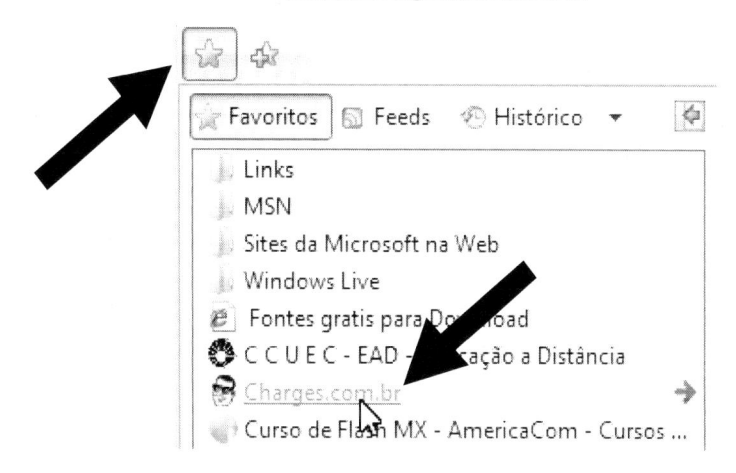

6) **Feche** o **Internet Explorer**.

Como Pesquisar na Internet

É fantástico ter tanta informação disponível, não é mesmo? No entanto,
com bilhões de páginas disponíveis na *Web*, seria impossível localizar as
informações desejadas, procurando em cada uma delas. O que fazer então
para achar o que estamos procurando na Internet? Felizmente, podemos usar
um *mecanismo de pesquisa* para localizar as páginas que são mais relevan-
tes, através de palavras ou frases especificadas por nós. 85% dos internautas
usam *site*s de buscas para procurar o que desejam. Faça o mesmo! Comece
sua pesquisa navegando num *site* de buscas. Os principais *site*s de busca da
Web são: **Google**, **Yahoo** e **Bing**. Veja um exemplo de um *site* de busca na
ilustração a seguir.

Google: www.google.com.br

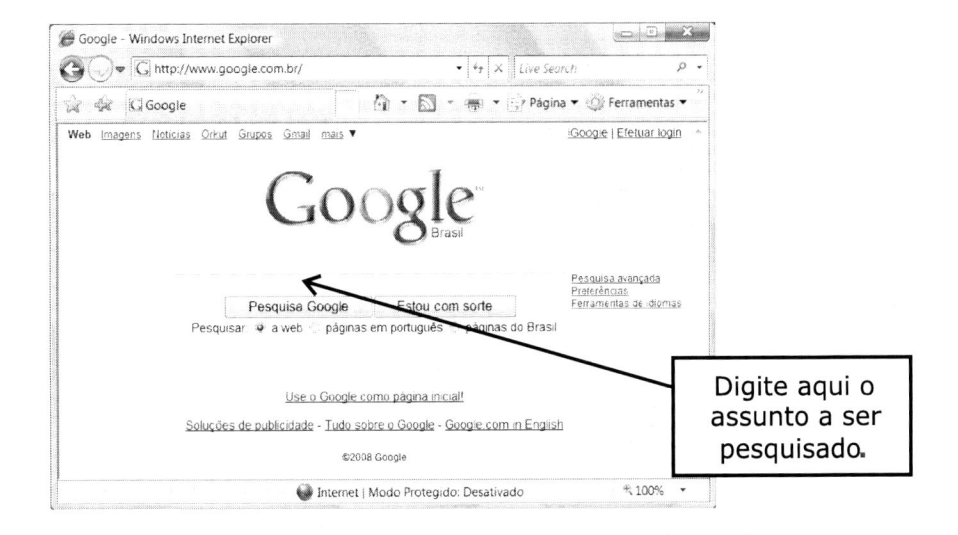

É possível pesquisar na *Web* diretamente do *site* de busca. Ou você pode pular essa etapa, usando a caixa **Pesquisar** (*Live Search*) no *Internet Explorer*, como mostra a ilustração abaixo:

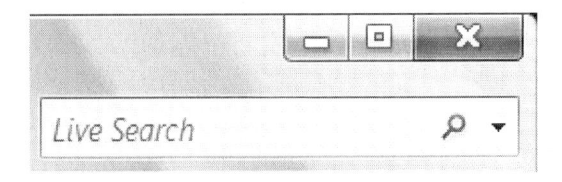

Antes de usá-la pela primeira vez, é interessante escolher um provedor de pesquisa padrão, ou seja, o mecanismo de pesquisa que o Internet Explorer usará toda vez que fizer uma pesquisa.

Para escolher o provedor de pesquisa padrão, faça o seguinte:

1) Clique no botão **Iniciar** e, em seguida, em **Internet Explorer**

2) Clique na seta à direita da caixa **Pesquisar** e, no menu que se abre, clique em *Gerenciar Provedores de Pesquisa.*

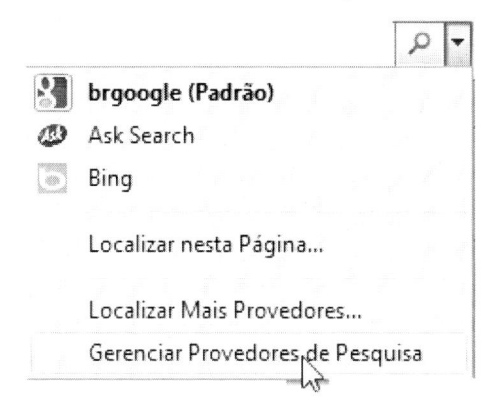

3) Na janela que se abre, clique em *Localizar mais provedores de pesquisa*, para escolher o mecanismo de pesquisa de sua preferência.

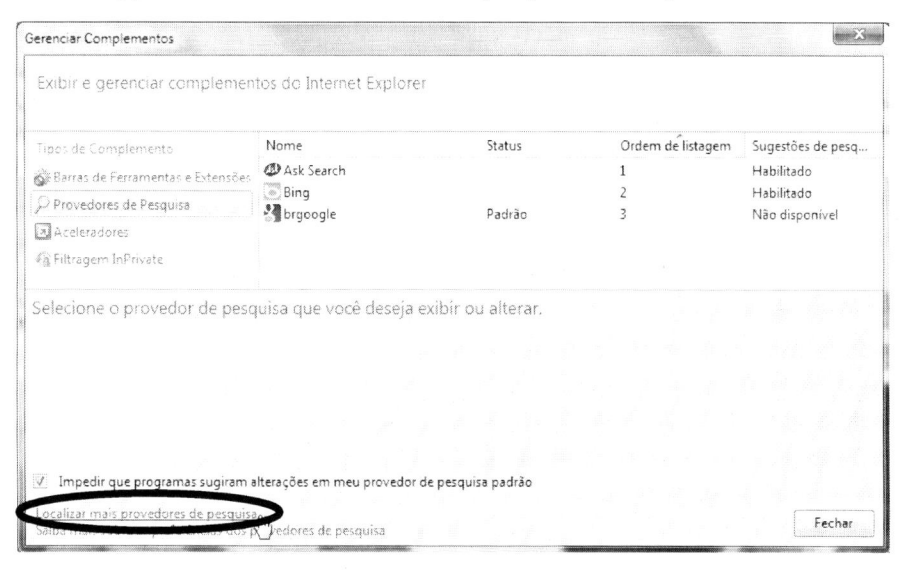

4) Na janela que se abre, escolha o mecanismo de busca de sua preferência (no nosso caso, escolhemos o *GOOGLE*) e clique sobre ele.

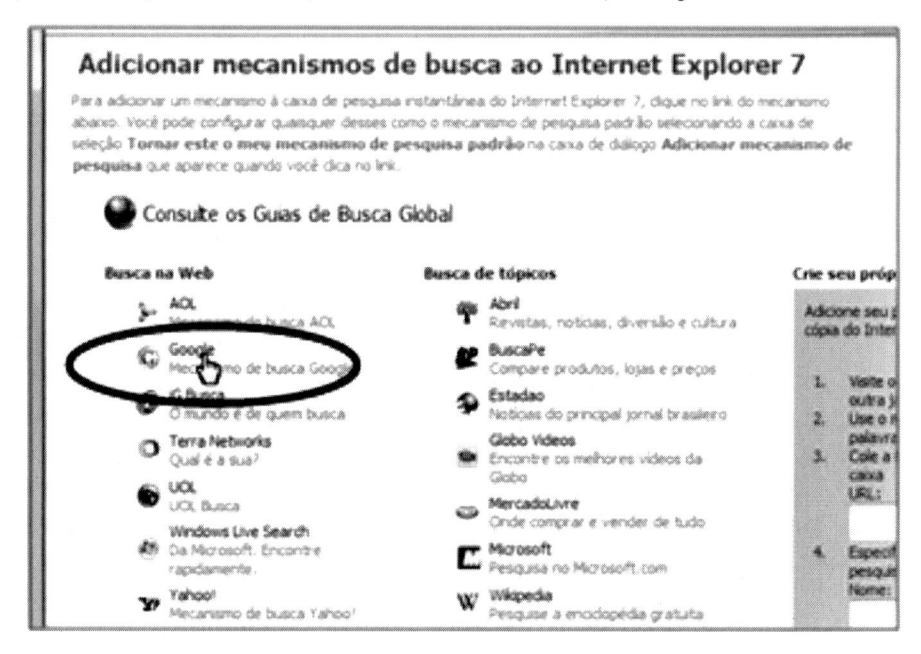

5) Na janela que se abre, clique em ☑ Tornar este meu provedor de pesquisa padrão e em *Adicionar Provedor*.

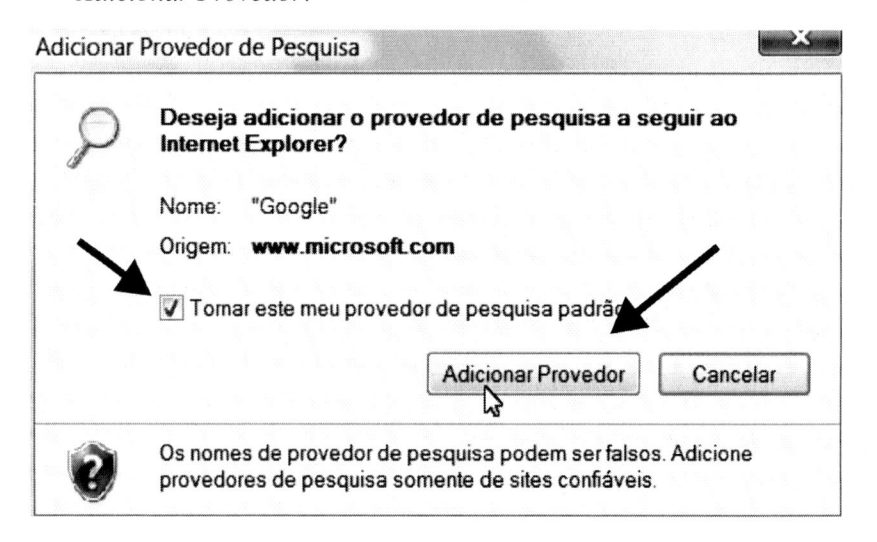

Pronto!!! O *Google* foi definido como mecanismo de busca padrão para suas pesquisas.

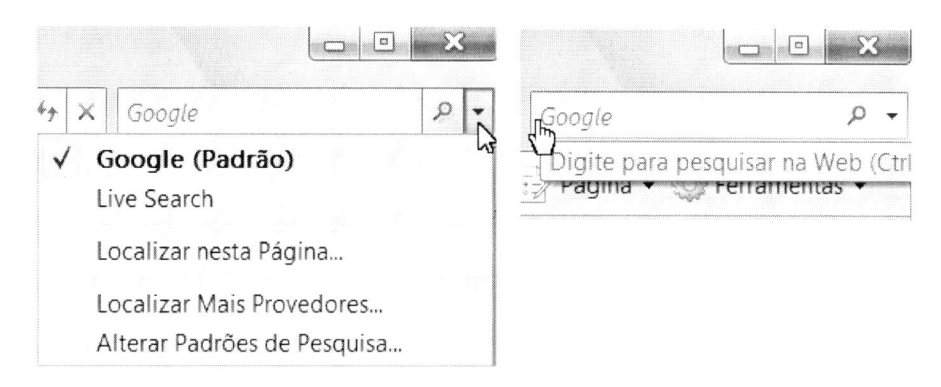

Agora, para pesquisar na *Web* utilizando a caixa Pesquisar (*Live Search*) faça o seguinte:

1) Na caixa Pesquisar, digite algumas palavras ou uma frase (*ENTRE AS-PAS*) sobre um tópico que lhe interessa (por exemplo, "*bolo de laran-ja*"). Seja o mais específico que puder.

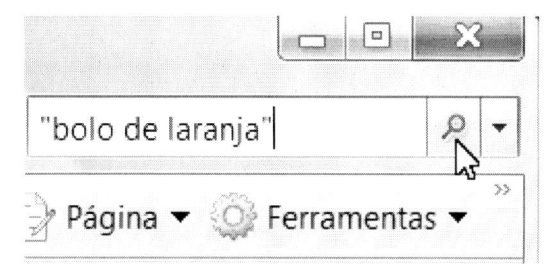

2) Pressione **ENTER** ou clique no botão **Pesquisar** . Será exibida uma página de resultados da pesquisa. Clique em um dos resultados para ir para esse *site*. Se você não encontrar o que está buscando, clique em **Mais** na parte inferior da página, para ver mais resultados, ou tente fazer uma nova pesquisa.

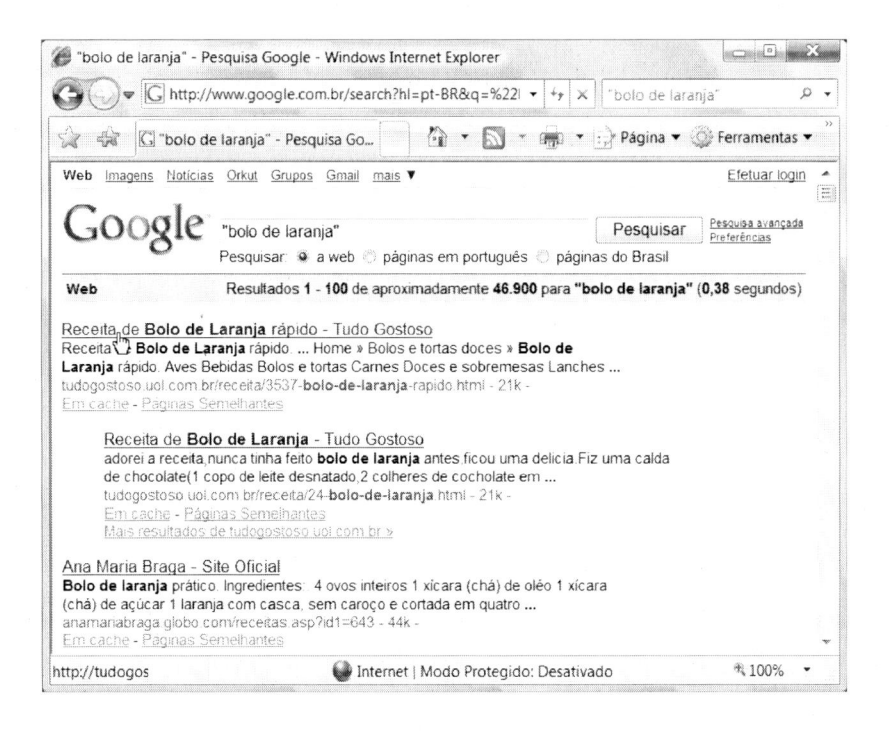

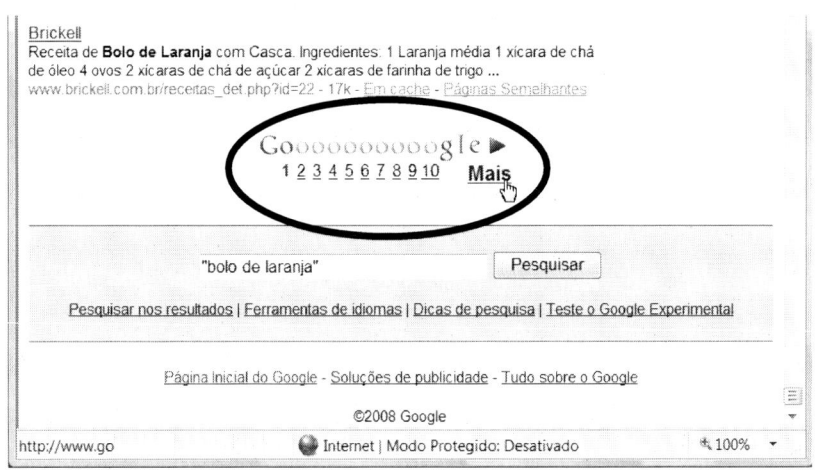

Para pesquisar na *Web*, seja utilizando um mecanismo de busca qualquer ou **a caixa Pesquisar** (*Live Search*), escolha palavras específicas como base para a busca. Palavras muito gerais vão gerar um grande número de *site*s em resposta, o que aumentará o tempo de procura da informação.

Nos *site*s de busca use a orientação abaixo:

USE "" (**aspas**) para definir uma frase na ordem desejada. **Exemplo**: **"Presidente Lula"** Assim evita resultados como Presidente Cardoso.	USE **e** se o objetivo for encontrar várias palavras em uma mesma página. **Exemplo**: **sapato e tênis e sandália**
USE ***** (**asterisco**) após digitar uma palavra para conseguir respostas que comecem com parte de uma palavra. **Exemplo**: **comunis*** - vai trazer resultados que comecem com **comunis**, por exemplo, comunista e comunismo.	USE **ou** para encontrar qualquer uma das palavras digitadas. **Exemplo**: **sapato ou tênis ou sandália** Obs: em alguns sites use and ou or (caso for site em inglês)
USE o sinal - (**menos**) para eliminar uma palavra ou frase no resultado. **Exemplo**: **salada –tomate** - vai trazer sites que contenham a palavra salada sem o ingrediente tomate.	USE **Não** (ou Not) para pesquisar textos que tragam uma frase e não tenham outras. **Exemplo**: **bolsa não valores** - vai trazer resultados que contenham a palavra **bolsa** e não contenham a palavra **Valores**.

Navegar na Internet é a ação de passear pela *Web* ou de se movimentar de um *site* para outro através de ***links***. A seguir disponibilizamos uma lista de endereços de *site*s que irá, principalmente, **poupar o seu tempo**! A Internet tem hoje bilhões de *site*s disponíveis (esse número cresce diariamente) e às vezes perdemos um tempo precioso procurando pelo *site* mais completo, pela informação mais bem elaborada. Por isso, selecionamos vários *site*s e os classificamos por assunto.

Que assunto você quer pesquisar hoje? Digite o endereço na barra de endereços do seu *Browser* e você poderá visitar o *site* escolhido.

Endereço	Conteúdo
www.google.com.br	Pesquisa Nacional e Internacional
www.altavista.com.br	Pesquisa Nacional e Internacional
www.busca.uol.com.br	Pesquisa Nacional e Internacional
www.hotmail.com	Serviço de email, MSN
www.wikipedia.org	Enciclopédia digital
www.uol.com.br	Portal com notícias, informações, entretenimento
www.estadao.com.br	Jornal O Estado de São Paulo
www.folha.com.br	Jornal Folha de São Paulo
www.oglobo.com.br	Jornal O Globo
www.submarino.com.br	Compras pela Internet
www.americanas.com.br	Compras pela Internet
www.shoptime.com.br	Compras pela Internet
www.pontofrio.com.br	Compras pela Internet
www.extrahipermercados.com.br	Compras pela Internet
www.fastshop.com.br	Compras pela Internet
www.livrariasaraiva.com.br	Livraria na Internet
www.livrariacultura.com.br	Livraria na Internet
www.siciliano.com.br	Livraria na Internet
www.submarino.com.br	Livraria na Internet
www.humortadela.com.br	Diversão/Piadas
www.charges.uol.com.br	Diversão/piadas
http://anamariabraga.globo.com/	Site da Ana Maria Braga – Assuntos Diversos

Endereço	Conteúdo
www.amesa.com.br/	Receitas
www.cybercook.terra.com.br/	Receitas
http://tudogostoso.uol.com.br/	Receitas
www.gastronomias.com.br/receitas/	Receitas
http://ocarteiro.click21.com.br/	Cartões Eletrônicos
www.emotioncard.com.br	Cartões Eletrônicos
www.terra.com.br/cartoes	Cartões Eletrônicos
www.turmadamonica.com.br	Infantil
www.receita.fazenda.gov.br	Receita Federal
www.correios.com.br	Site dos Correios
www.caixa.gov.br	Caixa Econômica Federal
www.bb.com.br	Banco do Brasil
www.detran.sp.gov.br	Departamento de Trânsito
www.jfsp.gov.br	Justiça Federal
www.fazfacil.com.br	Artesanato em Tricô
www.pingouin.com.br/receitas/receitas1.php	Artesanato em Tricô (ótimo site)
www.listasdaqui.com.br	Lista Telefônica
www.previdencia.gov.br	INSS
www.bn.br	Biblioteca Nacional
www.lecto.com.br	Lista Telefônica Virtual
http://amigosdavelocidade.uol.com.br/	Site sobre esporte
www.lancenet.com.br	Site sobre esporte
www.globoesporte.globo.com	Site sobre esporte
www.pele.com.br	Site sobre esporte

Endereço	Conteúdo
www.cob.org.br	Site sobre esporte
www.placar.com.br	Site sobre esporte
www.discovery.com.br	Site jornalístico/interessante
www.araraquara.com	Site jornalístico/interessante
www.veja.com.br	Site jornalístico/interessante
www.istoe.com.br	Site jornalístico/interessante
www.superdownloads.com.br	Site jornalístico/interessante
www.baixaki.com.br/	Site jornalístico/interessante
http://maps.google.com.br/	Site jornalístico/interessante
www.radio.unesp.br	Site de músicas
www.radio.usp.br	Site de músicas
www.radio.uol.com.br	Site de músicas
www.clickjogos.uol.com.br	Site de Jogos
www.viagem.uol.com.br	Site de viagem
www.viajeaqui.abril.com.br/vt	Site de viagem
www.tamviagens.com.br/	Site de viagem
www.cvc.com.br	Site de viagem
www.ipmet.unesp.br	Previsão do Tempo

Localizar páginas da Web visitadas recentemente

A tabela a seguir apresenta as várias maneiras pelas quais podemos encontrar páginas visitadas recentemente.

Para	Faça isto
Voltar à página da Web que acabou de visitar.	Clique no botão **Voltar.**
Voltar a uma página da Web que você visitou quando usou o Internet Explorer pela última vez.	Clique no botão **Central de Favoritos** e, em seguida, no botão **Histórico**. Clique no *site* que deseja visitar. A lista do histórico pode ser classificada por data, nome do *site*, páginas mais visitadas ou visitadas mais recentemente, clicando na seta à direita do botão **Histórico**.
Voltar a uma das páginas da Web visitadas durante a sessão atual.	Clique na seta à direita do botão **Avançar** e, em seguida, selecione na lista para voltar a uma página visitada anteriormente.

Exercícios 3.2

Pesquisar sobre um assunto no Google

1) **PROCURE** pelo ícone do **Internet Explorer** , que fica do lado direito do **Botão Iniciar** , e **CLIQUE** sobre ele.

2) Ao abrir a janela do **Internet Explorer**, localize no canto superior esquerdo o campo do **Endereço**, **DIGITE**: **www.google.com.br** e pressione a tecla **<ENTER>** do seu teclado.

3) Observe que aparecerá uma janela parecida com a da ilustração a seguir.

Repare que o *cursor* estará posicionado no campo de pesquisa.

4) **DIGITE** a palavra **flores** no campo de pesquisa e **DÊ UM CLIQUE** sobre o botão **Pesquisa Google** *(ver figura a seguir)*.

5) Observe que irá aparecer uma janela com alguns resultados conforme figura a seguir.

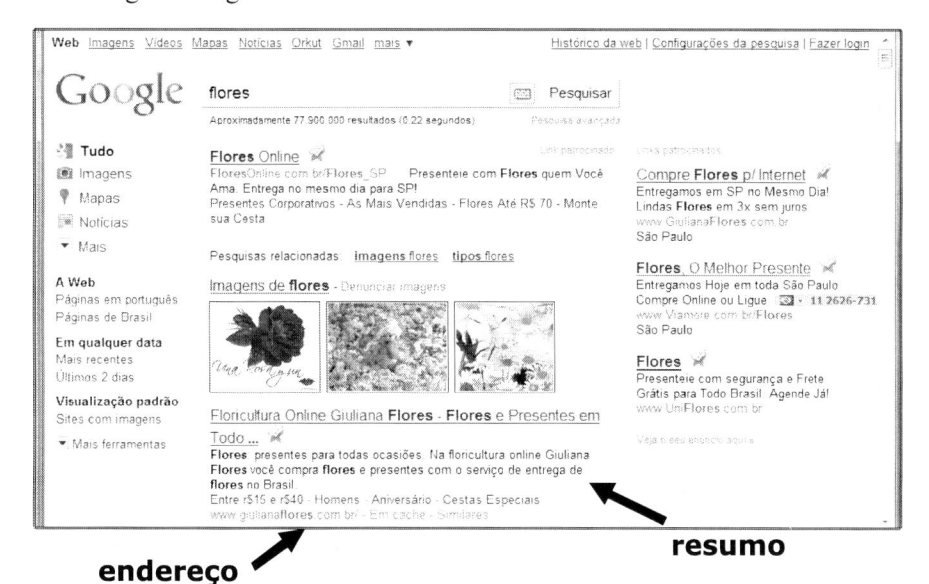

Note que o que está escrito na cor preta, é um breve resumo da página relacionada ao *link*, e o que está na cor verde é o endereço na Internet da página.

Observe que, ao posicionar o mouse sobre um *link*, sempre aparecerá uma "mãozinha", isso significa que você pode acessar a página vinculada aquele *link*.

6) Para acessar um dos resultados da sua pesquisa, é necessário **DAR UM CLIQUE** em um **nome/título** (*link*) que está com a **cor azul** e **sublinhado**.

7) Na janela que se abre, **não esqueça** de utilizar a barra de rolagem *(que fica no canto direito da janela)* ou a "**rodinha**" do mouse para descer até o final da página.

barra de rolagem

8) Para retornar à pagina inicial do *Google*, após a pesquisa, **CLIQUE** sobre o botão **Voltar** ⬅, que se encontra no canto superior esquerdo da janela. **REPITA** essa operação, até retornar à página desejada.

9) **FECHE** todas as janelas abertas.

Copiar /Salvar uma Imagem da Internet

Podemos **copiar** uma imagem que encontramos na Internet, por exemplo, para uma pasta de nosso computador. Vejamos então, como fazer isso.

Suponha que esteja navegando na Internet e se depare com uma imagem que ache interessante copiar ou até mesmo guardar em seu computador. Então, dê um clique com o botão direito do *mouse* sobre a imagem e, na janela que se abrir, escolha uma das opções: **Copiar** (se o objetivo for apenas copiar e colar a imagem em um documento) ou **Salvar imagem como** (se quiser guardá-la, em uma pasta, no computador).

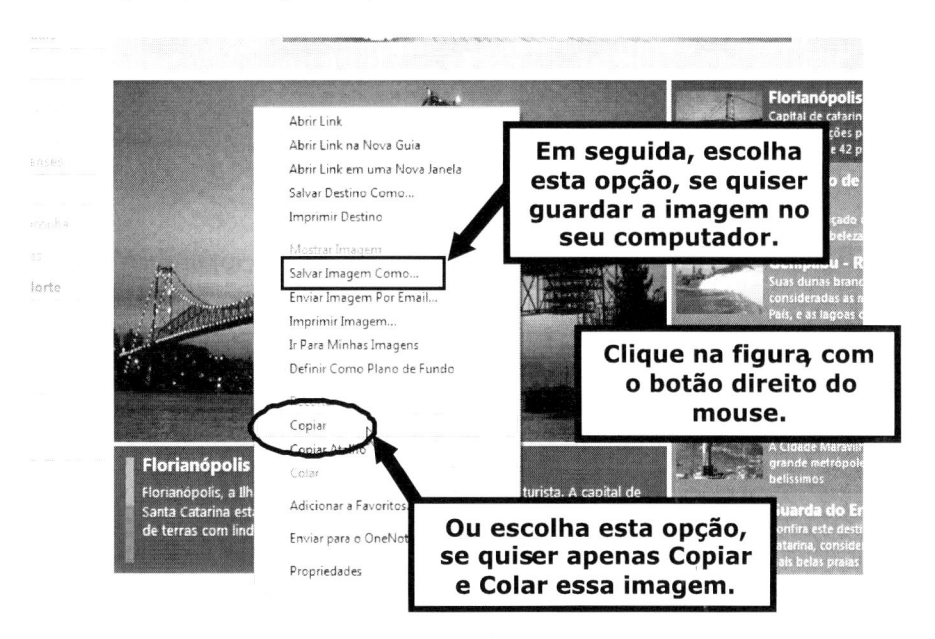

Se escolher a opção **Copiar**, para colocar a imagem em um documento, dê um clique, com o botão direito do *mouse*, no lugar onde quer colocar a imagem e, na janela de *menu* que abrir, dê um clique sobre a opção **Colar.**

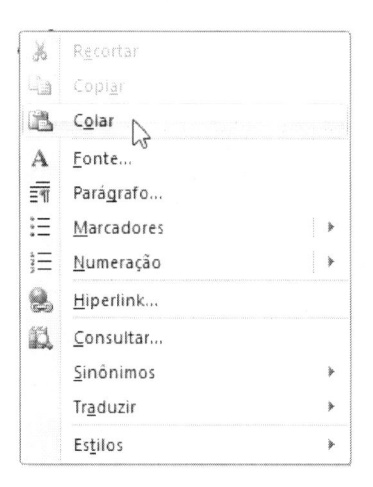

Agora, se optar pela opção **Salvar a imagem como**, na janela que se abre escolha uma pasta para salvar a imagem e digite um nome para a ela, no campo **Nome.** Em seguida, basta clicar sobre o botão **Salvar** ou pressionar a tecla **<ENTER>** do seu teclado.

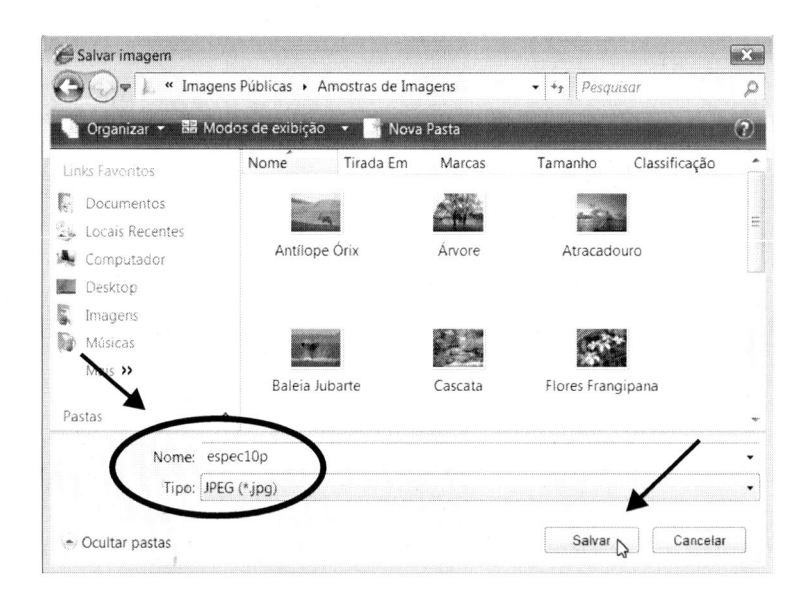

Copiar um Texto da Internet

Do mesmo modo que podemos copiar uma imagem, também podemos copiar qualquer texto, que esteja disponível em uma página da Internet, e colar no editor de texto **Word**. Para isso, faça o seguinte:

1) Selecione o texto de seu interesse (*arrastando o mouse com o botão esquerdo do mouse pressionado*).

2) Pressione o botão direito do mouse *sobre o texto selecionado* e, no menu que abrir, dê um clique sobre a opção **Copiar**.

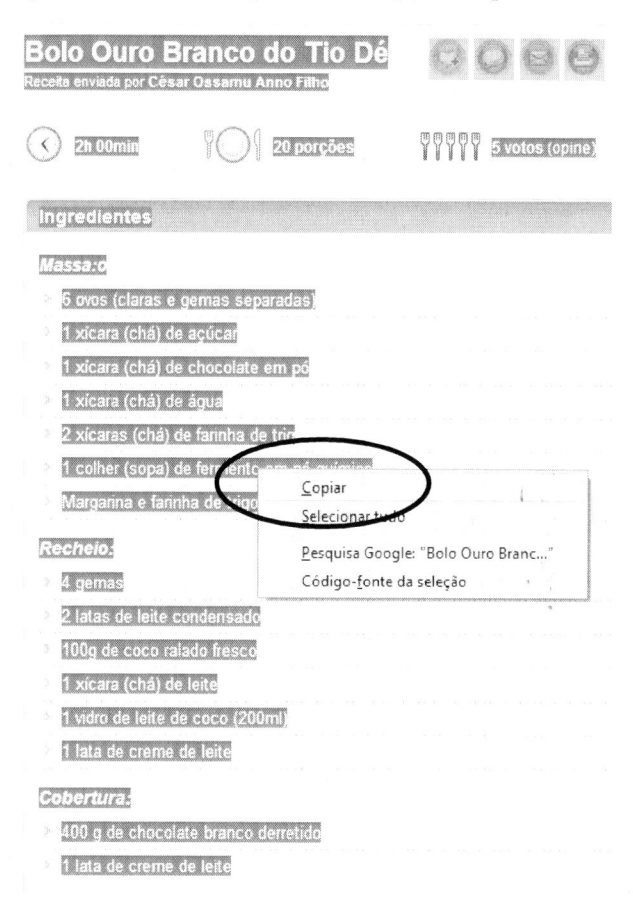

3) Abra o editor de texto **Word** e posicione o cursor no ponto a partir do qual será "colado" o texto copiado;

4) Na **Guia Início**, clique na setinha que fica logo abaixo do botão **Colar** e, em seguida, clique em Colar Especial....

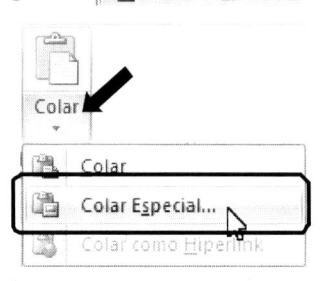

5) 5) No campo **Como** da caixa de diálogo **Colar Especial**, dê um clique sobre a opção *Texto não formatado* e, em seguida, clique no botão OK .

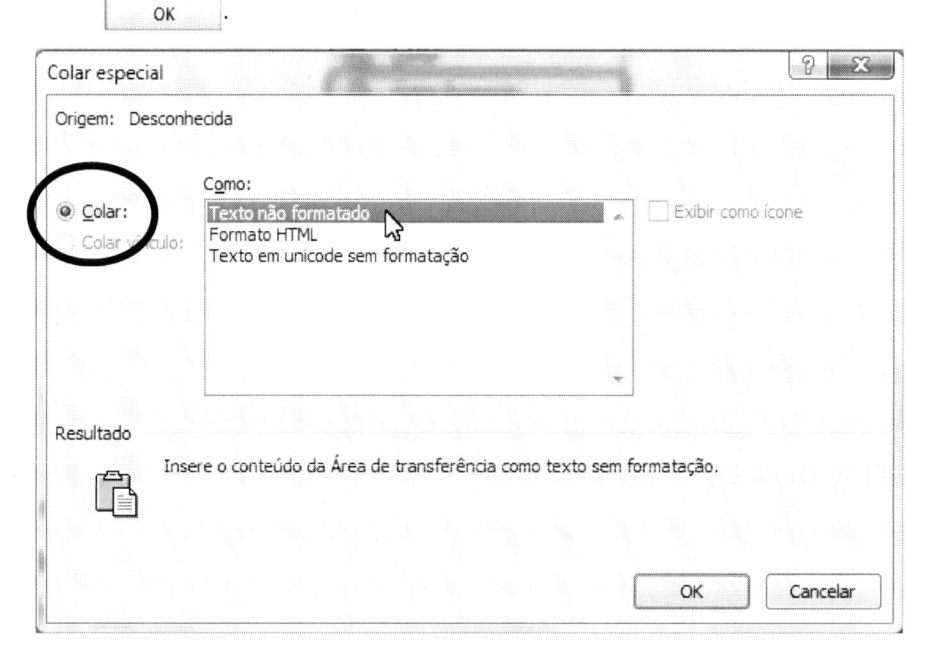

Pronto! Agora, se quiser, é só editar o texto da maneira que achar melhor.

Exercícios 3.3

Exercício 1 - Elaborar um texto com a ajuda da Internet

1) **Abra** o programa (navegador) **Internet Explorer** (*se ele ainda não estiver aberto*).

2) Digite

www.revistaturismo.com.br/passeios/louvre.htm

na caixa de endereço e pressione a tecla <**ENTER**> do seu teclado.

3) Na janela que se abre, **clique** sobre a primeira figura do Museu (*com o botão direito do mouse*) e, no menu que aparece, escolha a opção **Copiar**.

4) **Abra** o programa **Microsoft Office Word 2007** e **crie** três linhas no documento (*pressionando três vezes a tecla <ENTER> do seu teclado*).

5) Na segunda linha que você criou, **cole** a figura que você copiou do *site (clique com o botão direito do mouse e escolha a opção COLAR)*.

6) **Centralize** a imagem no parágrafo.

7) **Salve** o seu documento no *Pen Drive*, com o nome de:

Museu do Louvre

8) Na primeira linha do seu documento (*acima da figura*) **digite Museu do Louvre**.

9) **Centralize** o Título (*se ele ainda não estiver centralizado*), **coloque o efeito Negrito**, **mude a fonte** para **Verdana**, **aumente o tamanho** da fonte para 16 e **escolha uma cor** que você goste.

10) **Selecione** a figura do seu documento e, na Guia **Formatar**/Grupo **Tamanho**, escolha uma **altura de 5 cm**.

11) Em seguida, no *site* da **Revista Turismo** *(que permanece aberto na janela do Internet Explorer)*, **selecione** e **copie** os dois primeiros parágrafos do texto *(veja figura abaixo)*.

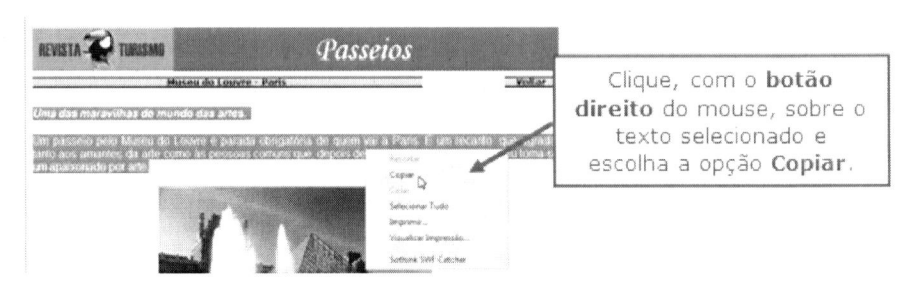

12) **Volte** para o documento do **Word** e **cole** o texto (que você acabou de copiar) logo abaixo da figura que lá está.

13) **Formate** o texto, que você colou no documento, da seguinte maneira:
Fonte: Verdana   **Tamanho da Fonte:** 11   **Alinhamento**: Justificado

Seu documento deve ficar parecido com o da ilustração a seguir.

Museu do Louvre

Uma das maravilhas do mundo das artes.

Um passeio pelo Museu do Louvre é parada obrigatória de quem vai à Paris. É um recanto que agrada tanto aos amantes da arte como às pessoas comuns que, depois de um dia passeando pelo museu torna-se um apaixonado por arte.

14) **Salve** novamente seu documento.

15) **Feche** todas as janelas abertas.

Exercício 2 – Copiar uma receita da Internet

1) **CRIE** uma pasta chamada **Receitas** dentro da pasta **Documentos** do seu computador *(se não lembrar como se faz, abra a página 53 do seu livro e veja o procedimento)*.

2) **ABRA** o programa (navegador) **Internet Explorer**(*se ele ainda não estiver aberto*).

3) **ABRA** o *site* de pesquisas **Google** (*se ele ainda não estiver aberto*). Para isso, **DIGITE**

<u>www.google.com.br</u>

na caixa de endereços e pressione a tecla <**ENTER**> do seu teclado.

4) **FAÇA UMA BUSCA** no **Google** sobre *"bolo de maçã"* (*digite com as aspas*).

5) Após aparecer o resultado da pesquisa, procure pelo *Link*

PECADO DA GULA: **Bolo de maçã** com casca
10 out. 2006 ... Peguei a receita aqui ao procurar na net um **bolo de maçã**, pois estava com duas aqui em casa e queria aproveitá-las numa boa receita. ...
pecadodagula.blogspot.com/.../bolo-de-ma-com-casca.html - Em cache - Similares

e **CLIQUE** sobre ele.

6) **PROCURE** a receita, **SELECIONE-A**, **CLIQUE** (*com o botão direito do mouse*) sobre a seleção e, no menu que aparece, **ESCOLHA** a opção **Copiar**.

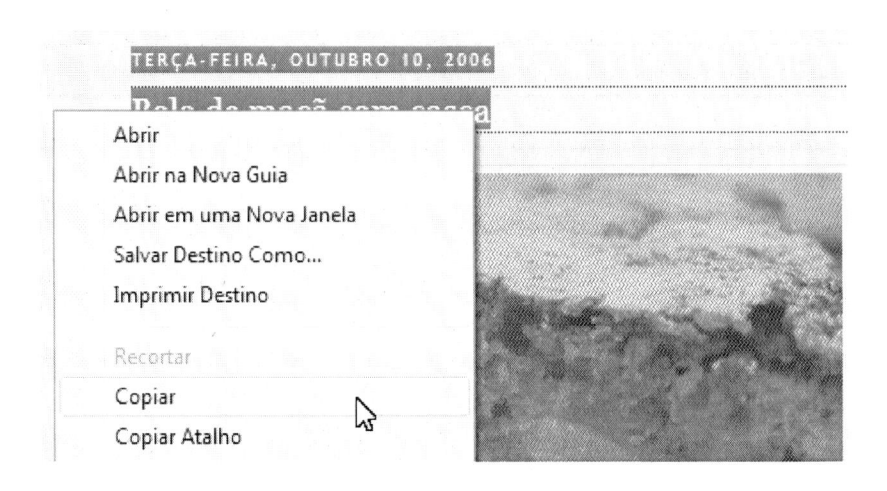

7) **ABRA** o programa **Word 2007***(se ele ainda não estiver aberto)* e **COLE** a receita que você copiou do *site*. Para isso, **CLIQUE** (*com o botão direito do mouse*) e, no menu que aparece, **ESCOLHA** a opção **Colar**.

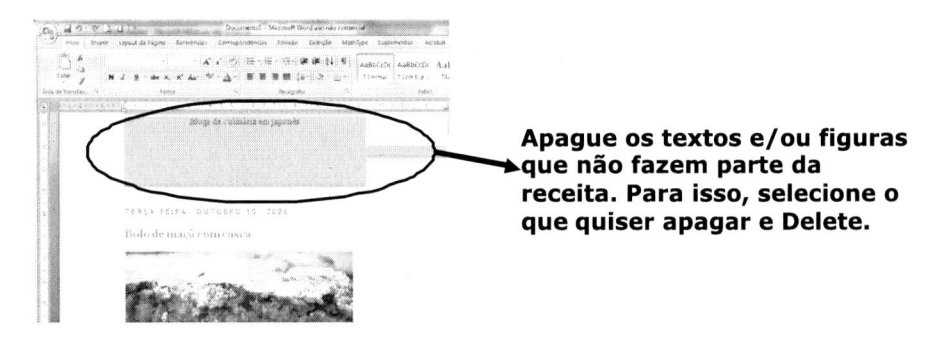

Apague os textos e/ou figuras que não fazem parte da receita. Para isso, selecione o que quiser apagar e Delete.

8) **SELECIONE** a figura do bolo no seu documento e, na Guia **Formatar**/Grupo **Tamanho**, escolha uma **altura de 5 cm**.

9) **FORMATE** sua receita, se quiser (*mude a letra, aumente o tamanho da letra, centralize o título, coloque uma cor no título*). Seu documento deve ficar parecido com o da ilustração a seguir.

Bolo de maçã com casca

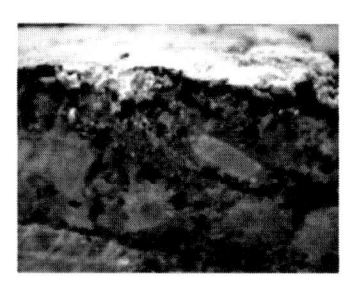

Este bolo ficou muito úmido e saboroso! Quem gosta de maçãs não vai ficar desapontado, tem muitos pedaços na massa e o melhor de tudo é que as cascas também são aproveitadas. Peguei a receita aqui ao procurar na net um bolo de maçã, pois estava com duas aqui em casa e queria aproveitá-las numa boa receita.

Use maçãs boas para assar, que não se desmanchem ao serem cozidas e levemente ácidas, pois dá um ótimo contraste com a massa.

Bolo de maçã com casca

2 xícaras de farinha de trigo para bolo

2 xícaras de açúcar (usei uma xícara de açúcar branco e meia de brown sugar)

1 colher (sopa) de fermento em pó

1 colher (sopa) de canela em pó (usei só meia colher)

1 pitada de sal

3 maçãs (usei 2 grandes)

3 ovos

1 xícara de óleo vegetal (usei 1/2 xícara de azeite)

Pré-aqueça o forno a 180oC.

Unte e enfarinhe uma forma ou forre com papel manteiga.

Peneire os ingredientes secos numa tigela grande e reserve.

Descasque as maçãs. Reserve as cascas e pique as maçãs em cubinhos.

Bata no liquidificador os ovos com o azeite e as cascas de maçã. Despeje esta mistura líquida nos ingredientes secos. Misture bem e junte os cubinhos de maçã. Despeje na assadeira e leve para assar por cerca de 40 a 50 minutos ou faça o teste do palito.

Polvilhe açúcar de confeiteiro e sirva morno com uma bola de sorvete de creme ou frio com uma xícara de chá! Este bolo no dia seguinte fica melhor ainda, se sobrar, é claro!

10) **SALVE** o seu documento na pasta **Receitas**, que você criou em **Documentos**, com o nome de **Bolo de maça com casca**.

11) **Feche** todas as janelas abertas.

> *OBS: Você pode utilizar o procedimento apresentado neste exercício, para copiar qualquer receita de qualquer site.*

Exercício 3

O objetivo aqui é aprender a localizar imagens no *Google*. Para isso, siga os passos a seguir.

1) **Abra** o navegador **Internet Explorer** *(se ele não estiver aberto)*, clicando no botão **Iniciar** e depois em **Internet** Internet Explorer ou, clicando no botão que fica do lado direito do botão **Iniciar**.

2) Na caixa de **Endereço** do navegador, **digite www.google.com.br** e **pressione** a tecla <**Enter**> do seu teclado.

3) Aparecerá uma tela, como a da ilustração abaixo, com o cursor posicionado no campo de pesquisa.

4) No **campo de pesquisa**, **digite** uma palavra relacionada com a imagem desejada, como por exemplo, **flores**. **Clique** na palavra **Imagens** e, em seguida, **clique** no botão Pesquisar imagens .

5) Observe que aparecerá uma janela com alguns resultados da sua pesquisa. Se quiser ver mais resultados, use o **botão de rolagem** do *mouse*, não se esquecendo de, antes, **apontar** o ponteiro do mouse para o meio da tela.

Outra maneira para ver mais resultados, é **clicar** na **barra de rolagem vertical** da janela do *Google*, com o botão do mouse pressionado, e arrastá-la para baixo. (veja ilustração a seguir)

6) Se quiser apenas **ver** a imagem, em um tamanho maior, **dê um clique** sobre ela.

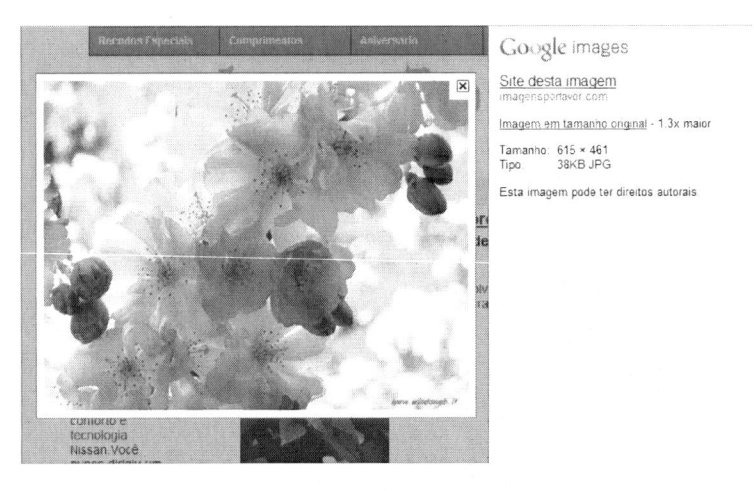

Para **Copiar** ou **Salvar uma imagem** no seu computador, **dê um clique <u>com o botão direito do mouse</u>** sobre ela e, a partir daí, siga o mesmo procedimento descrito na página 195.

7) Para retornar para a janela de pesquisa do *Google*, **dê um clique** no botão **Voltar** .

8) Se não for mais utilizar o Internet Explorer, feche a janela clicando no botão **X** .

Exercício 4

O objetivo aqui é fazer um cartão de Natal **parecido** com o da ilustração abaixo.

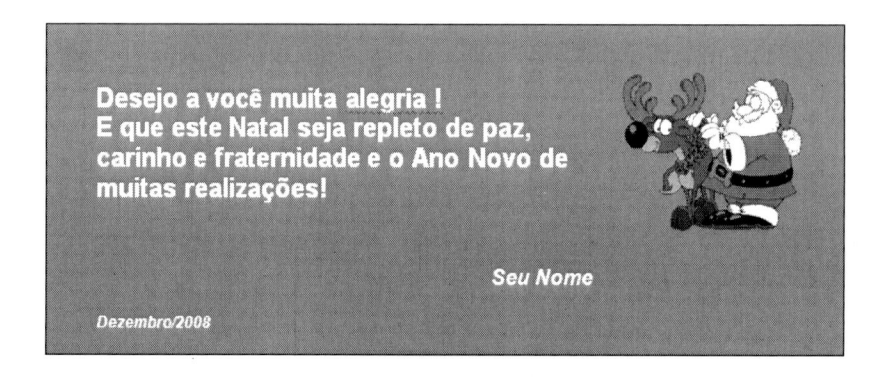

Para isso, siga os passos descritos a seguir.

1) **Abra** o programa *Word* **2007**.

2) **Retire** o espaçamento entre parágrafos *(veja o procedimento na página 98)*.

3) **Pressione** quatro vezes a tecla **<ENTER>** do seu teclado, para criar quatro linhas no seu documento.

4) A partir da segunda linha do seu documento, **insira** uma tabela com uma linha e uma coluna.

5) **Clique** dentro da tabela e, na Guia **Layout**, Grupo **Tamanho da Célula**, escolha **altura = 6** e **largura = 15**

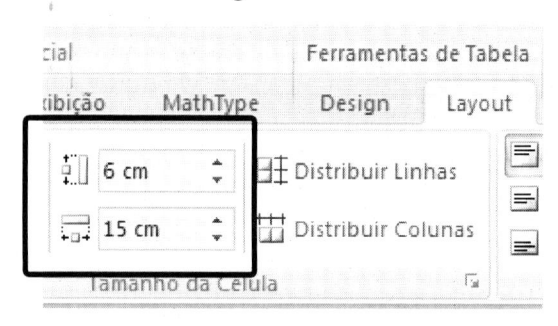

Novamente, **clique** dentro da tabela e, na Guia **Design**, Grupo **Estilos de Tabela**, **clique** sobre o Botão [🖉 Sombreamento ▾] e escolha uma cor **Verde** para o **Sombreamento**.

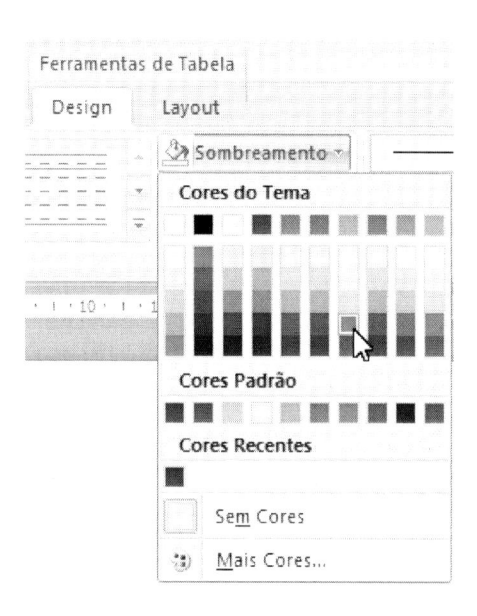

6) **Salve** o seu documento no *pen drive*, com o nome **Cartão de Natal**.

7) Minimize a janela do *Word* **2007** e, em seguida, **abra** o navegador **Internet Explorer** (*se ele não estiver aberto*).

8) Na caixa de **Endereço digite**

ilove.terra.com.br/serena/cartmns/natal/indice.asp

e **pressione** a tecla <**Enter**> do seu teclado.

9) Depois que entrar no *site*, **clique** sobre a figura

10) Na janela que abrir, **selecione** e **copie** o texto que aparece.

11) **Cole** o texto dentro da tabela que você criou no seu documento do **Word** 2007.

12) **Dê um clique** no início do primeiro parágrafo do texto e **pressione** uma ou duas vezes a tecla <ENTER>.

13) Volte para a janela do **Internet Explorer**, **copie** a figura que lá está e **cole-a** em uma das linhas abaixo da tabela *(fora da tabela)*.

14) **Selecione** a figura e, na Guia **Formatar**/Grupo **Tamanho**, escolha uma **altura de 3 cm**.

Com a figura ainda **selecionada**, na Guia **Formatar**/Grupo **Organizar**, **clique** sobre o botão **Posição** e escolha qualquer uma das opções *(com exceção da primeira)*.

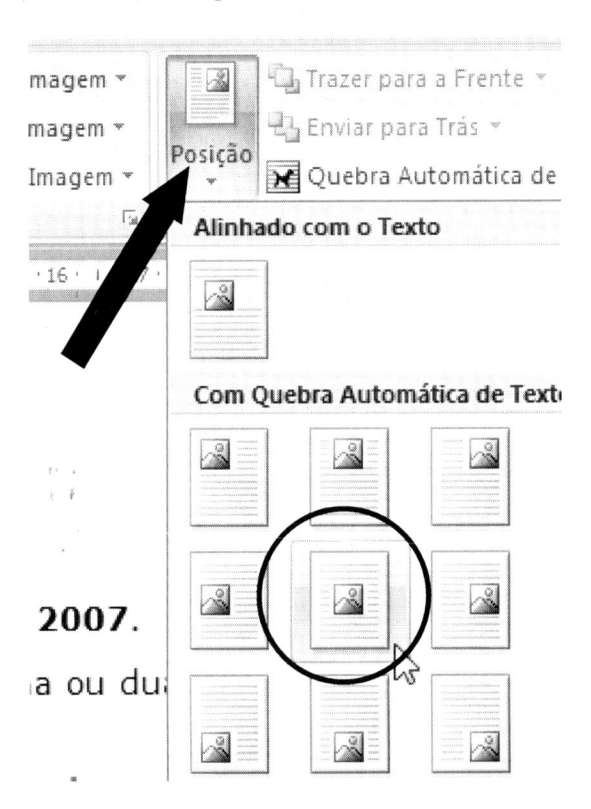

15) **Clique** sobre a figura, **arraste-a** para dentro da tabela e **posicione-a** para que fique parecido com o da ilustração a seguir.

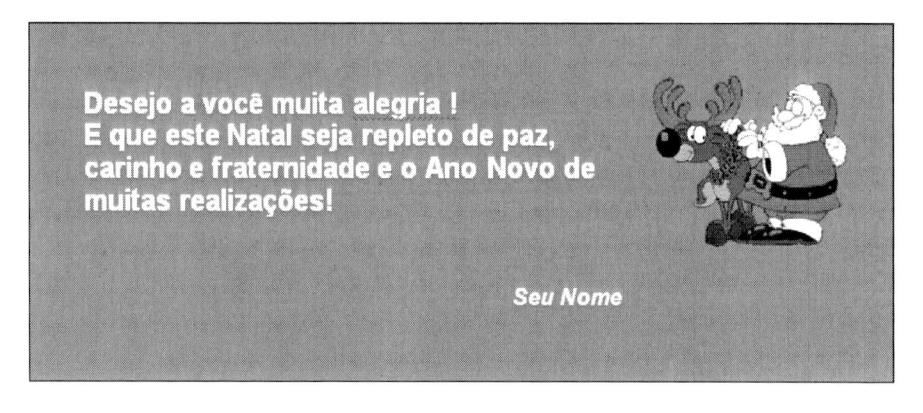

16) **Dê um clique** no final do último parágrafo do texto e **pressione** duas vezes a tecla <ENTER> para criar duas linhas.

17) **Escolha** a fonte Arial, tamanho 11, estilo **Negrito** e *Itálico* e **digite** o seu nome.

18) **Dê um clique** antes da primeira letra do seu nome e pressione várias vezes a barra de espaço do teclado, para "empurrar" o seu nome, para o lado direito, devendo ficar parecido com o da ilustração a seguir.

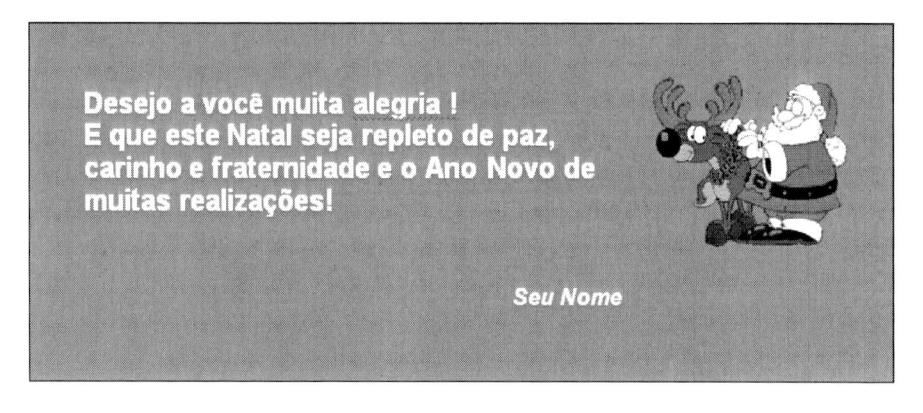

19) **Dê um clique** no final do parágrafo com o seu nome, **pressione** duas vezes a tecla **<ENTER>**, **escolha** a fonte Arial, tamanho 8, estilo **Negrito** e *Itálico* e **digite** o **mês e o ano** devendo ficar parecido com o da ilustração a seguir.

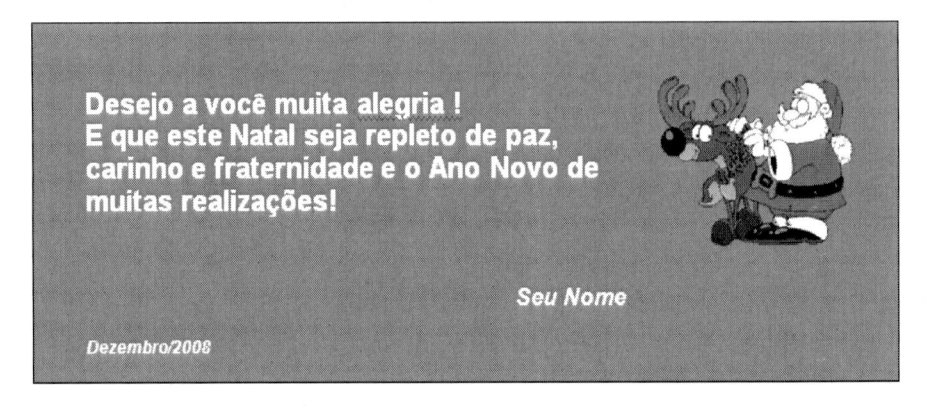

20) **Salve** novamente o seu documento, clicando no **botão *Office*** e, em seguida, em **Salvar**.

21) Agora **salve** o seu documento na pasta **Exercícios** que se encontra na pasta **Documentos** do seu computador.

SE VOCÊ TEVE DIFICULDADES PARA CHEGAR ATÉ AQUI, REPITA O EXERCÍCIO, QUANTAS VEZES ACHAR NECESSÁRIO, ATÉ QUE SE SINTA CONFORTÁVEL COM ESSAS AÇÕES!!!

O e-mail

O ***Electronic Mail,*** ou ***e-mail***, como é mais conhecido (correio eletrônico, em inglês), é um serviço tão popular quanto a *Web*. Sua função é a troca de mensagens (escritas) entre usuários de qualquer parte do mundo. No momento em que contratamos os serviços de um provedor de acesso, ele nos fornece uma **conta** de *e-mail*. Esta conta é nosso endereço eletrônico, através da qual enviamos e recebemos mensagens usando um computador.

Uma vantagem do *e-mail* sobre o telefone e o correio é que podemos enviar mensagens a qualquer hora do dia ou da noite. Se o destinatário não estiver na frente do computador e *online* (conectados à Internet) quando enviamos a mensagem, ele a encontrará na próxima vez que verificar seus *e-mails*. Se estiver online, poderemos receber uma resposta em poucos minutos.

Além disso, *e-mail* é gratuito. Ao contrário de enviar uma carta, não são necessários selos ou taxas, não importa onde o destinatário esteja. A única taxa aplicável é a que pagamos por uma conexão com a Internet.

Veja na ilustração abaixo, o caminho percorrido pelas informações entre dois internautas (usuários da internet):

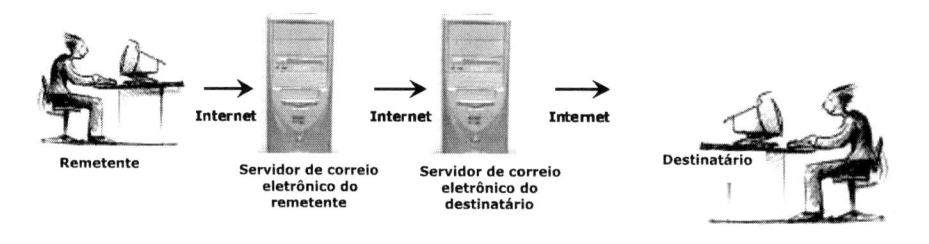

Utilizando um gerenciador de correio eletrônico (***Windows Mail, Incre-dimail*** ou outro qualquer), o **remetente**, conectado a **Internet**, envia uma mensagem ao **destinatário**. A mensagem vai para o servidor de correio eletrônico do remetente, que a envia para o servidor do destinatário. Utilizando um gerenciador de correio eletrônico, o destinatário conecta-se ao seu servidor e vê a mensagem.

O formato de conta de *email* mais utilizado é:

meunome@meuprovedor.com.br

O usuário **meunome** tem uma conta no provedor **meuprovedor**, que é uma empresa do tipo comercial (**.com**) no Brasil (**.br**) – **UOL, YAHOO, HOTMAIL, TERRA, TECHS, GLOBO**, etc. Dentre os vários serviços de correio eletrônico disponíveis na Web, apresentaremos a seguir o *Yahoo Mail* (**www.yahoo.com.br**) e o *Hotmail* (**www.hotmail.com.br**). Escolha o que gostar mais.

Yahoo Mail

Para usarmos *e-mails* no **Yahoo Mail**, em primeiro lugar devemos cadastrar uma conta no *site* do **Yahoo**. Para isso, devemos entrar no *site* (**www.yahoo. com.br**), clicar em Novo por aqui? Cadastrar-se e seguir as orientações dadas.

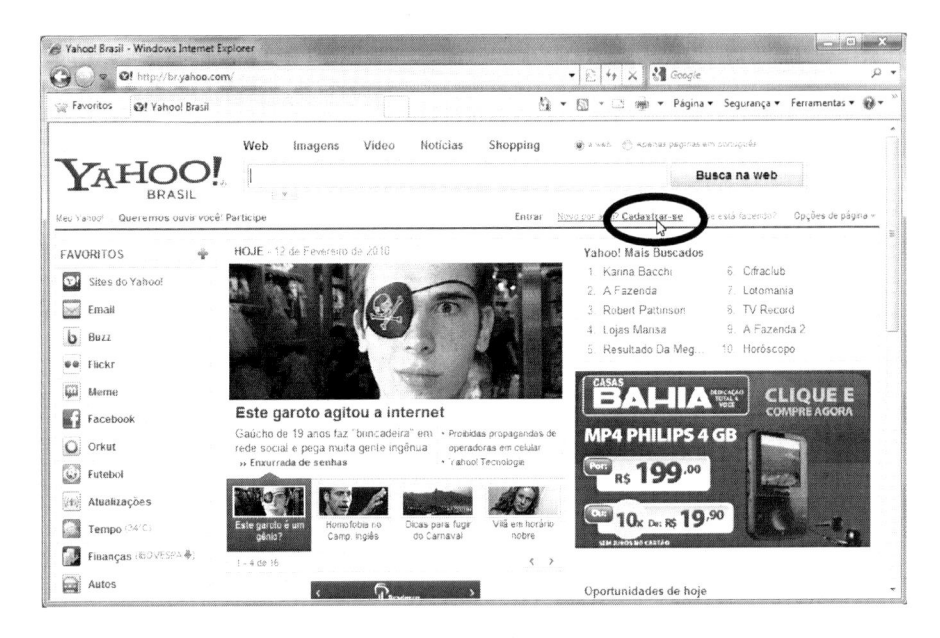

Neste cadastro teremos que indicar um nome para a nossa identificação (campo ID Yahoo!) e uma senha. Para a identificação, é indicado escolhermos algo envolvendo nosso nome e/ou sobrenome, a fim de facilitar a identificação por parte de quem receberá nossas mensagens.

Como o *Yahoo* possui muitos usuários, muitas vezes ele recusa a identificação que escolhemos pelo fato de já existir outra igual no seu banco de dados. Nesse caso, aparecerá uma mensagem informando este fato e solicitando que entremos com um novo ID. Quanto à senha, ela é nossa chave de segurança. Portanto, evite colocar senhas muito óbvias, como data de nascimento, sobrenome, nome de filhos ou algo parecido. Este cadastro possui ainda um campo para preenchermos e utilizarmos, no caso de esquecermos nossa senha; é só seguir as instruções.

Uma dica importante é desmarcar a opção "*Quero receber, ocasionalmen-te, informações sobre promoções e ofertas especiais do Yahoo!*", clicando no quadradinho que aparece na frente desta frase. Isso evita que recebamos, insistentemente, propagandas que não desejamos receber.

Em seguida, é só clicar em **Continuar** . Pronto, se você seguiu estas instruções, já tem um endereço eletrônico!!!!

Com um endereço de *e-mail* e uma conexão com a Internet, você já está pronto para enviar e receber *e-mails*.

Enviando uma mensagem no Yahoo

A partir de agora, iremos aprender como fazer para enviar uma mensagem, utilizando o correio eletrônico (***e-mail***):

Passo 1: Em primeiro lugar devemos acessar o site do Yahoo. Para isso, digite

www.yahoo.com.br

na barra de endereços do *Internet Explorer*.

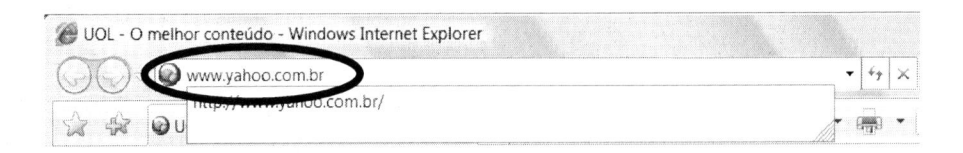

Passo 2: Na janela do site, clique sobre o botão [⊠ E-mail] para abrir a janela do Yahoo Mail.

Passo 3: Na janela de entrada do Yahoo Mail, digite seu e-mail e a senha já definidos anteriormente e, em seguida, clique no botão [Entrar].

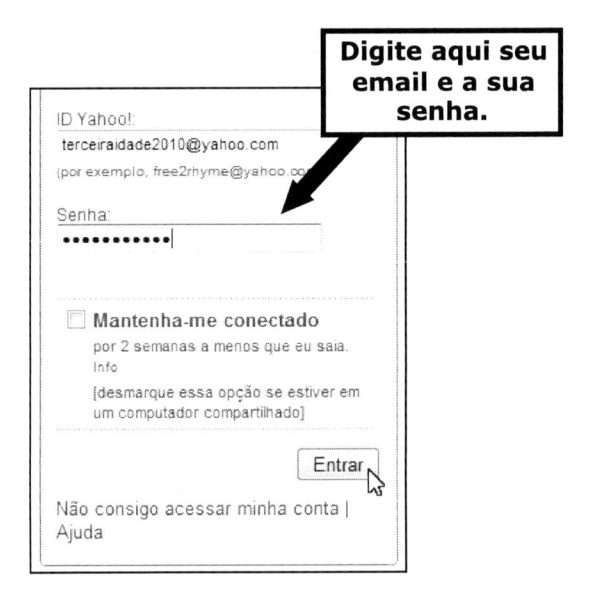

Passo 4: Para escrever uma nova mensagem, na janela do Yahoo mail, você deve clicar no botão **Novo** ▾ ou ir para a pasta 🗀 **Entrada (1)** e, em seguida, clicar no botão **Novo** ▾ .

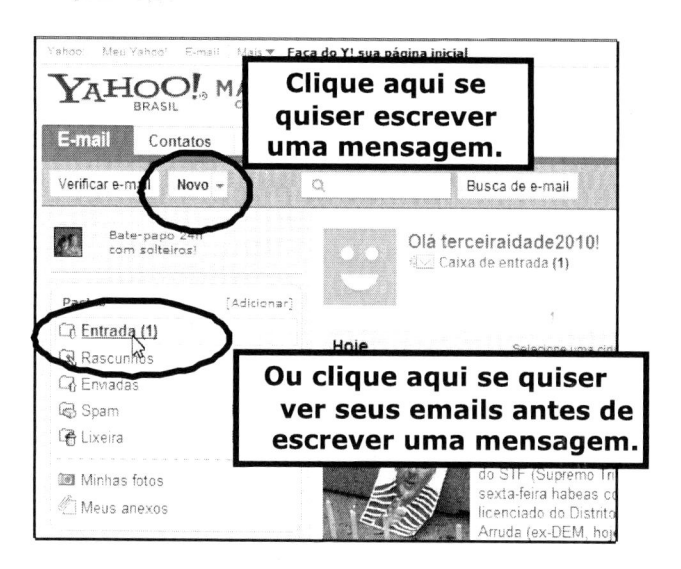

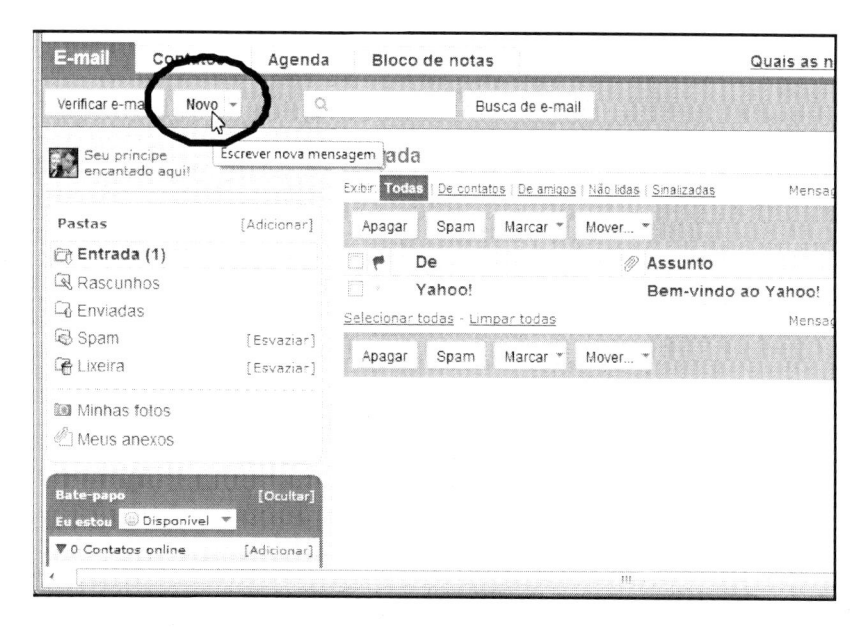

Passo 5: Na janela que se abre, na caixa **Para**, digite o endereço de e-mail do destinatário (algo do tipo: **terceiraidade@hotmail.com**).

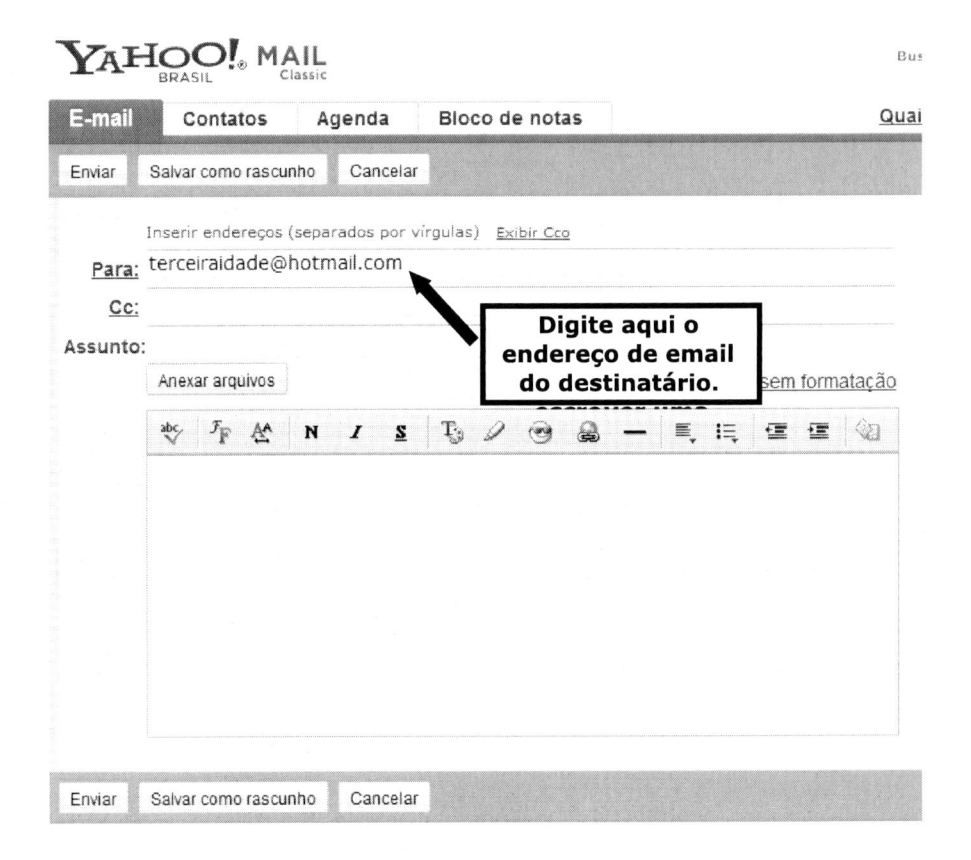

Se quiser mandar um mesmo *e-mail* para outra pessoa, clique em **Cc:** (**com cópia**), se quiser que saibam para quem está mandando esse *e-mail*, e escreva o endereço do outro destinatário. Agora, se quiser garantir a privacidade da pessoa, para a qual está enviando o *e-mail*, clique em Exibir Cco e, em seguida, no campo correspondente à **Cco:** (**com Cópia Oculta**), escreva o endereço do outro destinatário.

Passo 6: Na caixa Assunto, digite um título para o e-mail (alguma coisa que se relacione com o conteúdo da mensagem).

Passo 7: Digite a mensagem e clique em Enviar na barra de ferramentas. Não se esqueça de escrever seu nome no final da mensagem, afinal, ela está fazendo o papel de uma carta e, por isso, deve ser assinada.

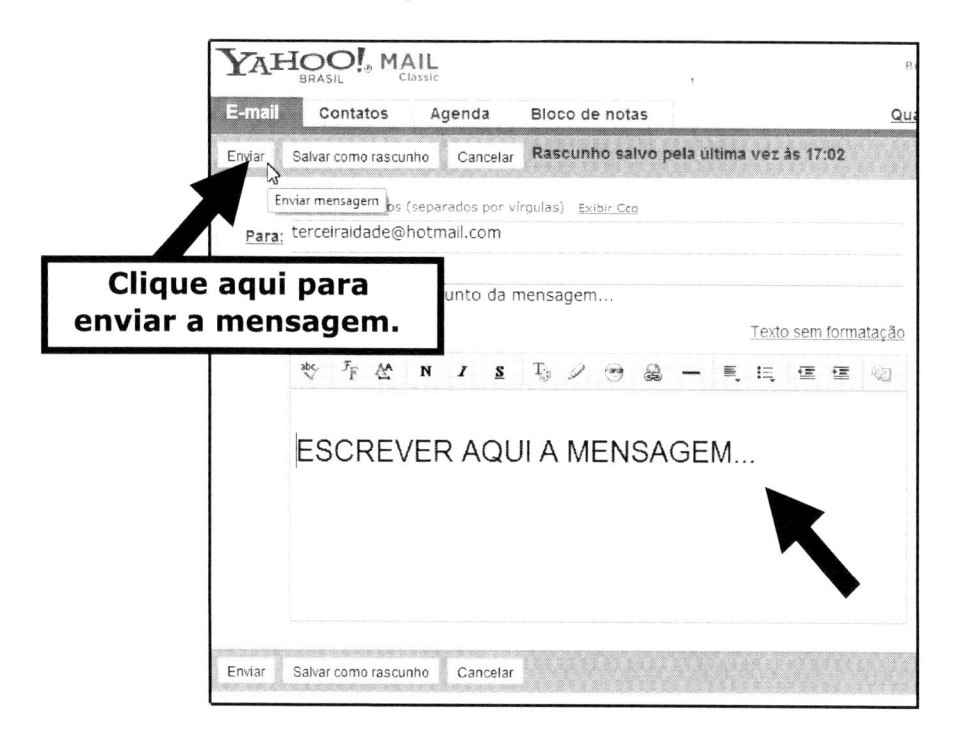

 Você pode anexar (incorporar) qualquer arquivo que esteja na sua máquina, para ser enviado junto com a mensagem. Para isso, basta seguir os passos indicados nas ilustrações abaixo. É importante saber se o destinatário possui o programa necessário para abrir o arquivo você está enviando.

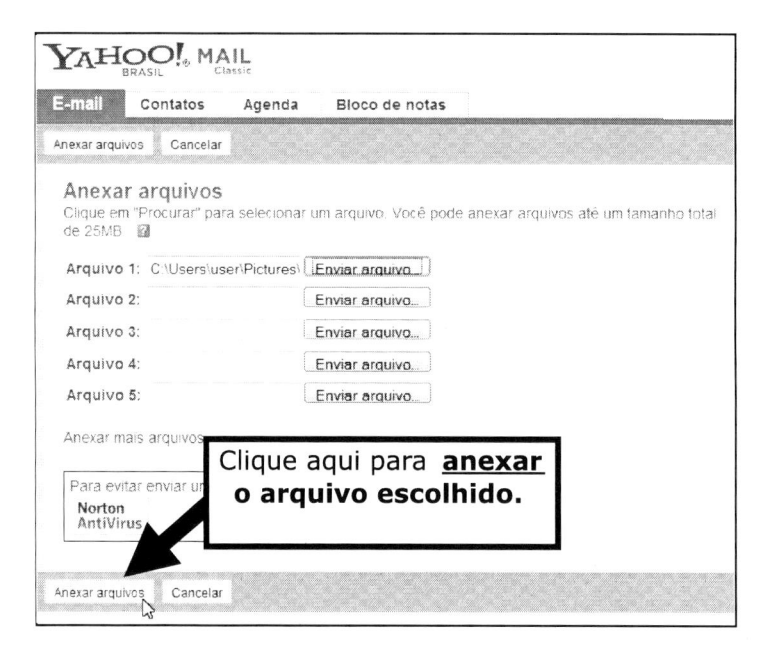

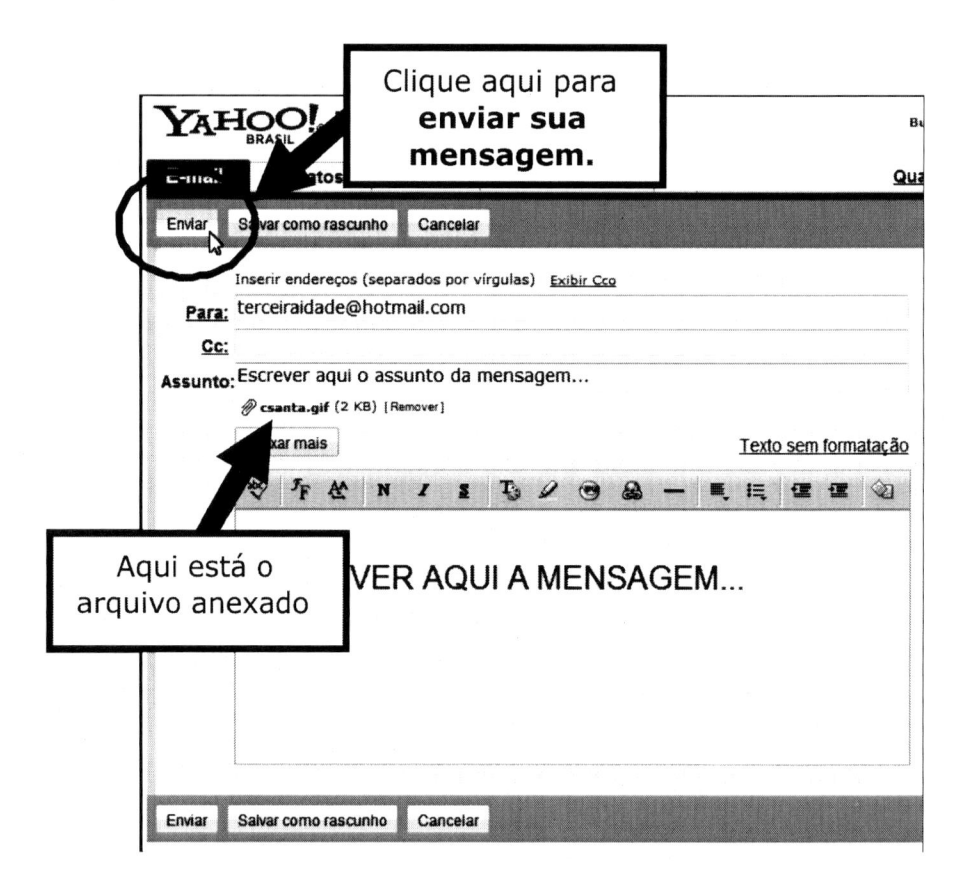

Observe que o símbolo ✐ que aparece logo abaixo do campo onde escrevemos o Assunto do email indica que existe um arquivo anexado à mensagem.

✐ csanta.gif (2 KB) [Remover]

Ler um e-mail no Yahoo

As mensagens que recebemos ficam armazenadas em uma pasta chamada **Caixa de Entrada** ou simplesmente **Entrada** (semelhante a uma caixa de correio em frente da nossa casa). Assim que abrimos o *Yahoo Mail*, o programa informa se temos alguma mensagem na nossa Caixa de Entrada que ainda não foi lida, através de uma mensagem do tipo (ver ilustração abaixo). Ao clicarmos nessa caixa, temos acesso às mensagens que vieram para nós (semelhante a abrir a caixa do correio e pegar as correspondências).

Uma vez feito isso, podemos ler nossas mensagens (abrir as correspondências que pegamos na caixa de correio). Para isso, basta clicar sobre cada uma delas na **lista de mensagens**.

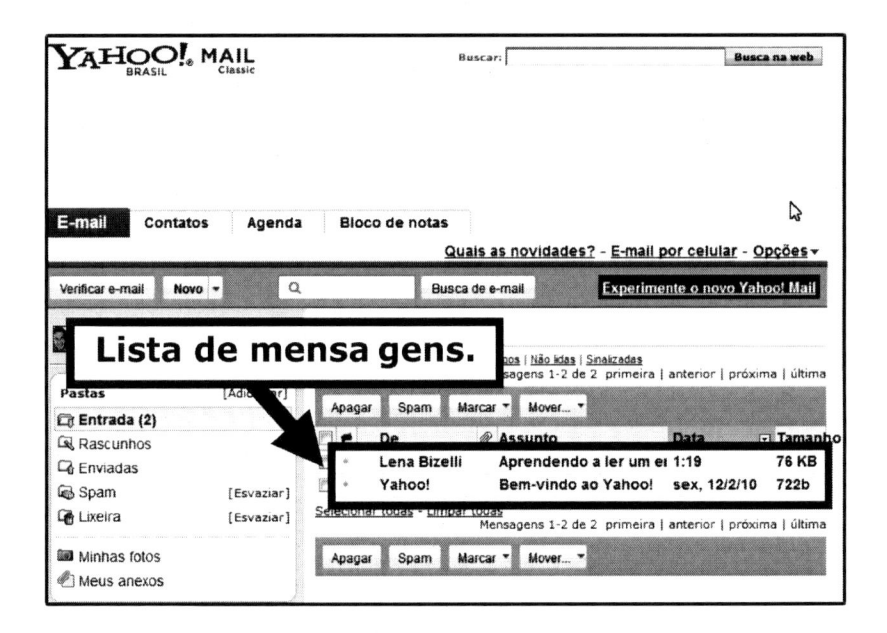

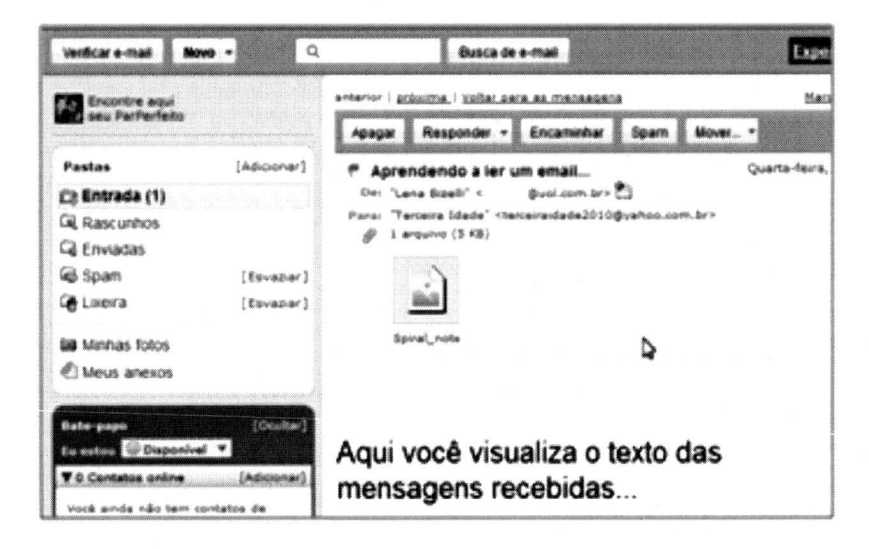

Depois de ler uma mensagem, podemos respondê-la para a pessoa que nos enviou, clicando no botão $\boxed{\text{Responder} \quad \vee}$; encaminhá-la para outra pessoa, clicando no botão $\boxed{\text{Encaminhar} \quad \vee}$; apagá-la de nossa caixa postal, selecionando-a e clicando no botão Apagar, ou deixá-la na caixa postal até decidir o que fazer com ela.

Algumas observações são fundamentais neste momento:

1) A tela onde lemos nossas mensagens possui uma barra de rolagem vertical (no lado direito) e uma horizontal (na base). **Não se esqueça delas!!!** Elas existem para nos auxiliar na leitura da mensagem inteira, pois normalmente as mensagens não cabem na primeira página que a gente visualiza. Ao clicarmos nas setinhas pretas que aparecem no canto inferior direito da tela, vamos "rolando" a tela para cima (ou pra a esquerda), possibilitando que apareça o que estava abaixo (ou à direita) do que podíamos ver anteriormente. Faça isso sempre que abrir uma mensagem, senão correrá o risco de não entender o que recebeu, pelo fato de não ter visto todo o seu conteúdo.

2) Quando respondemos uma mensagem, após clicarmos no botão **Responder**, aparece uma tela semelhante àquela de escrever uma mensagem nova, porém, os campos de destinatário e assunto já estão preenchidos e a mensagem que recebemos aparece na parte de baixo. Devemos sempre tomar o cuidado de apagar a mensagem que recebemos (basta selecionar todo o texto e pressionar a tecla **Delete/DEL**, do teclado) antes de começarmos a escrever nossa resposta. Fazendo isso, facilitamos a leitura de nossa resposta, por parte de quem a recebe, e não cometemos a deselegância de devolver para uma pessoa, o que ela nos enviou (isso seria semelhante a utilizar o verso de uma carta que recebemos, para escrever a resposta).

3) Existem mensagens que circulam muito pela rede pelo fato de que, quando uma pessoa a recebe, gosta e decide encaminhá-la para vários amigos seus; esses, por sua vez, repetem o procedimento e isso se transforma em uma cadeia. No entanto, sempre que fazemos isso (encaminhamos uma mensagem que recebemos, para uma terceira pessoa), notamos que no início da mensagem aparece um cabeçalho contendo informações da pessoa que nos

enviou essa mensagem. Devemos sempre tomar o cuidado de apagar esse cabeçalho (novamente, selecionando-o e apertando a tecla **Delete**) antes de clicarmos no botão **Enviar**. Essa medida é muito importante para evitar que o endereço de uma pessoa seja enviado para outras pessoas que não a conhecem, preservando-o de usos indevidos. Além disso, se esta medida não for tomada, as mensagens se tornam demasiadamente extensas com lixos desnecessários, dificultando a leitura por parte de quem as recebe.

HotMail

Abrindo o Hotmail

Passo 1: Em primeiro lugar devemos acessar o *site* do ***Hotmail***. Para isso, digite **www.hotmail.com** na barra de endereços do *Internet Explorer*.

Passo 2: Na janela de entrada do ***Hotmail***, digite seu *e-mail* e a *senha* já definidos anteriormente e, em seguida, clique no botão [Entrar].

entrar

Windows Live ID:

melhoridade@hotmail.com

Senha:

••••••••••••

Esqueceu sua senha?

☑ Lembrar-me

☐ Lembrar minha senha

[Entrar]

Não é o seu computador?

Obtenha um código de uso único para entrar

Mostrar Windows Live IDs salvos

Pronto!!! O **Hotmail** está aberto e pronto para você utilizá-lo

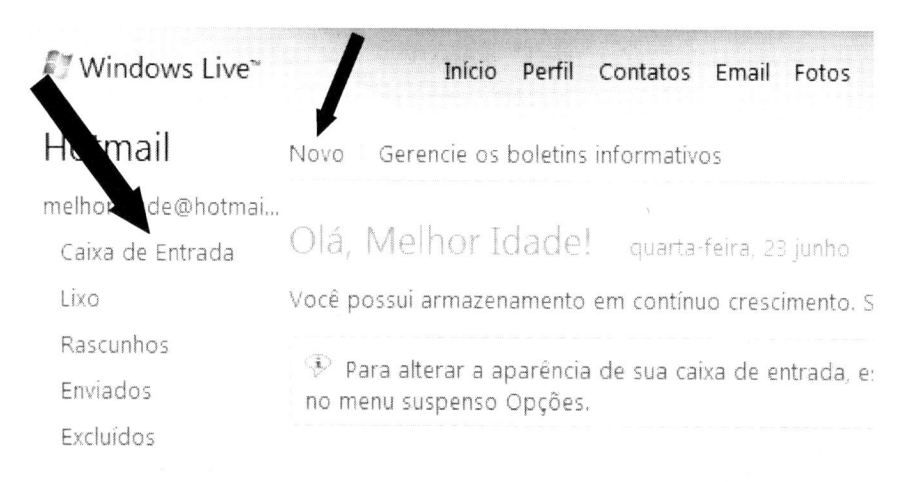

Escrever e Enviar uma mensagem no Hotmail

Passo 1: Para escrever uma nova mensagem, na janela do *Hotmail*, você pode clicar direto no botão Novo ▾ ou ir para a Caixa de Entrada, ler seus e-mails e, em seguida, clicar no botão Novo ▾.

Passo 2: Na janela que se abre, na caixa ⬚ Para: ⬚, digite o endereço de e-
-mail do destinatário (algo do tipo: terceiraidade@hotmail.com) e, na caixa
Assunto, digite um título para o e-mail (alguma coisa que se relacione com o
conteúdo da mensagem).

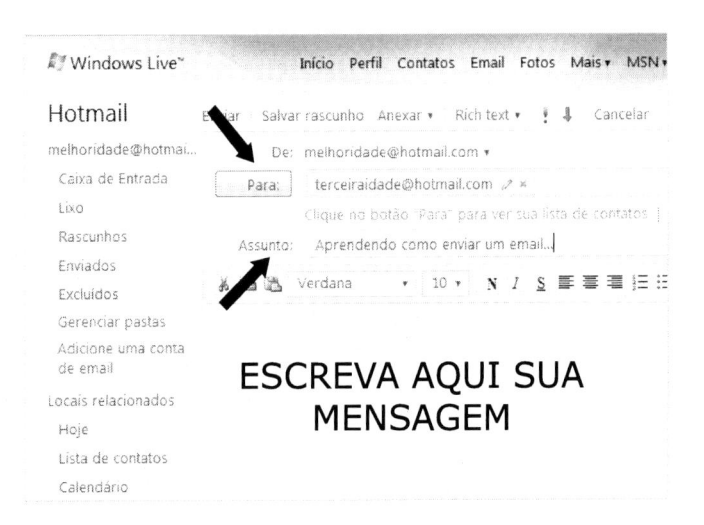

Passo 3: Digite a mensagem e clique em ⬚ Enviar ⬚ na barra de ferramentas.
Não se esqueça de escrever seu nome no final da mensagem, afinal, ela está
fazendo o papel de uma carta e, por isso, deve ser assinada.

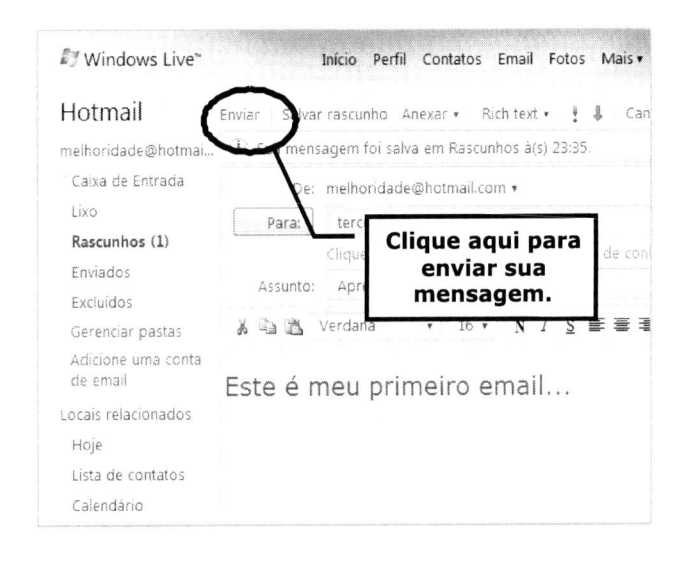

Ler Mensagens no Hotmail

Passo 1: Para ler uma mensagem recebida, em primeiro lugar clique na pasta Caixa de Entrada.

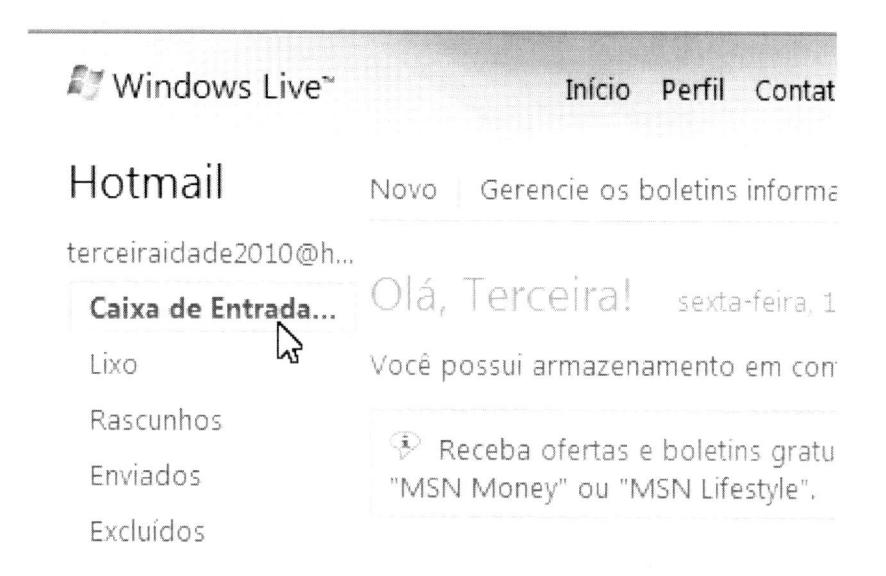

Passo 2: Clique sobre a mensagem que aparece com um envelope amarelo fechado .

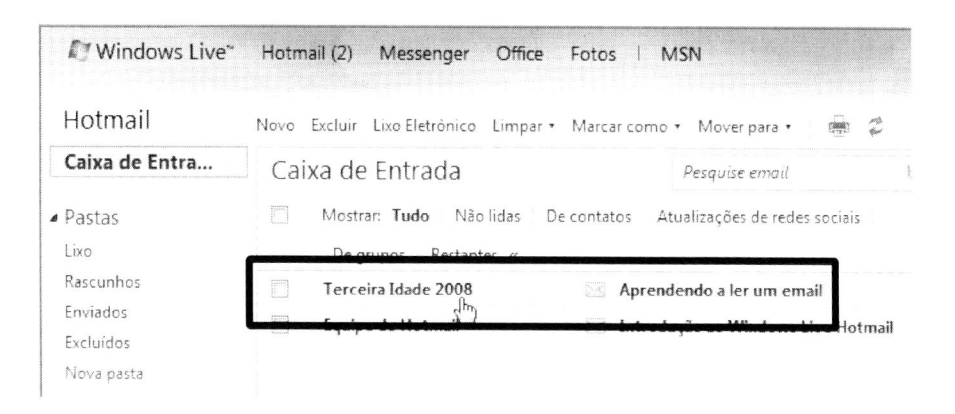

Passo 3: Agora é só ler a mensagem recebida e, se for o caso, respondê-la para a pessoa que a enviou.

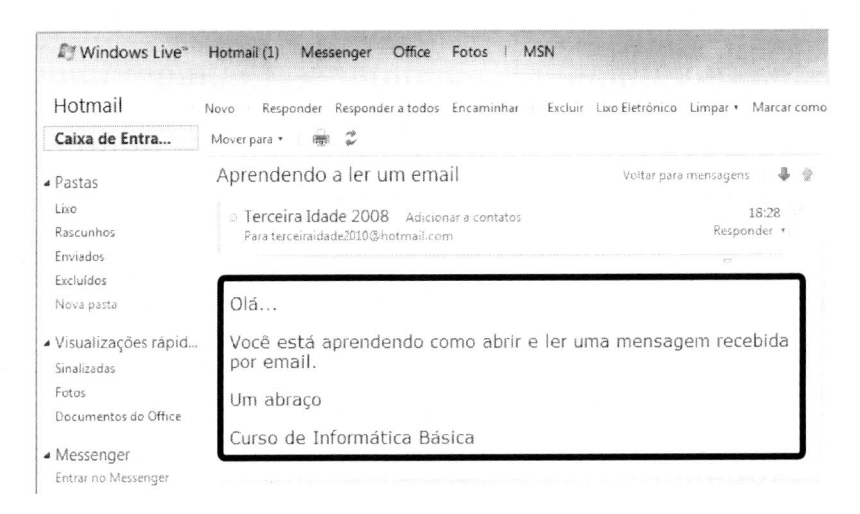

Responder Mensagens no Hotmail

Passo 1: Para responder uma mensagem recebida, em primeiro lugar clique no botão **Responder** ⯆ na janela do e-mail que quer responder. Observe que você pode encontrar esse botão em dois lugares diferentes da sua janela.

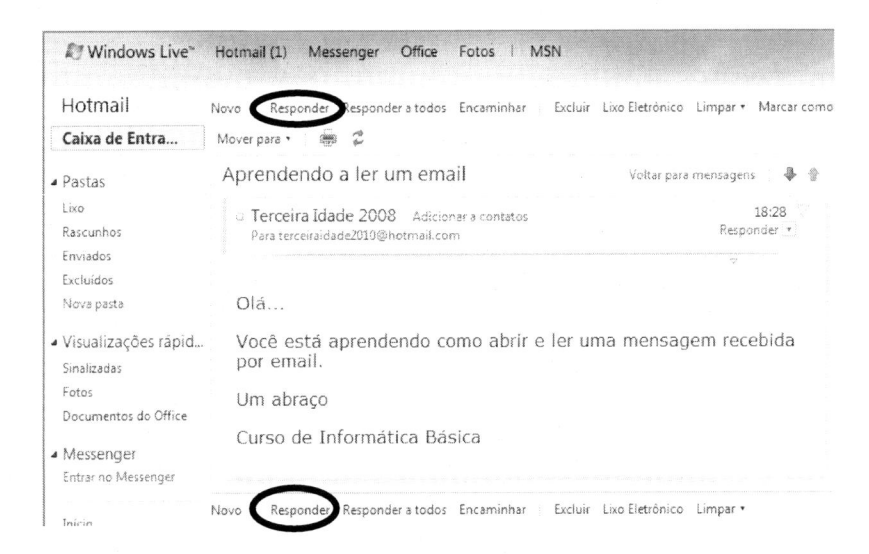

Se aparecer uma mensagem como a da ilustração abaixo, clique em **OK**.

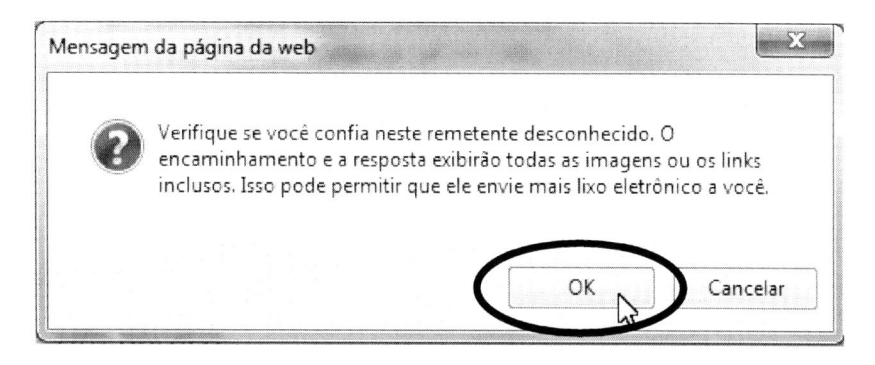

Passo 2: Observe que, na janela da resposta, o campo para o destinatário e para o assunto já são preenchidos automaticamente.

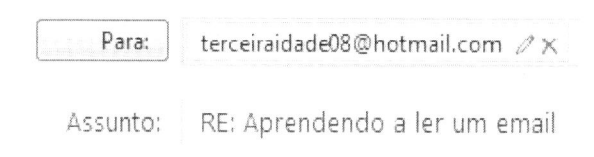

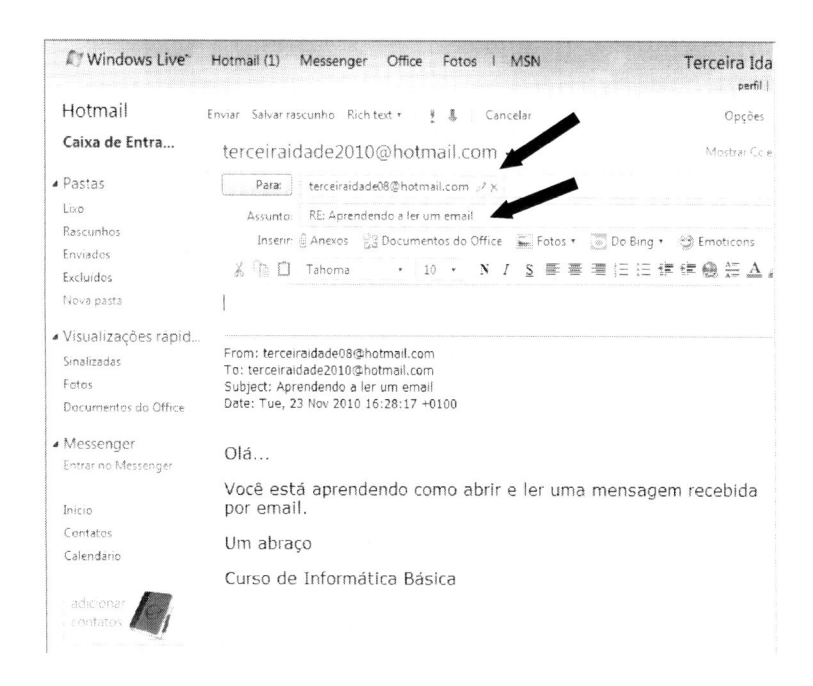

Além disso, um bom costume é apagar a mensagem recebida, que fica no corpo da resposta do seu email.

Para isso, selecione pequenos trechos da mensagem e apague, até não ficar mais nada no campo da resposta.

Pronto!!! Agora é só escrever sua resposta e clicar no botão Enviar .

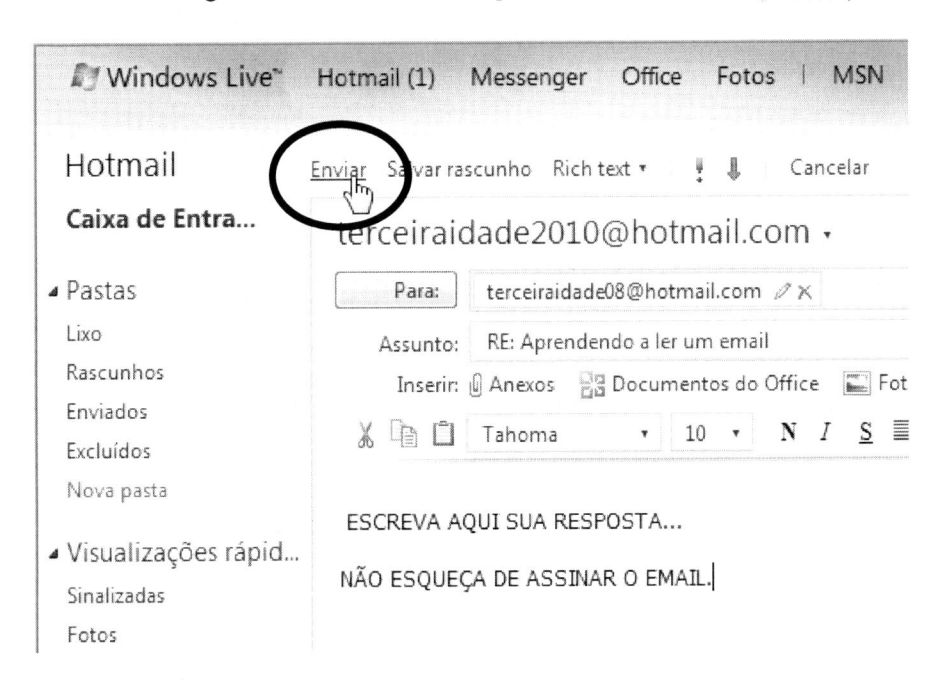

Importante observar que depois de abrir um e-mail, o envelope amarelo fechado ✉ transforma-se em envelope branco aberto ✉ , indicando que o e-mail já foi lido.

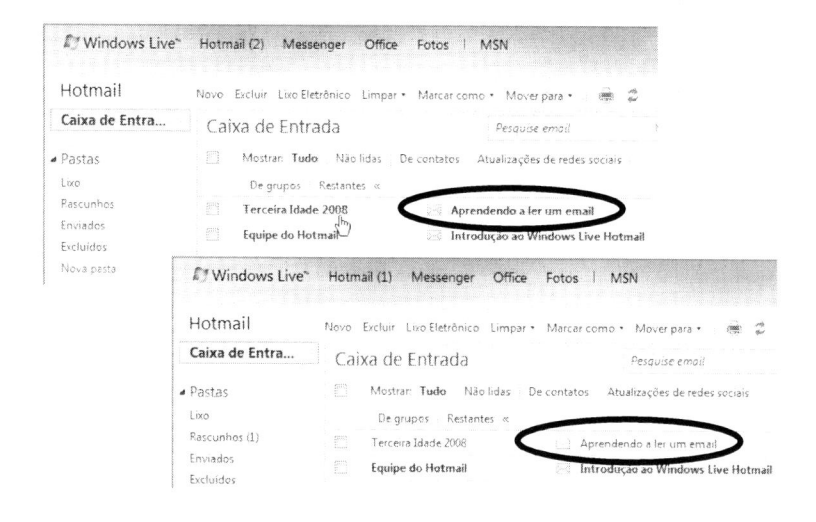

Anexar um arquivo em uma mensagem no Hotmail

Você pode anexar (incorporar) qualquer arquivo que esteja na sua máquina, para ser enviado junto com a mensagem. Para isso, basta seguir os passos indicados nas ilustrações abaixo. Lembre-se que é importante saber se o destinatário possui o programa necessário para abrir o arquivo que você está enviando.

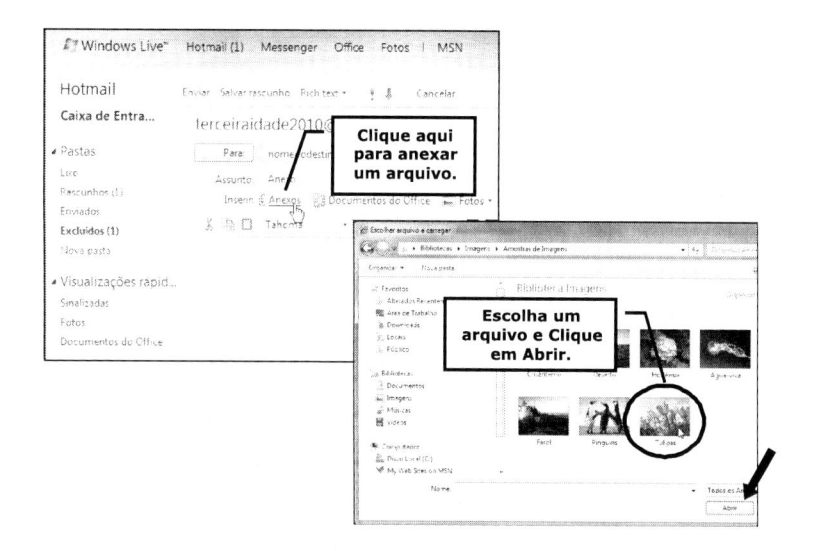

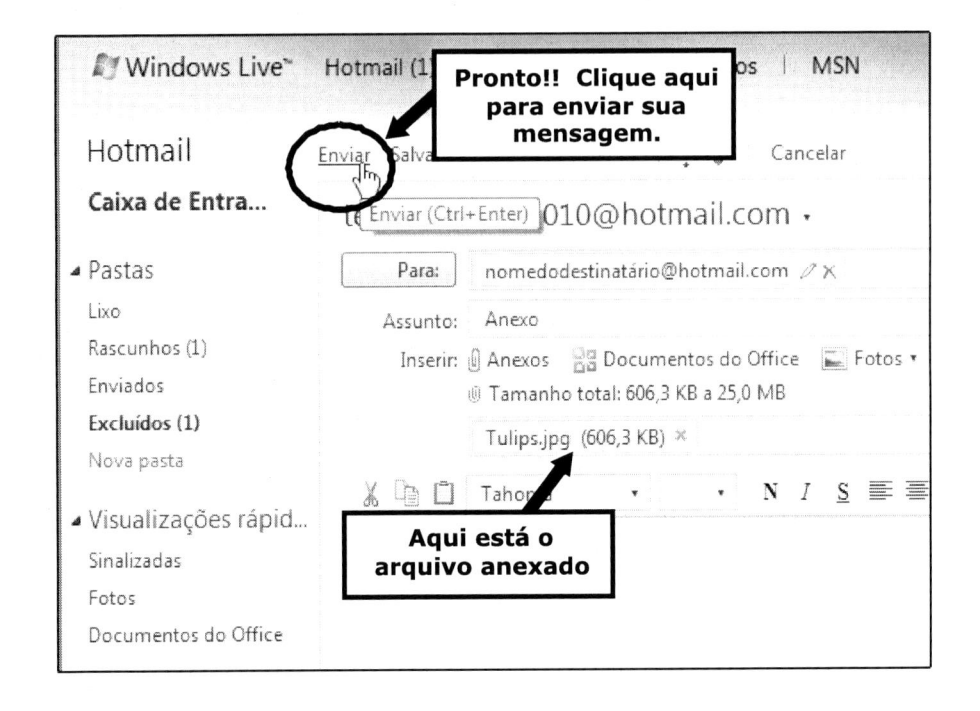

Excluir uma mensagem no Hotmail

A sua Caixa de Entrada do *Hotmail* (ou de qualquer outra ferramenta de comunicação por *email*) tem um espaço limitado. Se alguém enviar-lhe um e-mail quando sua caixa estiver lotada, ele retornará ao remetente. Para que isso não aconteça, sempre que ler uma mensagem que não lhe interessa, mantenha o hábito de apagá-la ou salvá-la no seu computador. Com isso, você evita que sua **Caixa de Entrada** fique cheia, impedindo que novas mensagens sejam perdidas.

Para **Excluir** um *e-mail*, de sua **Caixa de Entrada**, siga os passos descritos a seguir:

1) Localize o *e-mail* que deseja **Excluir** e dê um clique na caixinha ao lado do nome da pessoa que o enviou e observe se a caixinha ficou marcada (veja a ilustração abaixo).

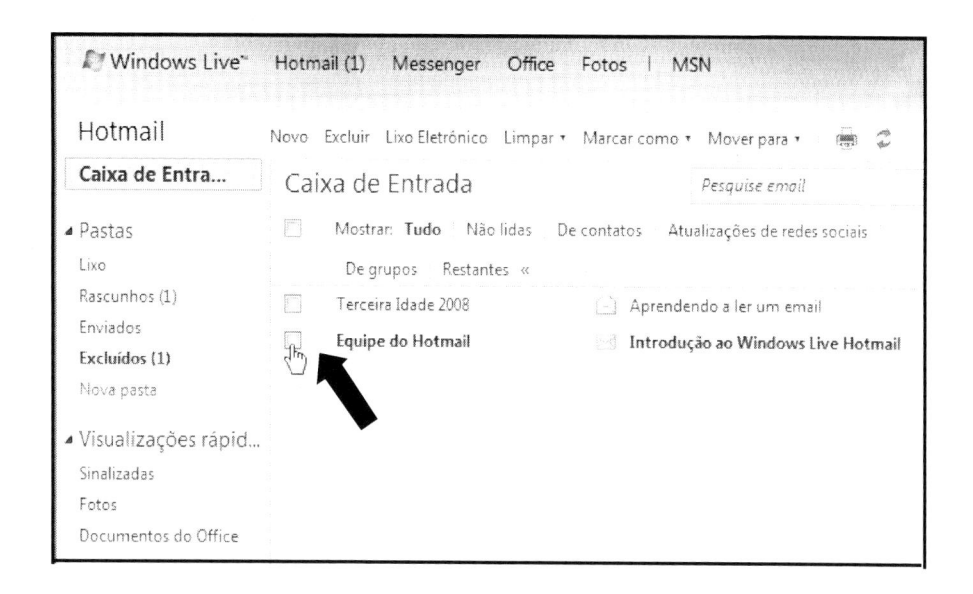

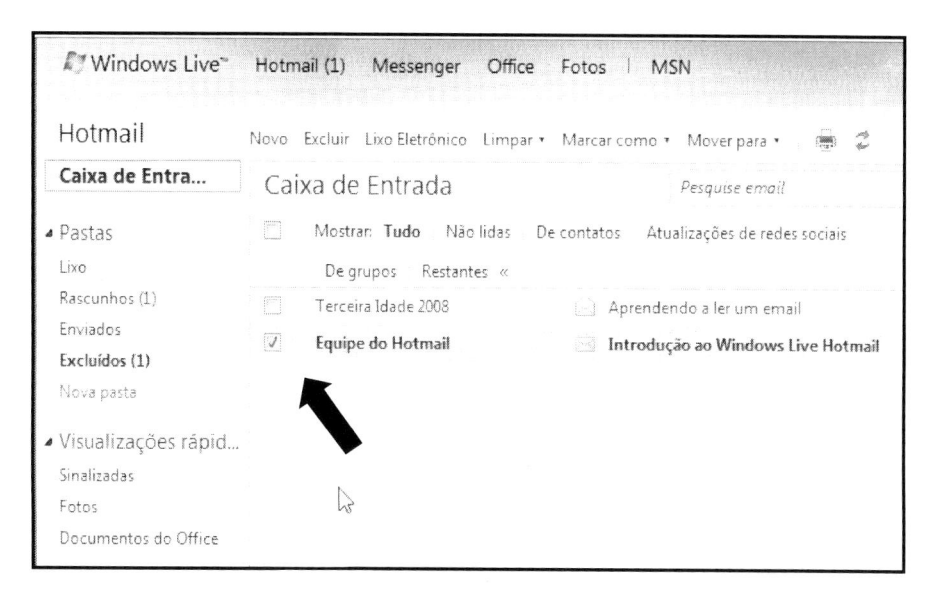

Importante observar que você pode selecionar vários *e-mails* para **Excluir** de uma vez só, bastando repetir o procedimento descrito anteriormente.

2) Agora, basta clicar em Excluir para apagar os *emails* que foram selecionados.

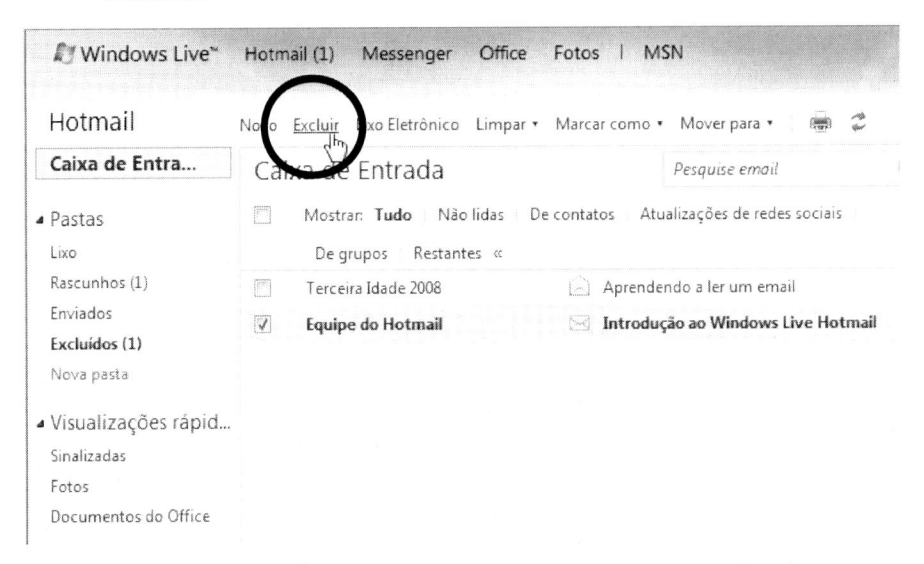

Importante observar que para **Sair** de sua conta de *email*, procure sempre seguir o procedimento correto, pois caso contrário qualquer pessoa que vier a utilizar o computador poderá ter acesso aos seus e-mails. Assim, toda vez que for sair de sua conta, posicione o cursor do mouse sobre o botão sair que fica na parte superior, do lado direito, da página.

Depois de sair de sua conta, **Feche** a janela do *Hotmail* clicando no botão  que fica no canto superior direito da janela.

Exercícios 3.4

Exercício1

1) **Conecte** a Internet e **abra** o programa (navegador) **Internet Explorer**.

2) **Abra** o *site* onde criamos e acessamos *e-mail*, no nosso caso é:

<u>www.hotmail.com.br</u>

3) **Escreva** uma nova mensagem com as seguintes características:
   Para: terceiraidade@hotmail.com

   Assunto: Aula-email

Olá !

Estou mandando esta ca rta para avisar que já aprendi como enviar uma mensagem usando o meu e-mail. Aprendi que para enviar uma mensagem basta clicar em **Escrever** na janela do *Hotmail*. Depois que eu digitar o email da pessoa para a qual eu estou escrevendo, no campo PARA, eu posso digitar o assunto no campo ASSUNTO e, em seguida, basta eu digitar a mensagem.

Após digitar a mensagem, basta clicar em <u>**ENVIAR**</u> e pronto! A mensagem será enviada e estará disponível na caixa postal do destinatário. Viu como eu já aprendi?

      Um abraço.

        [digite aqui o seu nome]

---

4) Após digitar a mensagem, **clique** em Enviar para **enviar** a sua mensagem.

5) **Volte** para a **Caixa de entrada**.

Exercício2

1) No *site* do *Hotmail*, onde criamos e acessamos *email*, **Escreva** uma nova mensagem e **Anexe** uma figura qualquer que está na pasta **Imagens** do seu computador.

2) Após digitar a mensagem e anexar a figura, **clique** em ENVIAR para mandar a sua mensagem para

terceiraidade@hotmail.com

NÃO SE ESQUEÇA DE ESCREVER O ASSUNTO

3) **Volte** para a **Caixa de entrada**.

Exercício3

1) **Abra** o programa **Word** (*Iniciar → Todos os Programas → Microsoft Office → Microsoft Office Word 2007*).

2) **Insira** uma imagem da pasta **Imagens** no seu documento e **escreva** uma mensagem qualquer.

3) **Salve** o documento na pasta **Documentos** e dê a ele o nome **Texto--Anexo**

4) No *site* do Hotmail, onde criamos e acessamos email, **Escreva** uma nova mensagem, **Anexe** o documento **Texto-Anexo** que você acabou de salvar e **Envie** a mensagem para

terceiraidade@hotmail.com

NÃO SE ESQUEÇA DE ESCREVER O ASSUNTO.

5) **Volte** para a **Caixa de entrada**.

Exercício4

1) **Minimize** a janela do **Hotmail** e **Abra** o **Internet Explorer** novamente.

2) **Entre** no *site* do **Google** (www.google.com.br).

3) **Faça** uma pesquisa sobre **RECEITAS**.

4) Procure uma receita que você ache legal, **selecione** e **copie**.

5) **Volte** para o *site* do **Hotmail** e **Escreva** uma nova mensagem.

6) **Cole** a receita, copiada do *site*, no corpo da mensagem.

7) **Envie** a mensagem para

terceiraidade@hotmail.com

NÃO SE ESQUEÇA DE ESCREVER O ASSUNTO.

8) **Volte** para a **Caixa de entrada**.

SE VOCÊ TEVE DIFICULDADES PARA CHEGAR ATÉ AQUI, REPITA O EXERCÍCIO, QUANTAS VEZES ACHAR NECESSÁRIO, ATÉ QUE SE SINTA CONFORTÁVEL COM ESSAS AÇÕES!!!

Conversas online (chat)

O Que São os Chats?

Chat ("**conversa**", em inglês) é o nome popular que foi dado para o **IRC** (*Internet Relay Chat*). O **IRC** ou *chat* é o encontro virtual onde pessoas podem conversar **em tempo real** através de mensagens escritas, tanto participando de discussões grupais, em um dos milhares de canais de **IRC**, como conversando em particular com amigos e familiares.

O IRC pode ser bom ou ruim, dependendo do uso que é feito dele. Ele pode nos fazer companhia em momentos de folga, pode nos aproximar de familiares e amigos distantes, além de reduzir o valor de nossa conta telefônica (é sem dúvida mais barato do que uma ligação telefônica interestadual ou internacional). Mas também pode se tornar um vício que pode atrapalhar nossos estudos, trabalho e vida familiar. É importante saber que existem muitas salas virtuais de *chat* (mIRC e acesso pela *Web*) que exploram sexo e lixo cultural, mesmo sob nomes que não causam suspeitas. Por isso, recomendamos atenção, responsabilidade, educação e, especialmente, supervisão familiar com crianças e adolescentes que gostem de acessar chats.

Por outro lado, o IRC pode servir de ponte entre pessoas de diferentes regiões e ser fonte de informações em situações de emergência. O IRC ficou famoso internacionalmente em 1991, durante a Guerra do Golfo, quando relatórios atualizados foram distribuídos na Internet e a maioria dos usuários do IRC se reuniu num só canal para ouvi-los e comentá-los. A mesma coisa aconteceu durante o movimento contra Boris Yeltsin em 1993, quando usuários do IRC de Moscou deram depoimentos ao vivo sobre a situação instável que estavam atravessando. Nestes momentos, os *chats* prestaram grande serviço à humanidade.

Como Funcionam os Chats?

A Internet (ou seja, a *Web*) provavelmente seria bem menos utilizada sem os programas de mensagens instantâneas (**Instant Messengers** - mensagens online em tempo real), como o **MSN** *Messenger.* Além desse, a maioria dos portais e provedores disponibiliza canais para "conversarmos ao vivo" (via Chat) com pessoas em qualquer lugar do mundo, conhecidos como **salas de bate-papo** (**Chat rooms**).

Existem algumas formas de "conversar" pela Internet. Por exemplo, podemos utilizar o **mIRC** (um dos programas mais antigos de **IRC** - *Internet Relay Chat* - o velho e bom bate-papo), o **Windows Live Messenger** (antigo *MSN Messenger*), o **ICQ** ou acessar salas de *chat* pela *Web*. Além dessas, com a popularização da banda larga, uma das tecnologias que ganhou muita força foi o **VOIP** (Voz sobre IP). Você com certeza já ouviu falar deste tal de VOIP nos jornais, revistas, televisão e Internet.

Mas o que vem a ser este tal de **VOIP**? Na "teoria", é bem simples: utilizar a Internet para falar com outra pessoa, por voz, igual ao telefone. E o que é mais interessante: funciona, é fácil de instalar e com ele você fala com qualquer pessoa, em qualquer lugar do mundo, sem custo adicional, pois, como as conexões com a Internet são "locais", ou seja, cada um se conecta com a Internet da sua cidade (por acesso discado ou por banda larga), o seu custo já está incluído no "custo de uso da Internet" (quem usa banda larga paga mensal e quem usa acesso discado paga pulso local). Isso representa uma economia enorme para quem tem parentes ou empresas/clientes/fornecedores em outras cidades ou países, ou mesmo para quem quer apenas fazer amigos pela Internet "conversando" por voz como em um telefone. Se um destes casos é o seu, seu custo telefônico irá cair de maneira surpreendente!

Os programas de mensagens instantâneas atuam como centrais para troca de dados, entre os usuários, tais como textos e arquivos de imagens e vídeos. Para utilizar um recurso desta natureza, basta criar uma lista de amigos que também utilizam o programa, identificar quem está online naquele momento, e iniciar uma "conversa".

Além disso, juntamente com estes programas, podemos utilizar uma *webcam* (vídeo-câmera) e um **microfone**, substituindo com vantagens, o telefone, quando quiser matar a saudade de amigos e parentes.

Windows Live Messenger

Se você tem curiosidade em conhecer um programa para conversas *online*, veja a seguir os passos para utilizar o ***Windows Live Messenger*** (antigo ***MSN Messenger***), um dos mais utilizados atualmente.

Com o *Windows Live Messenger* você pode:

1) Enviar mensagens instantâneas para cada um de seus contatos que estiverem *online*.

2) Conversar visualizando seus contatos, se tiver uma *webcam* e um microfone instalados.

3) Convidar amigos para participar de uma mesma conversa.

4) Transferir arquivos, exibir fotos, participar de jogos.

Para utilizar o *Windows Live Messenger*, faça o seguinte:

Passo 1: Clique em

Iniciar → Todos os Programas → 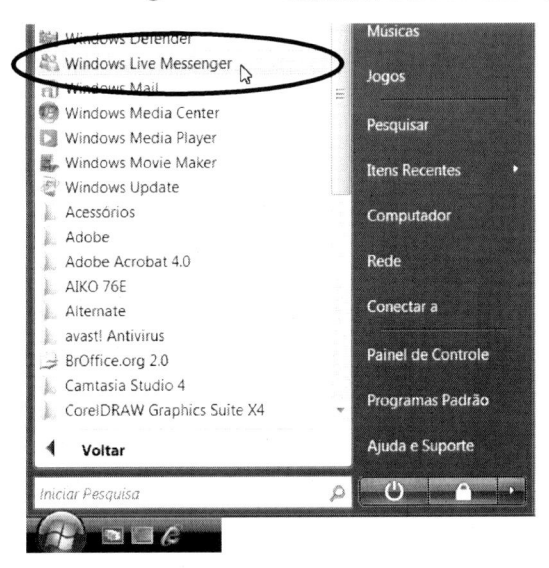 Windows Live Messenger

Passo 2: Na janela que abriu, digite seu e-mail e a senha (que criou) e, em seguida, clique em Entrar.

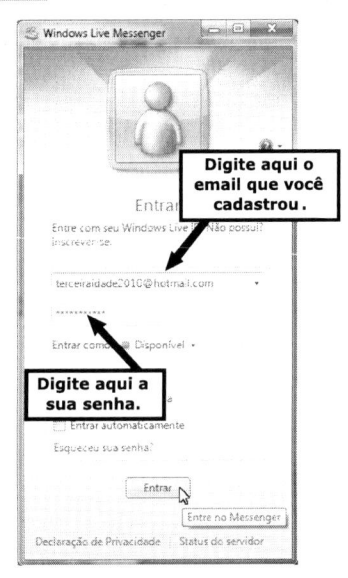

Passo 3: Junto com a janela do programa, abre outra janela de boas vindas do *Windows Live Messenger*. Clique no botão ▇▇**✕**▇▇, dessa janela, para fechá-la.

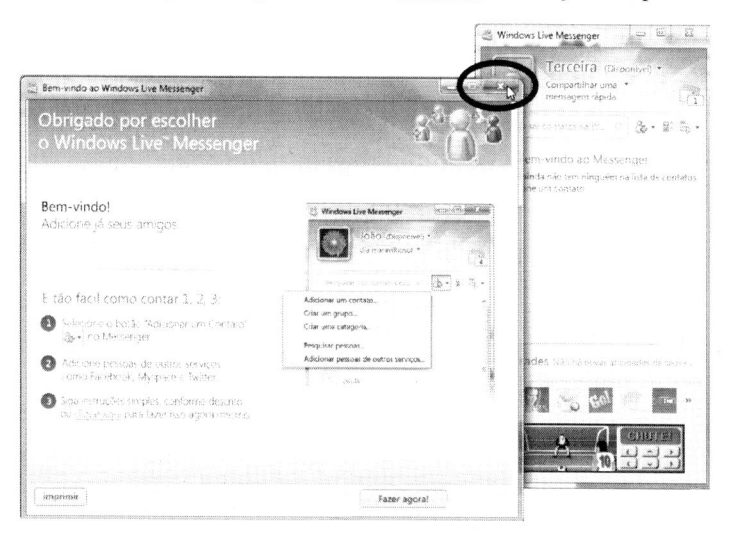

Passo 4: A partir de agora, é necessário adicionar os seus contatos (amigos ou colegas de trabalho) para que você possa iniciar uma "conversa". Para fazer isso, basta clicar em 🔲 e, em seguida, clicar sobre a opção Adicionar um contato....

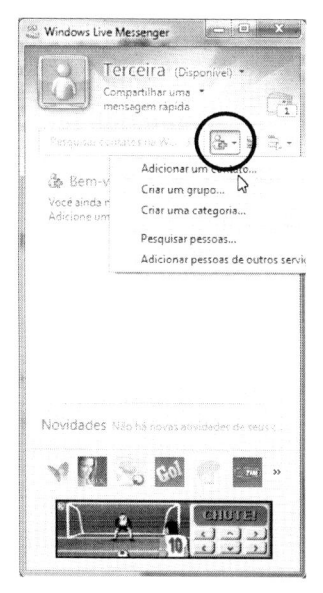

Passo 5: Na janela que se abre, digite o e-mail do seu contato.

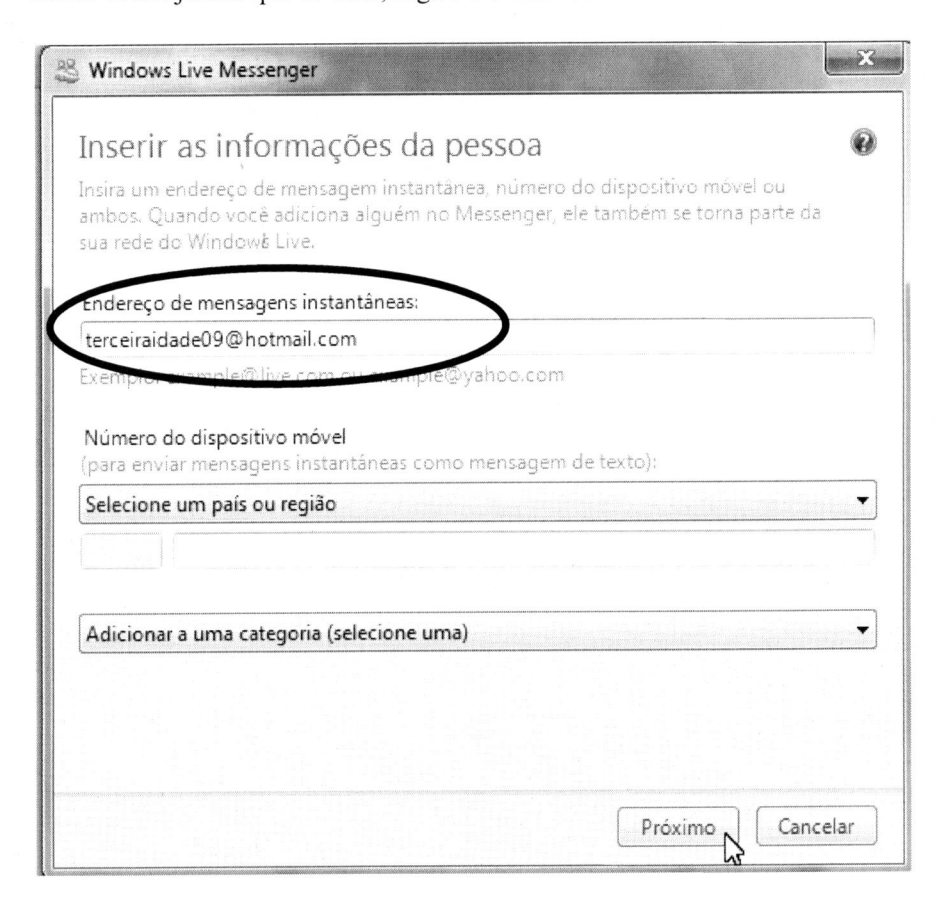

 Não se esqueça de que as pessoas que você adicionar na sua lista de contatos, também deverão ter o Live Messenger instalado e um e-mail cadastrado no Windows Live Messenger.

Além disso, toda vez que uma pessoa adicionar seu e-mail na lista de contatos dela, se você estiver conectado, aparecerá uma janela pedindo sua autorização. Lembre-se de só autorizar e-mails de pessoas que você conhece.

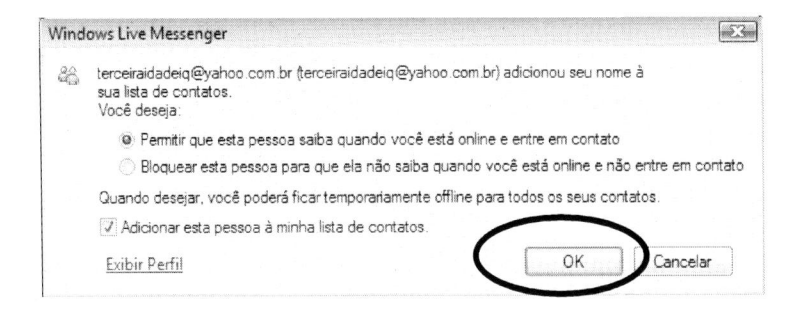

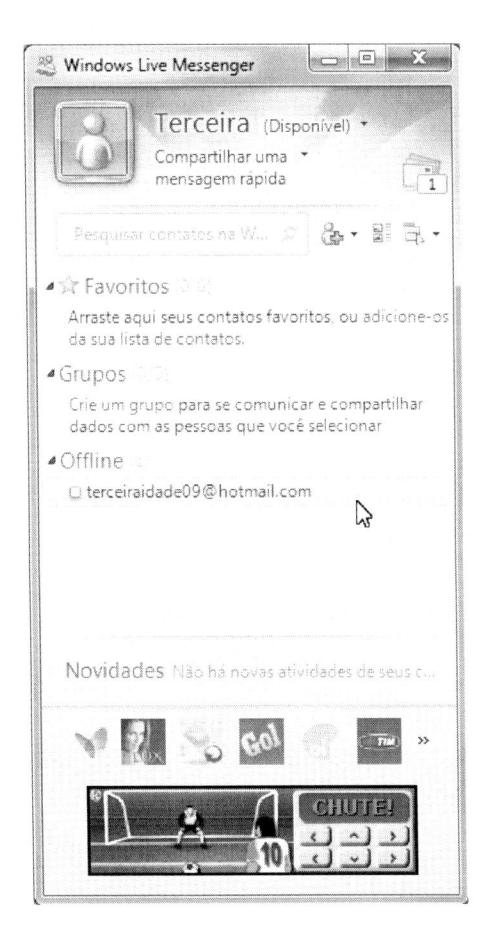

A partir de agora, toda a vez que você abrir o *Windows Live Messenger*, poderá ver se seus contatos estão ◄ Disponível ou ◄ Offline.

Se o seu contato estiver no campo **Disponível**, você pode iniciar uma "conversa", dando um **duplo clique** sobre o **nome** do contato para abrir a janela de diálogo.

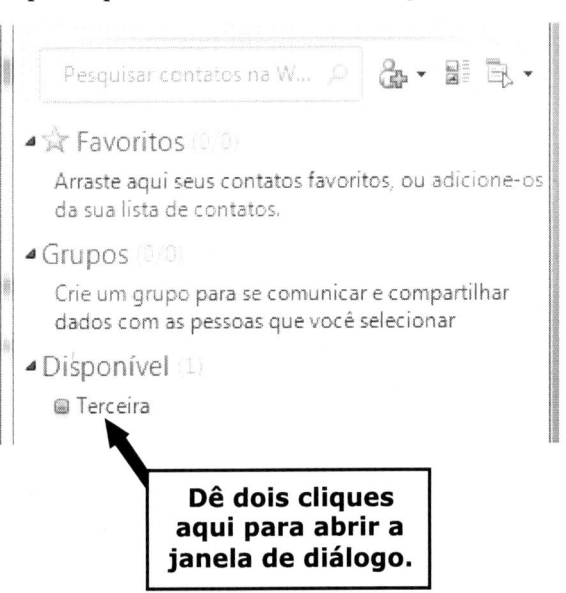

Dê dois cliques aqui para abrir a janela de diálogo.

Aqui você digita o texto e pressiona a tecla <ENTER>, do seu teclado, para que a mensagem seja entregue ao interlocutor.

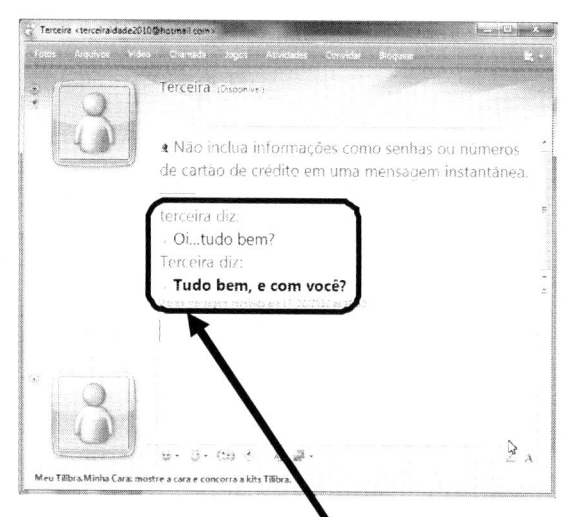

**Aqui você vai ler o que escreveu e o
que o seu contato respondeu.**

Toda vez que você pressionar a tecla <ENTER>, o que você digitou até então, será enviado. Portanto, **nunca** tecle <ENTER> se desejar apenas mudar de linha. Se quiser mudar de linha você deve pressionar <SHIFT>+<ENTER>.

Uma dica legal...

Como mudar sua imagem de exibição no *Windows Live Messenger*?

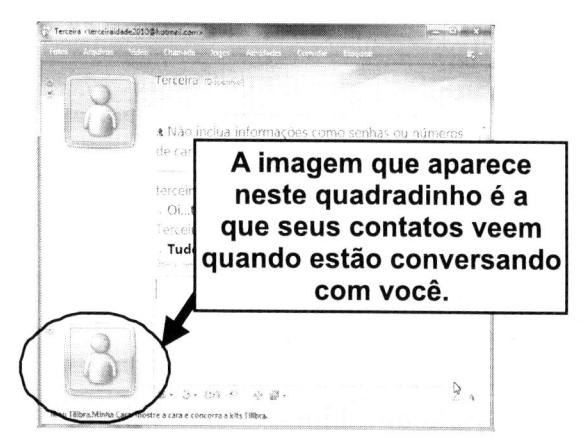

A imagem que aparece neste quadradinho é a que seus contatos veem quando estão conversando com você.

É muito simples ... em primeiro lugar, clique na setinha que fica do lado esquerdo do quadradinho onde fica sua imagem de exibição e, em seguida, clique em **Mostrar tudo...** (veja na ilustração a seguir).

Escolha uma das imagens que aparecem na janela que abriu ou, se a imagem que você quiser exibir não estiver aí, clique em Procurar... . Depois disso a pasta de imagens, que fica no seu computador, vai abrir e, portanto, basta procurar por uma imagem e clicar duas vezes sobre ela ou clicar uma vez e, em seguida, clicar em Abrir . É importante observar que, se você quiser, pode colocar uma foto sua no lugar da figura.

A partir daí, a imagem escolhida vai aparecer no canto superior direito da página. Clique em [OK] (como mostra a ilustração abaixo).

Pronto! Sua imagem de exibição no *Windows Live Messenger* já foi alterada.

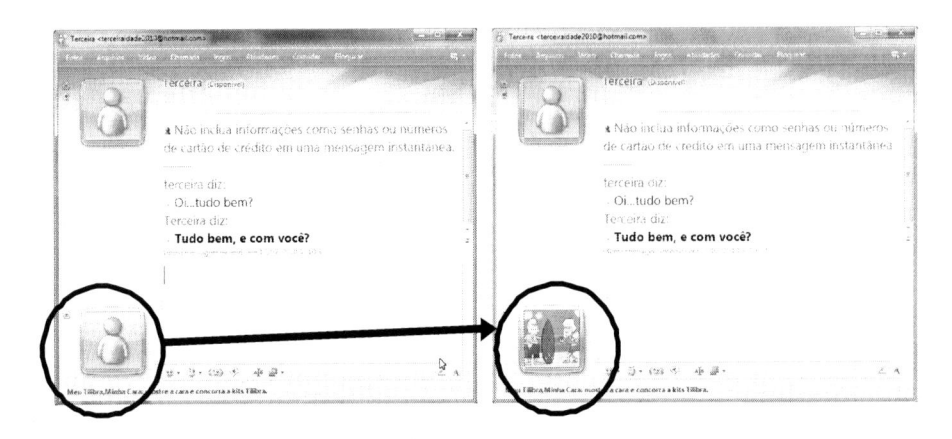

Toda a vez que o *Windows Live Messenger* abre, junto com ele abre também a janela do Windows Live Hoje.

Se quiser impedir que essa janela abra toda a vez que o Windows Live Messenger abrir, clique na setinha que fica do lado direito do botão ⬚ ▾ e, em seguida clique em Ferramentas e, logo depois, clique em Opções... .

Na janela que abrir, clique em ⬚ Entrar ⬚ e, em seguida, desmarque a opção Mostrar o Windows Live Hoje quando o Messenger entrar

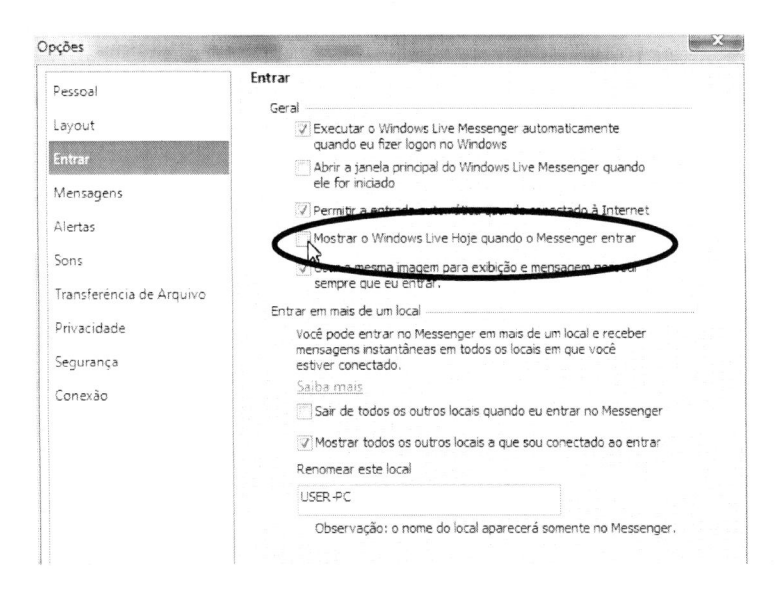

VOIP – Voz sobre IP

Como dissemos anteriormente, o **VOIP** (Voz sobre IP) é um sistema através do qual podemos utilizar a Internet para falar com outra pessoa como se fosse um telefone.

Mas como fazer isto? Como utilizar?

Bem, a condição fundamental é que as duas pessoas estejam conectadas na Internet, através de um computador, ter à disposição um microfone e uma caixinha de som.

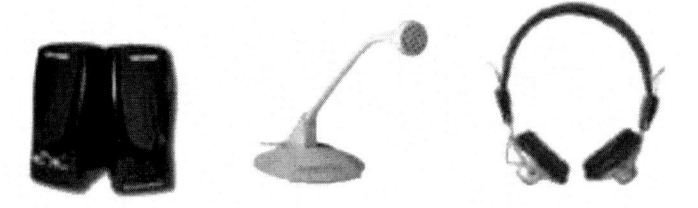

Agora falta apenas instalar o programa necessário. O programa mais utilizado, para esse fim, é o **SKYPE** que roda em vários tipos de sistema (*Windows*, *MacOS*, *Linux*, *Pocket* PC), possui suporte para vários idiomas (português inclusive) e é gratuito!

Bem, então vamos conhecer melhor o **SKYPE**! Antes, porém, é necessário fazer o *download* do programa e instalá-lo no computador (*veja como proceder no site **www.terceiraidade.iq.unesp.br***).

Depois de instalado, para usar o programa dê dois cliques no ícone 🗿, que se encontra na sua área de trabalho (**Desktop**), ou vá em

Iniciar 🗿 → **Todos os Programas** → 🗿 Skype → 🗿 Skype

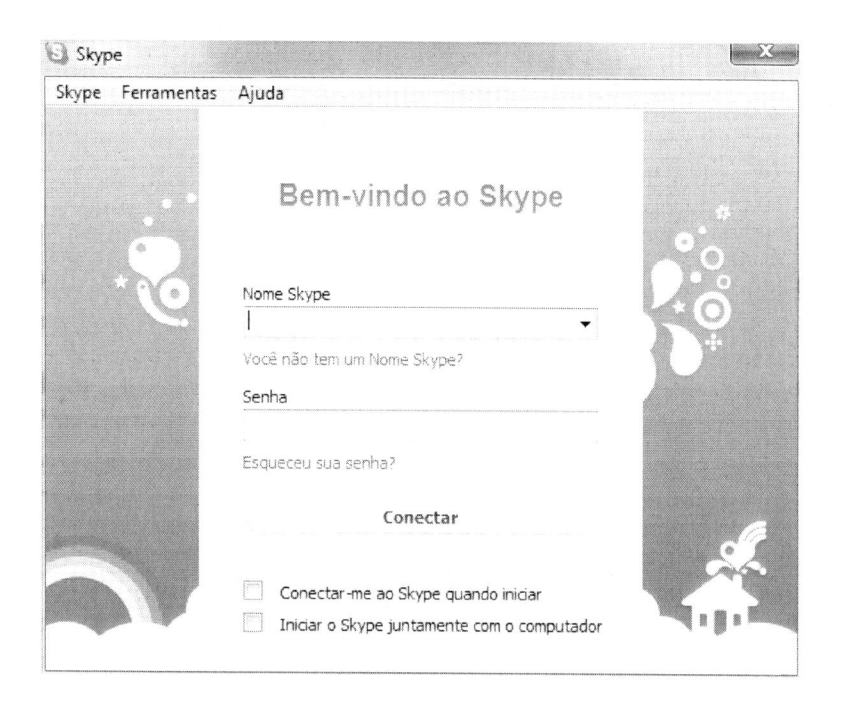

Depois basta acompanhar os passos descritos a seguir.

Em primeiro lugar é necessário criar uma nova "**CONTA**" no **SKYPE**, ou seja, um "**Nome SKYPE**" que será como as pessoas irão te encontrar (não haverá 2 pessoas com o mesmo "**Nome SKYPE**").

Vamos aprender então como criar uma nova conta **SKYPE**. Para fazer isso, veja abaixo uma ilustração dos passos a seguir.

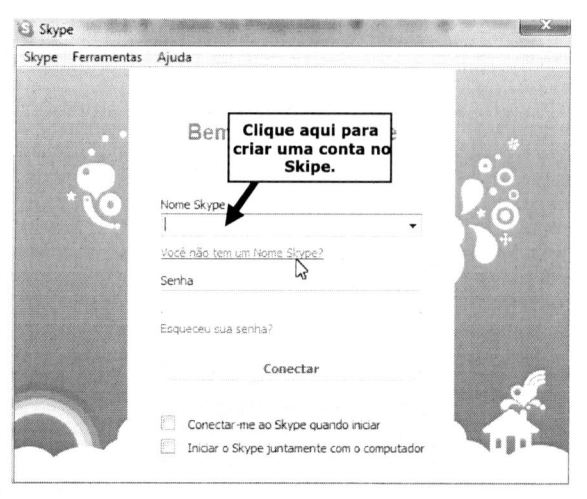

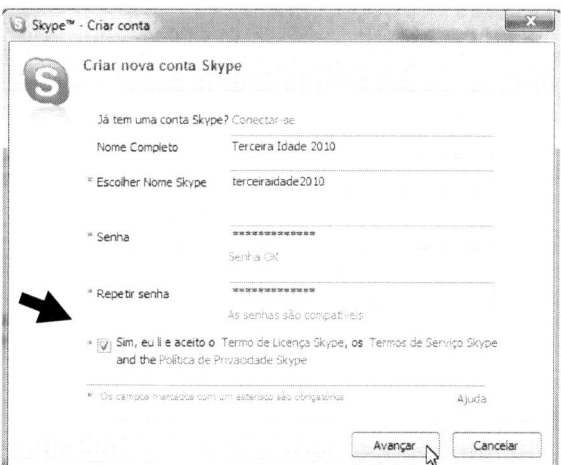

Nesta janela você deve fornecer um " **NOME SKYPE**" e uma **senha** (invente algo composto: **nome+número** de forma que seja " **único**" e de fácil memorização)

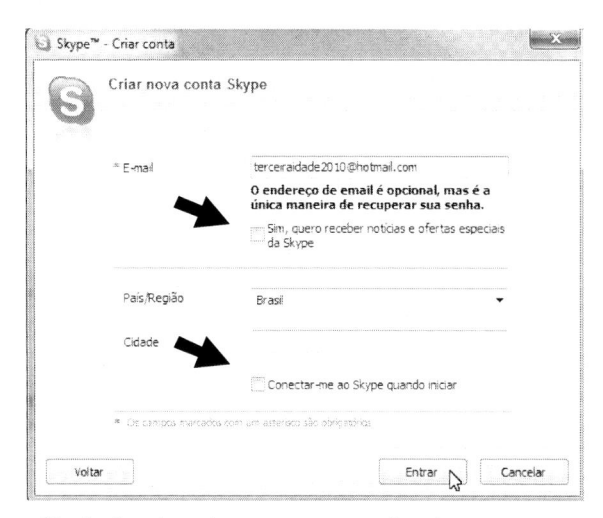

Nesta janela coloque seu e -mail e desmarque as
duas caixas que aparecem. Depois de preenchido
os dados, o programa irá se conectar à central do
SKYPE para criar sua conta.

Pronto!! Sua conta foi criada e, a partir de agora, você já está **conectado** e
pode utilizar o **Skype** para conversar com seus amigos e familiares, de graça.

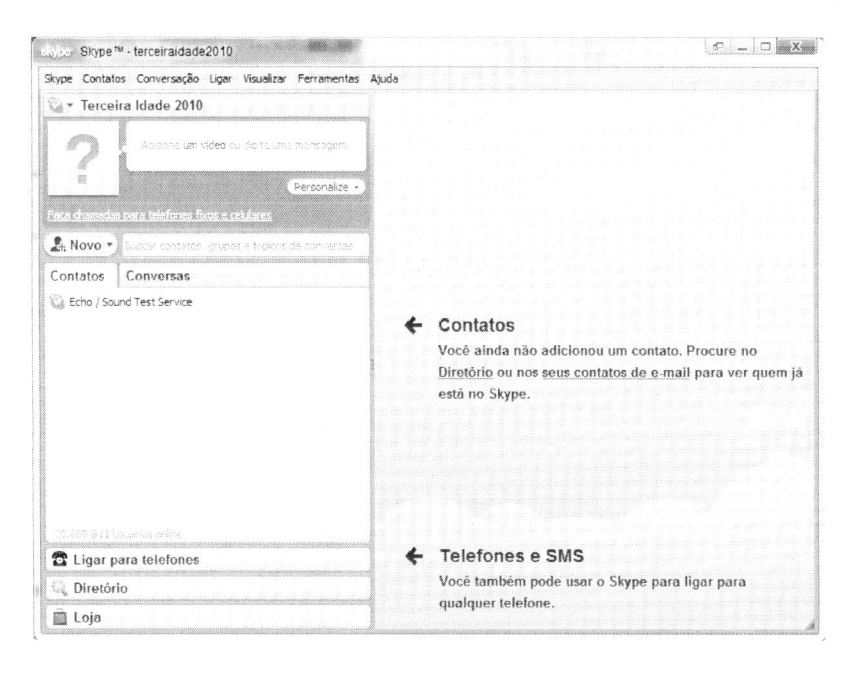

Para usar o programa é bem simples. Se você já conhece alguém que tem o **SKYPE** instalado, basta clicar sobre a setinha à direita do botão e ir adicionando seus contatos (*veja ilustração a seguir*).

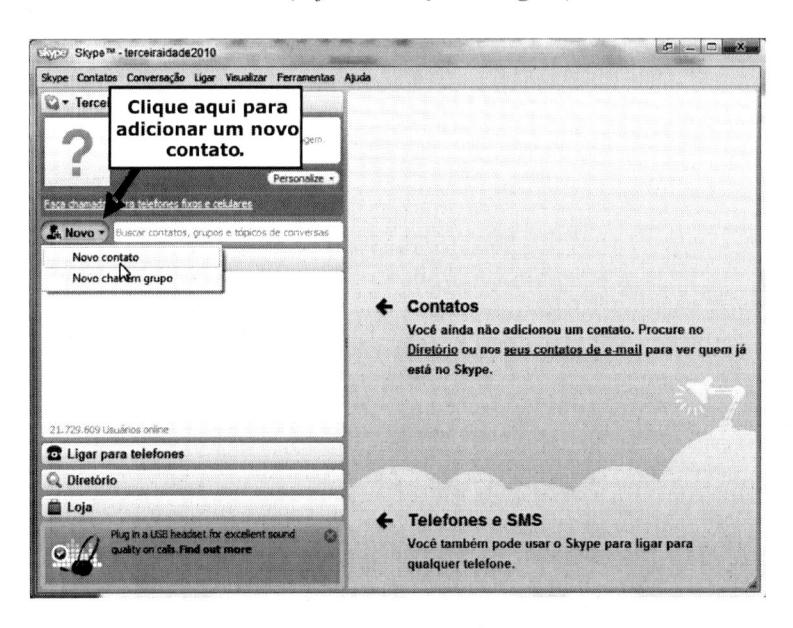

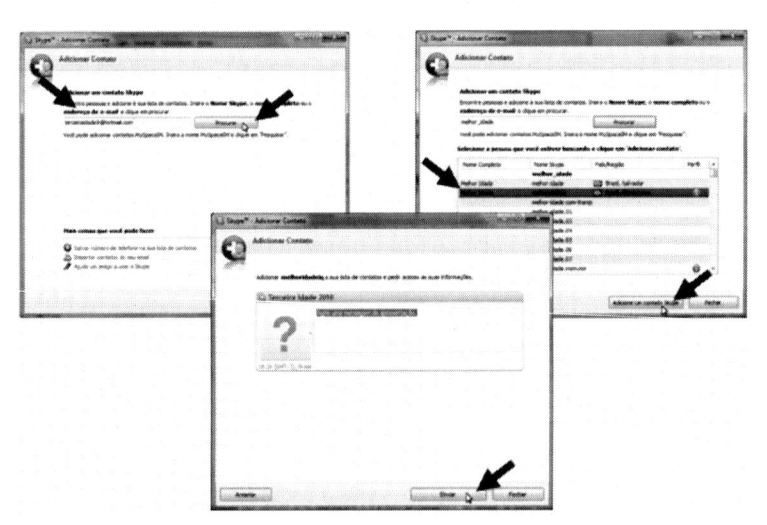

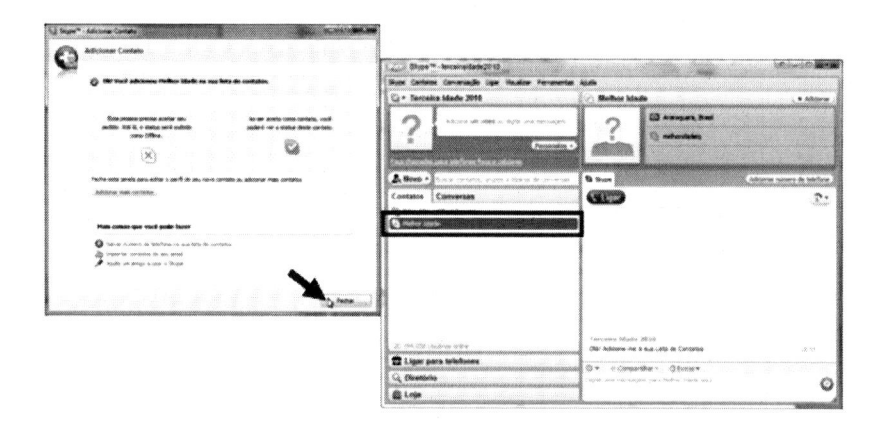

Pronto!! Seu contato já foi adicionado à sua *lista de contatos* e, se quiser, já pode ligar para seu amigo e conversar *(desde que ele esteja online)*.

Agora, se você não sabe o "**Nome Skype**" da pessoa que você quer adicionar, pode pedir para o programa procurar clicando em Contatos e, em seguida, em Buscar por usuários Skype... .

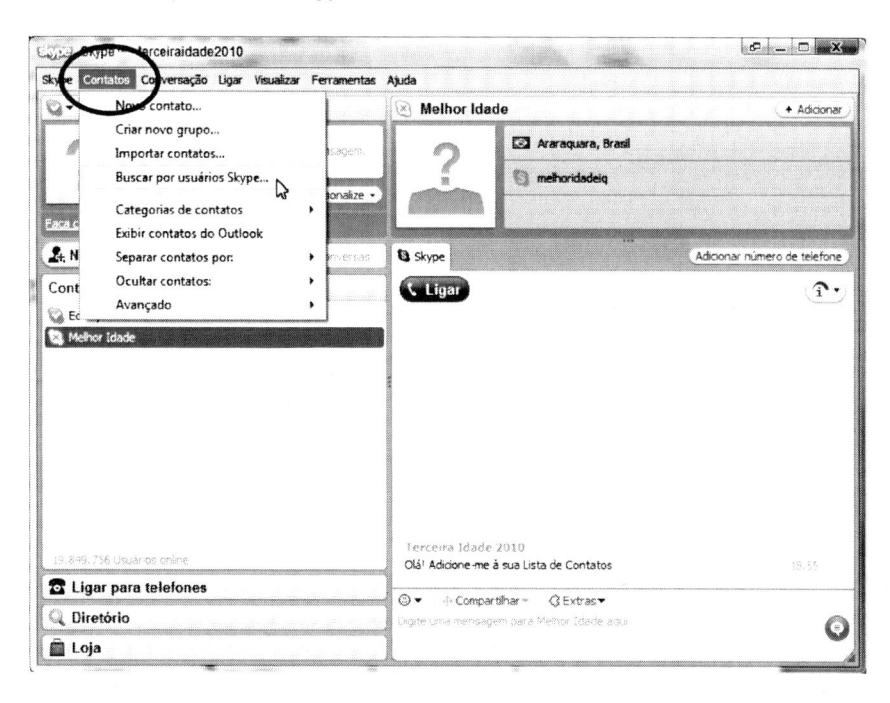

Na janela que se abre, no campo **Procurar**, você pode colocar parte do nome da pessoa que você quer contatar e o programa irá listar todos os nomes contendo a palavra que você digitou.

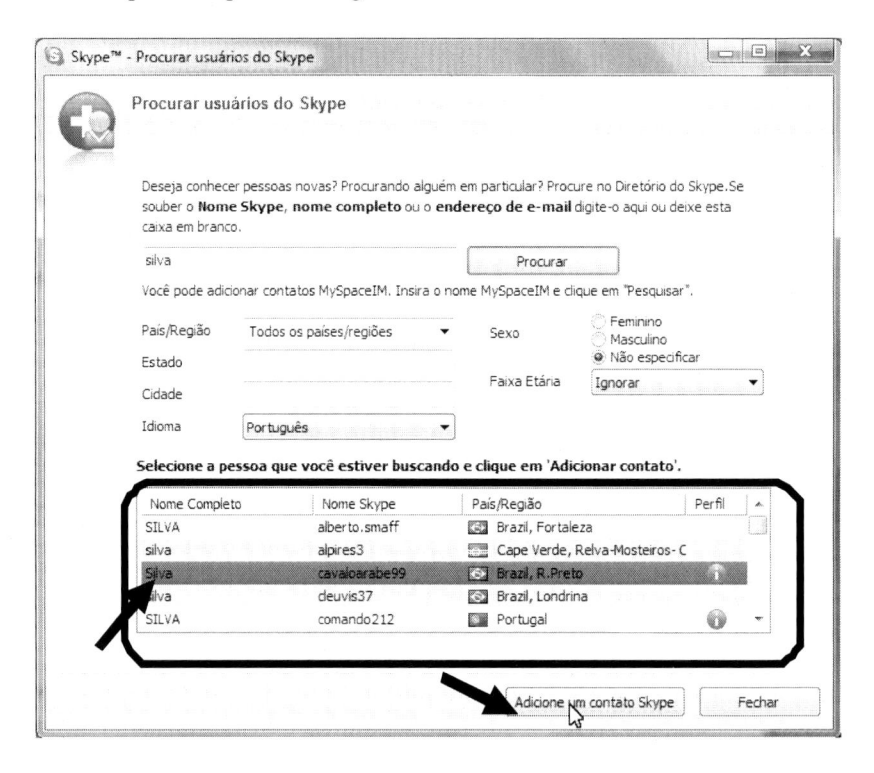

Depois de encontrar o nome da pessoa, basta selecioná-lo e, em seguida, clicar no botão Adicione um contato Skype para adicioná-lo a sua lista de contatos.

Bem, a partir de agora você já pode usar o **SKYPE** como **VOIP,** sem problemas. Para ligar para um amigo, selecione-o na sua lista de contatos e, em seguida, clique no botão Ligar para iniciar a chamada. Quando seu amigo responder, comece a falar.

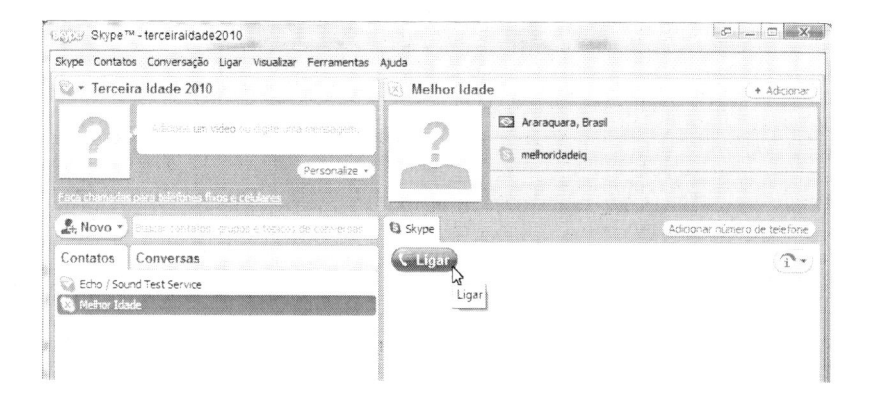

Como fazer um Download

Algumas páginas contêm **link**s para *site*s que nos permitem buscar arquivos no servidor onde eles estão hospedados. Esses arquivos podem conter programas gratuitos ou para avaliação, imagens, documentos, etc.

Como já vimos como utilizar o programa gratuito **Skype**, vamos aprender como "baixar" o programa, a fim de utilizá-lo para nos comunicar com pessoas distantes, gratuitamente. O procedimento é muito simples e vamos explicá-lo passo a passo como funciona.

Passo 1: Vá até a página do Skype (http://www.skype.com) e clique sobre o link Baixar o Skype e, no menu que aparece, escolha o seu sistema operacional (Windows, Mac, Linux). Na janela que se abre, clique em Baixar agora para "baixar" o programa.

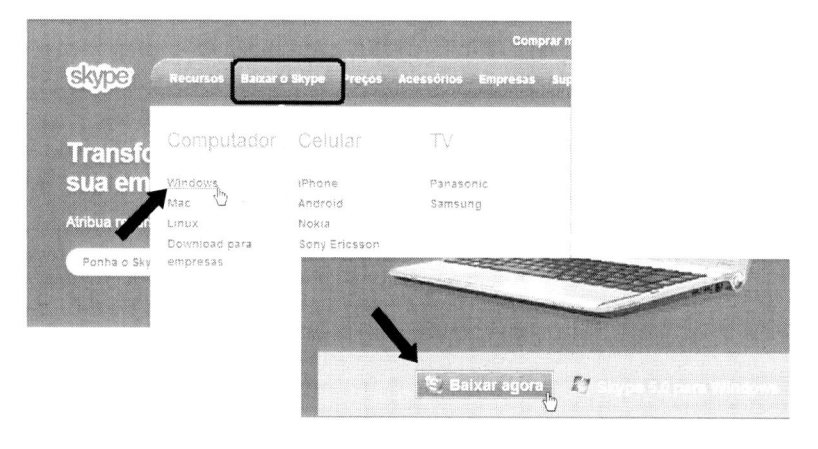

Passo 2: Antes de "**baixar**" o programa, é necessário criar uma conta no site. Para isso, basta preencher, com suas informações, os campos que aparecem e, em seguida, clicar em Aceito - Continuar.

Passo 3: Observe que, na janela que se abre, pode aparecer uma barrinha amarela para proteção do seu computador. Se você souber que o site é de confiança, clique sobre ela e escolha a opção **Baixar Arquivo**.

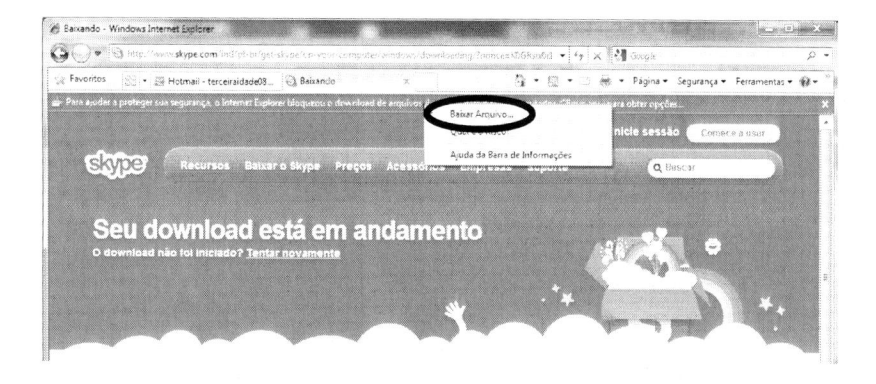

Passo 4: Logo em seguida uma janela se abrirá perguntando se quer **Executar**, **Salvar** ou **Cancelar** o download. A escolha recomendada é a opção **Salvar**, pois assim terá o programa em mãos para uma possível reinstalação, caso seja necessário.

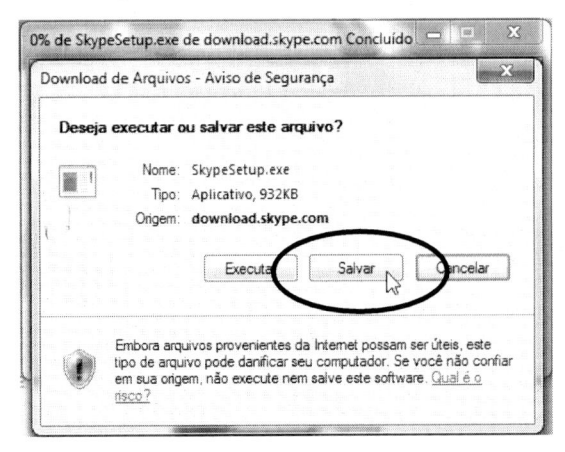

Passo 5: Na janela que se abre, escolha um local para salvar o programa. Uma boa opção é salvá-lo na pasta **Downloads**. Assim, poderá salvar (armazenar) nessa pasta todos os programas que baixar pela Internet ou que conseguir via algum amigo. Isso facilitará muito seu trabalho quando precisar do programa.

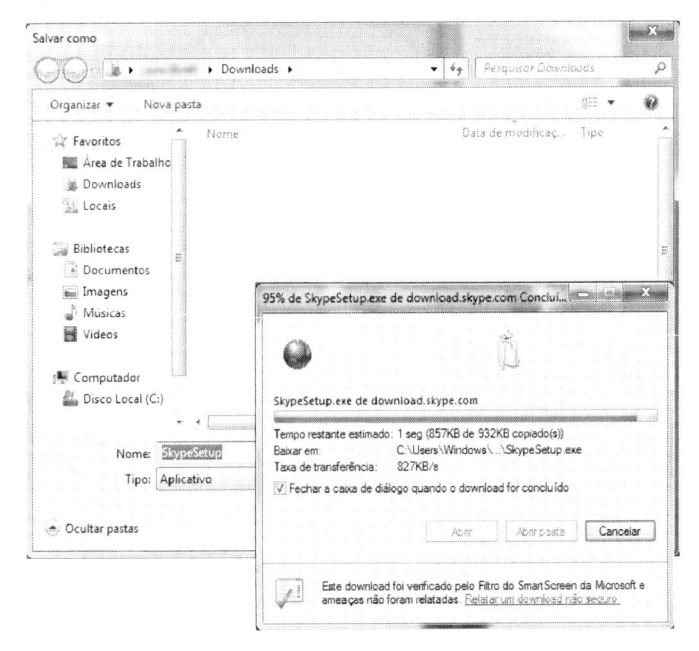

Pronto!! A partir daí inicia-se o processo de download do programa escolhido. Agora é só aguardar.

Repita esse procedimento toda vez que quiser "baixar" um programa pela rede. Uma vez concluída essa etapa, o programa que você "baixou" fica gravado no seu computador, porém, a maioria deles precisa ser instalada para funcionar. Para instalar um programa, basta ir até a pasta onde ele foi salvo e dar dois cliques sobre o nome do programa. A partir daí, uma sequência de janelas se abrirá. Leia atentamente tudo o que está escrito e vá respondendo ao que é solicitado.

Se o programa estiver em outro idioma (por exemplo, inglês) e você não estiver entendendo o que está sendo dito, peça ajuda. Seu programa pode não ser instalado corretamente, se clicar em algum lugar que não deveria. Embora cada programa tenha uma sequência de passos a ser seguida para efetuar sua instalação, no geral, são semelhantes. Assim, se você aprender como instalar um determinado programa, provavelmente não encontrará dificuldades para instalar outros.

Com relação a "baixar" programas da Internet, vale observar que sempre vão existir opiniões contra e a favor. Portanto, a melhor política é experimentar e fazer sua própria avaliação, desde que o programa tenha sido recomendado por alguém de sua confiança, pois existem softwares que podem danificar seu computador quando instalados.

Concluindo...

Com este capítulo apresentamos as noções básicas necessárias para a utilização de alguns dos recursos oferecidos pela Internet. Como podemos observar, são inúmeras as possibilidades e podemos ir muito além, pois os primeiros e mais difíceis passos já foram dados. O importante é persistir e não desistir diante das primeiras dificuldades. Porém, é imperioso alertá-los de que a Internet pode ocupar muito mais do nosso tempo do que podemos imaginar. Assim, é fundamental saber usá-la a nosso favor, não abandonando a leitura de livros, revistas ou jornais "reais" e muito menos as conversas e programas "ao vivo" com nossa família e amigos, pois a Internet ainda não é capaz de nos dar algo vital: afeto.

Boa sorte !!!

Dicionário da Internet

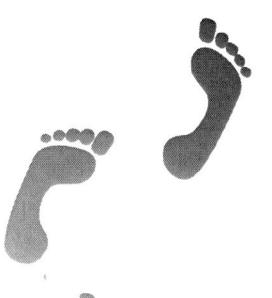

A-D

Archie - Ferramenta de procura de arquivos disponíveis para FTP. Para consultá-lo, basta usar o Telnet ou envia-se comandos por e-mail. O Archie devolve uma lista com os arquivos encontrados através de palavras-chave ou através de alguma descrição do arquivo. Como existem muitos servidores Archie no mundo, localize o mais próximo de você.

Correio Eletrônico - Veja E-Mail.

Cavalos de Troia - Os Cavalos de Troia são pequenos programinhas que vem "camuflados" dentro de outros que você instala em seu computador. Um "Cavalo de Troia" inteligente não deixa marcas da sua presença, não causa nenhum mal detectável, pode ficar residente em software insuspeito e pode ainda ser programado para se autodestruir antes de ser detectado. O "Cavalo de Troia" pode ser enviado escondido em uma mensagem na Internet ou em um disquete que internautas mal-intencionados passam através de jogos ou outros programas.

Geralmente, "Cavalos de Troia" não são vírus. Eles apenas permitem que uma pessoa execute à distância as mesmas tarefas possíveis a quem está sentado na frente do computador. Sozinhos, não causam danos a programas.

DNS (*Domain Name Server*)- Sistema utilizado para a simplificação de endereços longos, utilizando-se a conversão de nomes na Internet em números.

Domínio - Endereçamento na Internet que envolve um grupo de nomes separados por pontos(.) entre ele. Existem domínios superiores divididos por áreas: .edu (educação), .com (comercial), .gov (governamental), .ind (indústria), etc. No caso de países, o domínio é designado por duas letras do país: .br (Brasil), .au (Austrália), .jp (Japão), .de (Alemanha), etc.

Download - Processo de transferência de arquivos de um computador remoto para o seu computador local. É muito utilizado para "baixar" programas Shareware ou Freeware.

E-J

E-mail (*Eletronic Mail*)- Sistema de correio eletrônico, onde o usuário possui um endereço eletrônico para receber ou enviar mensagens pela Internet.

Emoticons - Simbologia através de caracteres para se expressar emoções.

FAQ (*Frequently Asked Questions*) - Documentos que contêm as perguntas feitas com mais frequência sobre um determinado tema.

Finger - Ferramenta pela qual é possível se descobrir o nome, a última vez que o usuário recebeu uma mensagem e outras informações.

FTP (*File Transfer Protocol*) - Protocolo de transferência de arquivos de um computador remoto para o seu computador local. Veja também Download.

FTP Anônimo - Utilização do protocolo FTP em computadores remotos que oferecem acesso público a arquivos, sem a necessidade de identificação ou senha.

Freeware - Programas de uso gratuito.

GIF (*Graphics Interchange Format*) - Tipo de arquivo gráfico (bitmap) desenvolvido pela CompuServe, muito utilizado na Internet pela sua alta taxa de compressão, resultando em arquivos pequenos, tais como: Telnet, transferência de arquivos FTP e E-mail. Permite que milhões de usuários compartilhem centenas de computadores ao mesmo tempo.

Gopher - Ferramenta utilizada na localização de arquivos na Internet. Ela se baseia em menus hierárquicos, através de uma estrutura de árvore de diretórios, subdiretórios e arquivos. Era mais utilizada antes da chegada da WWW.

Grupos de discussões - São enviadas mensagens através de e-mail para respostas automáticas para qualquer pessoa que tenha assinado a lista para discussões do grupo. A mesma coisa que lista de discussões.

Hipertexto - São documentos que se utilizam normalmente de um padrão de palavras em azul e sublinhadas que, quando clicadas, levam a uma nova página, endereço ou imagem.

Host - É o computador do seu provedor de acesso na Internet.

Http – hiper text transfer protocol (protocolo de transferência de hipertexto)

IRC (*Internet Relay Chat*) - Sistema no qual grupos de usuários da Internet conseguem conversar em tempo real.

L-P

Linha dedicada - Linha telefônica ligada 24 horas ao dia com o provedor de acesso.

Lista de discussões - Veja Grupo de Discussões.

Listserv - Programa que processa automaticamente algumas funções relativas às listas de discussões. O envio, através de e-mail, de mensagens dirigidas a esse programa, o inscreve automaticamente em um grupo de discussões. O Listserv também responde a solicitações de índices, FAQs, documentos de discussões anteriores e outros arquivos. Veja também

Login - Processo de acesso em um computador remoto para o estabelecimento de uma conexão com seu computador local.

MIME (*Multipurpose Internet Mail Extensions*) - Aperfeiçoamento do padrão de e-mail, possibilitando a vinculação de arquivos gráficos, de áudio e fax, além da acentuação em português.

Modem (*MOdulator/DEModulator*) - Dispositivo eletrônico responsável pela conversão de sinais enviados pelo computador em sinais de áudio, os quais serão enviados por linha telefônica e que quando chegarem em outro modem, serão convertidos novamente em sinais digitais.

Netiquette - Sistema de conduta na Internet.

Newbie - Novato na Internet.

PPP (*Point to Point Protocol*) - Protocolo que permite ao computador utilizar os protocolos TCP/IP da Internet com o padrão telefônico e alta velocidade de modens. Veja também SLIP.

Protocolo - Designação formal de mensagens e regras entre dois computadores conectados, possibilitando a troca de informações.

Provedor de Acesso - Organização que provê acesso à Internet.

Q-Z

Shareware - Programas de baixo custo que permitem um curto período de teste. Terminado esse período, o programa deve ser registrado.

Site - Computador conectado à Internet que contém informações que possam ser acessadas através de ferramentas de navegação.

SLIP (*Serial Line Protocol*) - Protocolo que permite ao computador utilizar os protocolos TCP/IP da Internet com o padrão telefônico sem correção de erros. Veja também PPP.

Telnet - Padrão de protocolo na Internet que provê conexão com computador remoto, como se o terminal do usuário estivesse diretamente conectado ao computador remoto.

TCP/IP (*Transmission Control/Internet Protocol*) - Linguagem utilizada na Internet como suporte de serviço.

Unix - Sistema operacional que suporta um grande número de computadores conectados e por esta razão é muito utilizado em servidores da Internet.

URL: Uniform Resource Locator - localização única.

Username - Endereço que representa uma conta pessoal em um computador.

WWW (*World Wide Web*) - Interface gráfica responsável pela popularização da Internet. O usuário navega pelas informações através de documentos hipertexto com ligações para outros textos, gráficos, sons e animações.

Texto sobre as Autoras

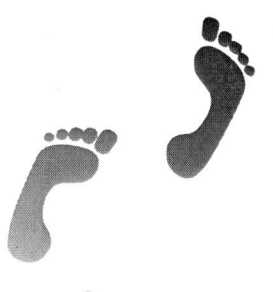

Maria Helena S. S. Bizelli

Fez graduação em Licenciatura em Matemática na Universidade Federal de São Carlos – UFSCAR; mestrado em Matemática no Instituto de Ciências Matemáticas e de Computação da USP (ICMC-USP) – São Carlos (SP), na área de Análise Matemática; e doutorado em Educação Matemática no Instituto de Geociências e Ciências Exatas da UNESP (IGCE) – Rio Claro (SP), **área de concentração em Ensino e Aprendizagem da Matemática e seus Fundamentos Filosófico-Científicos**. É docente do Departamento de Físico-Química do Instituto de Química da UNESP – *Campus* de Araraquara (SP), desde 1988, onde ministra aulas de Cálculo Diferencial e Integral e trabalha com Matemática Aplicada e Educação Matemática. Atua junto ao Grupo de Pesquisa em Informática no Ensino de Química (GPIEQ) e coordena o Projeto de Ensino em Ciências (PRO-ENC), com a produção de material didático (livros, vídeos, animações em Flash, applets, vídeos-aulas) - relacionado ao Cálculo Diferencial Integral, Terceira Idade, Informática - e com Ensino à Distância. Coordenadora do Projeto *Inclusão Digital para a Terceira Idade* (desde 2003) - onde atua também como docente do curso *Informática Básica para a Terceira Idade* - projeto este vinculado a Universidade Aberta para a Terceira Idade (UNATI) com o apoio da PROEX e da Fundunesp. Coordenadora do PRO-ENC (Projeto de Ensino de Ciências) do Instituto de Química da UNESP de Araraquara (SP).

Sidineia Barrozo

Fez graduação em Matemática no Instituto de Biociências, Letras e Ciências Exatas da Universidade Estadual Paulista – UNESP, campus de São José do Rio Preto (1987); mestrado em Matemática na Universidade de Brasília – UnB (1990), na área de Geometria Diferencial, com ênfase em Superfícies Mínimas; e doutorado em Matemática Aplicada na Universidade Estadual de Campinas – UNICAMP (2000), na área de Biomatemática, onde trabalhou com Modelagem Matemática em Epidemiologia e Fisiologia Humanas. Ministra aulas de Cálculo Diferencial e Integral desde 1990, quando iniciou sua carreira de Professora Universitária na Universidade do Estado de Santa Catarina – UDESC, campus de Joinville. É professora da UNESP desde 1992, tendo trabalhado no Departamento de Matemática da Faculdade de Ciências, campus de Bauru, de 1992 a 2005, e desta em diante, no Departamento de Físico-Química do Instituto de Química, campus de Araraquara. Trabalha com modelagem matemática – desenvolvimento e análise de modelos matemáticos aplicados às áreas biológicas e à Química; com implementação de métodos numéricos e computacionais para análise matemática de experimentos em Físico-Química e com produção de materiais didáticos relacionados às disciplinas de Cálculo Diferencial e Integral. Supervisiona a área de Matemática do Centro de Ciências da UNESP de Araraquara e atua como colaboradora no projeto Informática para a Terceira Idade, também desenvolvido no Instituto de Química de Araraquara.

ANOTAÇÕES